RUDOLF STEINER GESAMTAUSGABE

RUDOLF STEINER GESAMTAUSGABE

Abteilung B: Vorträge, I.
Öffentliche Vorträge

Herausgegeben von der
Rudolf Steiner Nachlassverwaltung

Band GA 75

RUDOLF STEINER

Das Verhältnis der Anthroposophie zur Naturwissenschaft Grundlagen und Methoden

Fünf öffentliche Vorträge und ein Disputationsabend, gehalten in verschiedenen Städten in der Schweiz und in Deutschland zwischen dem 17. Juni 1920 und dem 11. Mai 1922

Nach stenografischen Aufzeichnungen

RUDOLF STEINER VERLAG

Nach vom Vortragenden nicht durchgesehenen Nachschriften
herausgegeben von der Rudolf Steiner Nachlassverwaltung

Die Herausgabe besorgten Alexander Lüscher und Wolfgang Zumdick
unter Mitarbeit von Dörte Mehrling und Roland Halfen

Bibliographischer Nachweis bisheriger Ausgaben siehe Seite 371

Band GA 75

1. Auflage 2010

Satz: Schulthess Juristische Medien AG, Zürich / Verlag
Bindung: Josef Spinner, Grossbuchbinderei, Ottersweier
Printed in Germany by Druckhaus Nomos, Sinzheim
ISBN 978-3-7274-0750-5

www.steinerverlag.com

Zu den Veröffentlichungen aus dem Vortragswerk von Rudolf Steiner

Rudolf Steiner hat seine Vorträge stets frei, also ohne Manuskript, gehalten. Viele seiner Vorüberlegungen hielt er lediglich in Stichworten, manchmal auch in kurzen Sätzen, Schemata oder Skizzen in seinen Notizbüchern fest, ohne daß er sie weiter schriftlich ausgearbeitet hätte. Nur in ganz wenigen Fällen liegen vorbereitete schriftliche Zusammenfassungen vor, die für Übersetzer bestimmt waren. Er hat jedoch der Veröffentlichung seiner Vorträge zugestimmt, auch wenn er selbst nur einige wenige für den Druck vorbereiten konnte.

Die in der Rudolf Steiner Gesamtausgabe veröffentlichten Vorträge basieren in der Regel auf Übertragungen stenographischer Aufzeichnungen, die während des Vortrags von Zuhörern oder hinzugezogenen Fachstenographen angefertigt wurden. Verschiedentlich – und dies gilt für die Anfangsjahre seiner Vortragstätigkeit, etwa bis 1905 – dienen auch schriftliche Ausarbeitungen durch Zuhörer als Textgrundlage. Für die Drucklegung werden die Übertragungen in Langschrift oder Zuhörernotizen von den Bearbeitern (Herausgebern) einer eingehenden Prüfung unterzogen, insbesondere hinsichtlich Sinn, Satzbau und Genauigkeit der Wiedergabe von Zitaten, Eigennamen oder Fachbegriffen. Bei auftretenden Komplikationen, wie zum Beispiel nicht entschlüsselbaren Satz- und Wortgebilden oder Lücken im Text, werden, soweit vorhanden, die Originalstenogramme zur Abklärung hinzugezogen.

Weiteres zur Textgestalt und zur Entstehungsgeschichte findet sich am Schluß des Bandes.

Die Herausgeber

INHALT

Zur Einführung 13

I

Vortrag, Stuttgart, 17. Juni 1920
Geisteswissenschaft, Naturwissenschaft, Technik 19

Charakteristische Formen der geisteswissenschaftlichen Forschungsmethode. Erleben des Geistigen in seiner konkreten Gestaltung durch das schauende Bewußtsein. Veränderung der Seelenkonfiguration des Menschen im Laufe der Menschheitsentwicklung. Übergang von der bloßen Naturbeobachtung zum experimentierenden Erfassen der Natur. Die Erkenntnissehnsucht der Naturwissenschaft verbunden mit der Sehnsucht, die Natur nachzubilden. Die seelische Durchsichtigkeit der Welt des Technischen. Die Ausbildung eines einseitigen technischen Bewußtseins im Pragmatismus der amerikanischen Philosophie. Das neue technische Erleben als Vorbereitung zum reinen Erleben der Geistigkeit.

Aussprache 53

Vortrag, Bern, 8. Juli 1920
Anthroposophie, ihr Wesen und ihre philosophischen Grundlagen 81

Anthroposophie und die Gewissensfrage unserer Zeit. Umwandlung des ganzen menschlichen Seelenlebens als

Voraussetzung für die Erforschung der Welt. Die Grenzen des Naturerkennens als erster Anknüpfungspunkt. Der Versuch der herkömmlichen Philosophie durch die Fortführung des intellektualistischen Verfahrens über diese Grenze hinauszugelangen. Der grundsätzlich abweichende Ansatz der anthroposophischen Geisteswissenschaft. Meditation und Konzentration als der eine Weg geisteswissenschaftlicher Forschungsmethodik. Über den Charakter der meditativen Übungen und deren Ergebnisse. Das Illusionäre der gewöhnlichen Mystik als der zweite Anknüpfungspunkt. Selbstzucht als die andere Seite geisteswissenschaftlicher Forschungsmethodik. Naturerkenntnis und Selbsterkenntnis als die beiden Eckpfeiler der menschlichen Erkenntnis. Die Berücksichtigung des Geistig-Seelischen als wesentlicher Aspekt der Wissenschaftlichkeit. Das Durchschauen der menschlichen Natur durch die Entwicklung eines Verständnisses für die geistige, seelische und leibliche Wesenheit des Menschen. Der jahrzehntelange Kampf Rudolf Steiners gegen den Kantianismus. Voraussetzungen für die Entwicklung der Kraft der Liebe und der Erinnerung. Die Vergänglichkeit von Stoff und Kraft. Die notwendige Geburt eines neuen Geisteslebens. Appell an den Willen jedes einzelnen. Die Aufgabe der heutigen Jugend.

II

Vortrag, Zürich, 4. Juni 1921
Naturwissenschaft und Anthroposophie 121

Die naturwissenschaftliche Methode als Ausgangspunkt für die Anthroposophie. Grundelemente einer naturwissenschaftlichen Weltsicht. Unzureichende Voraussetzungen für das Verständnis der menschlichen Freiheit. Das Beispiel von Franz Brentano und seiner Psychologie. Die Methode der inneren Empirie. Das reine Denken als Voraussetzung für das Erleben der Freiheit. Das Erlebnis einer Nicht-Realität am Beispiel von «Ich denke, also bin ich nicht». Inwiefern der gegenteilige Satz von René Descartes auf einem Irrtum beruht. Meditation aus der Sicht der anthroposophischen Forschungsmethode. Imaginatives Erkennen als bewusstes Schaffen von Bildern. Der Vorstoß zur Realität der geistigen Welt. Vom imaginativen über das inspirierte zum intuitiven Bewußtsein. Inwiefern eine atomistische Weltauffassung berechtigt ist. Der Unterschied zwischen imaginativen Vorstellungen und Halluzinationen. Mystische Erfahrungen als Widerspiegelung von Körpervorgängen. Die Erkenntnis der inneren Natur des Materiellen durch Anthroposophie. Der Agnostizismus des neueren Geisteslebens als Forschungshindernis und die Intentionen der Anthroposophie.

DISPUTATIONSABEND, Zürich, 4. Juni 1921
Über naturwissenschaftliche Fragen 159

Ohne Schmerzen keine Erkenntnis. Entwicklung von freien Gedanken als Notwendigkeit zur Vermeidung des sozialen Niedergangs. Die Flucht vor dem realen Leben. Das dreifache Leiden Friedrich Nietzsches an der Gegenwartsentwicklung. Das Unzulängliche des pantheistischen Geredes vom Geist. Erfordernis einer Umsetzung geistiger Erkenntnisse ins Konkrete. Das praktische Hereinfinden ins Künstlerische und ins Soziale durch Anthroposophie. Über Expressionismus und Futurismus. Das Unvermögen Goethes, ganz bis ins Geistige durchzubrechen. Der persönliche Lebensbereich als Ausgangspunkt. Gründe für die Betonung der menschlichen Präexistenz durch die Anthroposophie. Zur Frage der Schutzimpfung. Das Prinzip der Überschaubarkeit als Voraussetzung für das Gelingen einer Meditation. Ein Radikalirrtum der heutigen Zeit: die Auffassung von der Gehirntätigkeit als Voraussetzung für jede Geistestätigkeit. Der Mensch als ein Glied des Kosmos.

III

VORTRAG, Basel, 2. November 1921
Anthroposophie und Wissenschaft 205

Die besonderen Erkenntnismethoden der Anthroposophie. Das imaginative Bewußtsein als erste Stufe höheren Erkennens. Innere Bildhaftigkeit des Vorstellens im Gegensatz zum gewöhnlichen abstrakten Vorstellen. Der unbefriedigende Stand der heutigen Psychologie. Zum Verhältnis von Vorstellen, Fühlen und Wollen. Das Willkürliche des subjektiven Willens im Vorstellungsleben. Sein Ersatz durch den objektiven Willen, der in der Sinneswahrnehmung lebt. Der objektive Charakter des imaginativen Vorstellens. Die Schrift von Heinrich Schramm als charakteristisch für eine mathematische Weltauffassung. Der Pessimismus Eduard von Hartmanns und seine Bekämpfung durch Rudolf Steiner in der «Philosophie der Freiheit». Das «Denken in Formen» bei Goethe. Die Berechtigung des abstrakten Denkens für die anorganische Welt. Für die organische Welt braucht es das Denken in Formen. Das Bild des eigenen Lebens von der Geburt bis zum gegenwärtigen Augenblick als Ergebnis imaginativen Schauens. Die zweite Stufe übersinnlichen Erkennens:

das inspirierte Bewußtsein. Die Einsicht in die eigene geistige Wesenheit. Die dritte Stufe übersinnlichen Erkennens: das intuitive Bewußtsein. Die Schau der geistigen Welt in ihrem Wirken. Aus wahrer Menschenerkenntnis Welterkenntnis holen als das zentrale Anliegen der Anthroposophie. Zum Vorwurf der Autosuggestion in der Schrift von Albert Sichler. Das Prinzip der verkehrten Polemik gegen die Anthroposophie. Verständigung zwischen Wissenschaft und Anthroposophie. Die gängigen Anschauungen über Erdenanfang und Erdenende. Das Gehirn als Unterlage und nicht als Ursache des Denkens. Im Menschen fortwährend verlaufende Sterbeprozesse. Moralische Werte als realer Keim für die Zukunft.

VORTRAG, Leipzig, 11. Mai 1922
Agnostizismus in der Wissenschaft
und Anthroposophie. 253

Erster Teil: Über den Agnostizismus im wissenschaftlichen Denken. Bemerkungen zu Kants Satz, demzufolge in der Wissenschaft sich nur so viel Wissenschaft findet, als Mathematik darinnen ist. Phänomenalismus als wissenschaftliche Forschungsmethode und wie die Naturwissenschaft ihr eigenes a priori verletzt. Agnostizismus als logische Konsequenz des Phänomenalismus. Die Katharsis der griechischen Tragödie als seelischer Heilungs- und Gesundungsprozeß. Im Mittelalter sah der Mensch nicht das Mathematische, sondern das Moralische in die Natur hinein. Die Philosophie der Freiheit als Bemühung, die Moralgesetze so aus der übersinnlichen Welt zu holen, wie die Naturwissenschaft sie der Natur entnimmt.

Zweiter Teil: Das Denken als Ausgangspunkt der inneren Entwicklung. Über leibfreies Denken und die Wahrnehmung des Leibes als Objekt. Leibfreies, imaginatives Denken als bildhaftes metamorphosierendes Denken. Das menschliche Leben als Raum- und Zeitorganismus. Das Vergangene als Gegenwärtiges. Imaginatives Erkennen erfasst das Urbild der Pflanze. Was die Anthroposophie dem naturwissenschaftlichen Agnostizismus hinzufügt. Die inspirative Erkenntnis. Denken als Abbauprozeß. Pathologie und Therapie. Überwindung des medizinischen Agnostizismus. Innere Verwandlung durch den bewussten Willen und Aufleben des seelisch-geistigen Daseins durch intuitive Erkenntnis. Überwindung des sozialen Agnostizismus.

AUSSPRACHE 301

ANHANG

Dokumente 324
Zu dieser Ausgabe 331
Textgrundlagen 332
Hinweise zum Text 333
Namenregister 369
Bibliographischer Nachweis 371
Literatur zum Thema aus dem Werk Rudolf Steiners 372
Zum Werk Rudolf Steiners 374
Rudolf Steiner Gesamtausgabe 376

ZUR EINFÜHRUNG

In den Jahren 1920 bis 1922 hielt Rudolf Steiner eine Reihe von öffentlichen Vorträgen an verschiedenen Orten, in denen er sich an ein akademisch geschultes Publikum wandte, nicht zuletzt auch deshalb, weil es damals bereits einige ernstzunehmende Stimmen aus der akademischen Wissenschaft gab, die Steiner die wissenschaftliche Redlichkeit abzusprechen und die von ihm vertretene Geisteswissenschaft als psychopathologisches Phänomen zu diffamieren versuchten. Kritiker wie der Berliner Psychologe Max Dessoir warfen Steiner vor, daß die Ergebnisse seiner geisteswissenschaftlichen Forschungen nichts anderes als psychische Projektionen seien, die «in das Pathologische hinüberspielen» (Vortrag Basel vom 2. November 1921).

Nicht erst seit dem Philosophenkongreß in Bologna im Jahre 1911, bei dem Rudolf Steiner die «erkenntnistheoretische Stellung der Anthroposophie»[1] einer breiteren, akademisch gebildeten Öffentlichkeit vorgestellt hatte, ging es ihm um die wissenschaftliche Anerkennung seiner Forschungen. Rudolf Steiner verstand sich selbst von An-

1 «Die psychologischen Grundlagen und die erkenntnistheoretische Stellung der Anthroposophie», Autoreferat nach dem Vortrag vom 8. April 1911 auf dem IV. Internationalen Kongress für Philosophie in Bologna. (in GA 35)

fang an als Wissenschaftler, und seine wissenschaftliche Forschung, so fremd ihre Ergebnisse auch den damaligen akademischen Lehrern erscheinen mochten, erweist sich bei näherer Betrachtung immer auf der Höhe des aktuellen Forschungsgeschehens, ja sie definierte sich geradezu daran. Um so mehr mußten Steiner die Mißverständnisse, die in weiten Teilen der wissenschaftlichen Öffentlichkeit über ihn und sein Werk herrschten, sowie die zähen Vorurteile, auf die er immer wieder stieß, schmerzen.

Es gab aber noch eine andere Schwierigkeit, die auf Steiner insbesondere in den Jahren nach dem Ersten Weltkrieg zukam, denn immer mehr Menschen fühlten sich von seinen Ideen angezogen, was den Zuwachs der Anthroposophischen Gesellschaft rasant beschleunigte. Vor allem durch die Kriegsniederlage, die gescheiterte Novemberrevolution und die zunehmende wirtschaftliche Destabilisierung sehnten sich viele Menschen im tief erschütterten Deutschland danach, das soziale Leben von Grund auf neu zu gestalten und zu einem tieferen Menschen- und Seinsverständnis zu gelangen.

Der Zulauf zur Anthroposophie, so willkommen er Steiner einerseits sein mußte, barg jedoch auch eine Reihe von Gefahren. Einerseits wuchs die Schar derjenigen, die die Anthroposophie nach außen vertreten oder auch nur sich zu ihr bekennen wollten, ihr intellektuell aber zu wenig gewachsen waren, andererseits keimte immer wieder ein personenbezogener Steiner-Kult auf, der dem Begründer der Anthroposophie alles andere als lieb war. In Rudolf Steiners Briefen an seine Frau Marie von Sivers (GA 262) finden sich Belege dafür, wie sehr ihn diese Probleme beschäftigt haben.

Die im vorliegenden Band vereinigten Vorträge vor Akademikern in der Schweiz und Leipzig zeigen, mit welch hohem Grad an Sachlichkeit und Empathie Steiner der Skepsis seitens der Wissenschaft zu begegnen vermochte. Schritt für Schritt vermittelte er seinen Zuhörern die Grundzüge des anthroposophischen Erkenntnisweges. Dabei ging es ihm weniger darum, Ergebnisse aus der geisteswissenschaftlichen Forschung zu präsentieren, als den akademischen Hörer in propädeutischer, begrifflich transparenter Form an ein sachliches Verständnis der Geisteswissenschaft heranzuführen: Wie sehen die Werkzeuge und Instrumentarien aus, die benötigt werden, um sich in der Welt der Seele und des Geistes zu orientieren? Wie kann man wissen, daß die geistige Welt eine objektive Welt ist und nicht nur eine psychische Projektion? Was berechtigt den Geistesforscher, das von ihm «auf der anderen Seite» Erfahrene als eine von ihm unabhängige Realität anzuerkennen?

Steiner geht diesen und andere Fragen in den folgenden Vorträgen auf eine so durchstrukturierte und für jeden einsichtige Weise nach, daß sie sich unabhängig von ihren konkreten Entstehungsbedingungen als solide Einführungstexte eignen. Wollte man die Zielsetzung der Vorträge in einem Satz charakterisieren, so könnte man sagen, es ging Rudolf Steiner hier um nichts Geringeres als um die Etablierung der anthroposophischen Geisteswissenschaft als einer anerkannten wissenschaftlichen Forschungsmethode und Forschungspraxis.

Wir haben es bei einigen der vorliegenden Vorträge mit dem Glücksfall zu tun, daß nicht nur der Vortrag Rudolf Steiners, sondern auch die anschließende Diskussion mitstenographiert wurde. So können wir – wie beispielsweise im Falle des Hochschulkurses von Leipzig, in dem es eine besonders lange, intensive und kontroverse Diskussion gab – noch heute die Atmosphäre nachempfinden, die vermutlich auch bei vielen ähnlichen öffentlichen Vorträgen herrschte und in der sich die ganze Spannbreite der Reaktionen widerspiegelt, die ebenfalls im akademischen Raum zwischen Emphase und radikaler Ablehnung schwankte. So war Rudolf Steiner in Leipzig mit einer Professorenschaft konfrontiert, die ihre Kritik an seinen Forschungsmethoden auf klare und unmißverständliche Weise zu formulieren wußte.

Rudolf Steiner, durch viele ähnliche Veranstaltungen dementsprechend erfahren, reagierte engagiert, aber immer sachlich und vor allem im Ton versöhnlich: «... fassen Sie das, was ich mit einer gewissen Schärfe in der Replik gesagt habe, nicht so auf, als wenn es haßerfüllt gemeint wäre, sondern im Grunde genommen freue ich mich über alles, was eingewendet wird, denn nur indem man über diese Klippen des Einwendens hinwegkommt, kommt man eigentlich in die Anthroposophie hinein» (Leipzig, 11. Mai 1922). Dahinter steht die Überzeugung, daß es eine Brücke von der traditionellen akademischen Forschung zur Geistesforschung, von der etablierten Natur- und Geisteswissenschaft zur anthroposophisch inspirierten Geisteswissenschaft gibt und daß ein gegenseitiges Verstehen ebenso notwendig wie möglich ist.

Wolfgang Zumdick

TEIL I

GEISTESWISSENSCHAFT, NATURWISSENSCHAFT, TECHNIK

Stuttgart, 17. Juni 1920

Meine sehr verehrten Anwesenden, Kommilitonen! Wenn ich heute versuchen werde, vor Ihnen einiges aus dem Gebiet desjenigen darzulegen, was ich seit einer Reihe von Jahren anthroposophisch orientierte Geisteswissenschaft nenne, so geschieht es in dem Bewußtsein, daß ich am heutigen Abend in einem gewissermaßen ersten Vortrag nichts anderes werde geben können als einige Anregungen und daß ich mir durchaus nicht die Illusion mache, daß durch eine solche Darlegung gleich im Handumdrehen irgendeine Überzeugung hervorzurufen ist. Es wird aber vielleicht möglich sein, daß nach der allgemeinen Charakteristik, die ich geben werde, in der darauf folgenden Aussprache spezielle Wünsche befriedigt werden können und spezielle Fragen behandelt werden können.

Ich möchte, um unsere Zeit nicht allzusehr auszudehnen, sogleich eingehen auf das zunächst Wesentliche, und das ist: eine Charakteristik dessen zu geben, was Geisteswissenschaft in anthroposophisch orientiertem Sinne eigentlich sein will. Sie unterscheidet sich von dem, was man gewöhnlich Wissenschaft nennt, durch die Methode ihrer Forschung. Und sie ist überzeugt davon, daß gerade ein ernstes, ehrliches Wollen in der Wissenschaft der neuesten Zeit, konsequent verfolgt, zu ihrer Methode schließlich führen muß. Ich möchte zu Ihnen durchaus in einem wissenschaftlichen Sinne sprechen, bin ich ja doch selbst wahrhaftig nicht ausgegangen von irgendeiner Anschauung der Theologie, nicht von irgendwelchen Weltanschauungsfragen oder Philosophien in dem Sinne, wie sie gewöhnlich gepflegt werden, sondern bin ich doch selbst ausgegangen von technischen Studien. Und aus technischen Studien selbst heraus hat sich mir diese Geisteswissenschaft als eine Notwendigkeit unserer geschichtlichen Entwicklungsperiode ergeben. Daher darf ich mich besonders freuen, am heutigen Abend gerade zu Ihnen sprechen zu können.

Wenn wir Naturwissenschaft treiben, so haben wir im Sinne des heutigen Denkens zunächst etwas vor uns, was sich um uns herum ausbreitet als die Welt der sinnlichen Tatsachen. Und wir verwenden dann unser Denken, wir verwenden namentlich unser methodisch geschultes Denken dazu, aus einem entsprechenden Verfolgen dieser sinnlichen Tatsachen Gesetze zu finden. Wir suchen nach dem, was wir gewohnt sind zu nennen Naturgesetze, historische Gesetze und so weiter. Diese Art, sich zur Welt zu stellen, ist nun durchaus nicht etwas, was die Geisteswissenschaft etwa ablehnt, sondern sie will sich auf den festen Boden dieser Forschung stellen. Nur forscht sie, auf diesem festen Boden stehend, ich möchte sagen, indem sie vom Gesichtspunkt des menschlichen Lebens selbst ausgeht. Sie kommt, gerade weil sie ernst machen möchte mit naturwissenschaftlicher Forschung, einfach an jene Grenze naturwissenschaftlicher Erkenntnis, welche von besonnenen Naturforschern durchaus zugegeben wird. Und sie steht mit Bezug auf das, was Naturwissenschaft sein kann, ganz auf dem Boden derjenigen, die da sagen: In der Zusammenfassung der äußeren Tatsachen dringen wir mit wissenschaftlicher Methodik bis zu einer gewissen Stufe vor, können aber nicht über eine gewisse Grenze hinauskommen, wenn wir auf dem Boden dieser naturwissenschaftlichen Forschung selbst stehenbleiben.

Aber dann, wenn das erreicht ist, was im gewöhnlichen Leben und auch in der gewöhnlichen Naturwissenschaft angestrebt wird, dann beginnt erst dasjenige, was die hier gemeinte Geisteswissenschaft will. Wir kommen, indem wir denkend die Tatsachen um uns herum verstehen, zu gewissen Grenzbegriffen. Ich erwähne hier nur solche Grenzbegriffe, gleichgültig ob man sie nun auffaßt als bloße Funktionen oder als Realitäten, Grenzbegriffe wie Atom, Materie und so weiter. Wir operieren wenigstens mit ihnen, auch wenn wir hinter ihnen keine dämonischen Wesenheiten suchen. Diese Grenzbegriffe, Grenzvorstellungen, die uns ganz besonders auch entgegentreten, wenn wir die für die Technik grundlegenden naturwissenschaftlichen Zweige verfolgen, die stehen gewissermaßen wie Pfeiler da. Und man bleibt, wenn man innerhalb der gewöhnlichen Wissenschaft stehen will, durchaus eben vor diesen Grenzpfeilern stehen.

Für den Geistesforscher, wie ich ihn hier meine, beginnt aber an diesen Grenzpfeilern erst die eigentliche Arbeit. Da handelt es sich darum, daß der Geistesforscher in dem, was ich Meditation nenne – bitte stoßen Sie sich nicht daran, es ist ein technischer Ausdruck wie andere auch –, in einen gewissen inneren Kampf kommt, in ein inneres Kämpfen des Lebens mit diesen Begriffen, mehr oder weniger mit allen Grenzbegriffen der Naturwissenschaft. Und dieser innere Kampf, er bleibt für ihn nicht unfruchtbar.

Ich muß dabei eines Mannes gedenken, der hier in dieser Stadt, an dieser Hochschule, in der zweiten Hälfte des vorigen Jahrhunderts gelehrt hat und der immer wieder und wiederum diesen Kampf betonte, in den der Mensch hineinkommt, wenn er an die Grenze der gewöhnlichen Wissenschaft kommt. Es ist Friedrich Theodor Vischer, der etwas wußte von dem, was der Mensch erleben kann, wenn er ankommt bei den Begriffen Materie, Atom, Naturgesetz, Kraft und so weiter. Nicht in einem Hinbrüten besteht dasjenige, was ich hier meine, sondern es besteht darin, daß alles zu Rate gezogen wird im Innern unserer Seele, was zu diesen Begriffen geführt hat, daß wir versuchen, mit diesen Begriffen meditativ zu leben.

Was heißt das eigentlich? Es heißt, in sich die innere Disziplin zu begründen, hinschauen zu können, geradeso wie man sonst auf die äußeren Objekte hinschaut, auf das, was man endlich in der Seele hat, wenn man bei einem solchen Grenzbegriff ankommt; ich könnte Ihnen viele andere nennen als die, die ich eben genannt habe. Dann, wenn man versucht, mit Abstraktion von allem übrigen Erleben streng den ganzen Umfang des Seelischen auf solche Begriffe zu konzentrieren, dann macht man eine innerliche Entdeckung. Und diese innerliche Entdeckung, sie hat etwas Erschütterndes. Nämlich sie zeigt uns, daß von einem gewissen Punkte des Lebens aus, des inneren Lebens aus, unsere Begriffe etwas werden, was durch sich selbst in unserer Seele wächst, was anders sich verhält nach solcher inneren meditativen Arbeit, als es sich verhält, wenn wir es nur als das Resultat äußeren Beobachtens nehmen. So wie wir beim heranwachsenden Kinde beobachten, wie gewisse Organe, die zuerst mehr undifferenziert hervortreten, differenzierter werden, wie wir wahrnehmen, wie Organe wachsen, so fühlen wir bei einer solchen meditativen Hingabe an die Resultate wissenschaftlichen Erlebens, wie ein innerliches Wachstum der Seele stattfindet. Und dann kommt das Erschütternde, daß man sich sagt: Nicht durch eine Spekulation, nicht durch spekulative Philosophie kommt man weiter über das hinaus, was man die Grenze des Naturerkennens nennt, sondern durch unmittelbares Erleben, also dadurch, daß man dasjenige umwandelt, was man durch Denken gewonnen hat, in innerliches Erleben des Anschauens.

Das, meine sehr verehrten Anwesenden, ist der erste Schritt, der getan wird. Es ist eben durchaus zu spüren, wie die Methode eine ganz andere wird und wie daher gegenüber der gewöhnlichen wissenschaftlichen Methode, die mehr als von irgend jemandem auch von mir objektiv anerkannt werden kann, etwas ganz Neues eintritt, indem das bloße Denken, das bloße Erfassen übergeht in inneres Erleben. Und dann tritt eben durch ein konsequentes, geduldiges, ausdauerndes Erleben in dieser Richtung dasjenige ein, was zum Schluß nicht anders benannt werden kann als ein Erleben eines geistigen Daseins. Man kann von anthroposophisch orientierter Geisteswissenschaft aus nicht auf eine andere Art sprechen über das Erleben der geistigen Welt. Denn dieses Erleben der geistigen Welt, das ist nicht etwas, was dem Menschen angeboren ist. Es ist etwas, was von dem Menschen eben errungen werden muß. Kommt man bis zu einer gewissen Stufe dieses Erlebens, dann merkt man, daß dieses Denken, das wir sonst ausüben, das sonst unser Werkzeug ist zum

Erfassen der Umwelt, daß dieses Denken doch in einem anderen Verhältnis zu unserer ganzen Leibeswesenheit steht, als man eigentlich anzunehmen gezwungen ist aus dem bloßen Naturerkennen heraus.

Aus dem bloßen Naturerkennen heraus bemerkt man, wie mit den körperlichen Veränderungen und Umwandlungen, mit dem jugendlichen Alter, mit dem Greisenalter und so weiter, sich auch die seelischen Zustände ändern. Mit dem naturwissenschaftlichen Denken kann man physiologisch weitergehen. Man kann zeigen, wie tatsächlich in dem Nervensystem, im Gehirn ein Ausdruck dessen vorhanden ist, was die Struktur, die Konfiguration unseres Denkens ist. Und man kann da, wenn man von einer Seite her konsequent die Sache verfolgt, sagen: Ja, es geht aus irgend etwas, was natürlich heute höchstens hypothetisch festgestellt werden könnte, dasjenige hervor, was Denken, was Leben in Gedanken ist.

Derjenige, der das so weit innerlich erlebt hat, was ich charakterisiert habe als erlebbar, der spricht anders, der sagt: Wenn man geht, meinetwillen über eine aufgeweichte Straße oder wenn ein Wagen über eine aufgeweichte Straße fährt, dann hat man den Eindruck von Furchen, von Tritten. Es wäre offenbar ganz falsch, wenn man nun – nur weil man es nicht weiß – die Theorie aufstellte, es müßte ein außerirdisches Wesen gewesen sein, durch das diese Tritte, diese Furchen entstanden sind, oder wenn man die Hypothese aufstellte, unter der Erdoberfläche seien gewisse Kräfte, die so wirken, daß sie diese Tritte, diese Furchen bewirkt haben.

So sagt man – und ich sage ausdrücklich, mit gewissem Recht – aus der naturwissenschaftlichen Betrachtung heraus: Das, was physiologische Gestaltung des Gehirns ist, das ist es doch, was zum Schluß in der Funktion des Denkens zum Ausdruck kommt. Derjenige, der das erlebt hat, was ich charakterisiert habe, der sagt nicht so; er sagt: So wenig diese Tritte und Furchen von innen heraus aufgeworfen sind durch innere Kräfte der Erde, sondern wie irgend etwas darübergefahren oder -gegangen ist, so ist das physische Gehirn von dem leibfreien Denken in seine Furchen versetzt worden. Und dasjenige, was noch in einer gewissen Weise, wenn wir durch die Geburt ins physische Dasein getreten sind, diese Furchen verändert, das ist es auch, was heruntersteigend aus geistigen Welten überhaupt die Arbeit verrichtet, diese Furchen erst auszugestalten.

Man kommt also auf diese Weise darauf, daß das Seelische durchaus das Aktive ist, durchaus dasjenige ist, was das Leibliche erst gestaltet. Ich weiß, meine sehr verehrten Anwesenden, daß selbstverständlich Hunderte von Einwänden gemacht werden können gegen das, was ich sage, wenn man bloß vom intellektualistisch-theoretischen Standpunkt ausgeht. Allein, Geisteswissenschaft muß eben hinweisen auf das Erleben, sie muß hinweisen darauf, daß man bis zu diesem Erleben mit Berechtigung glaubt, aus dem leiblichen Gehirn heraus entstehe das Gedankenleben als eine Funktion, während man, wenn man dieses Gedankenleben nun selbst erlebt, weiß, wie es in sich selbst aktiv, wie es in sich selbst wesenhaft und in Bewegung ist und wie es das eigentlich Aktive ist gegenüber dem Passiven der Leiblichkeit.

So also ist das, was gewissermaßen als ein erstes Ausgangserlebnis dasteht, etwas, was nicht durch eine gradlinige Fortsetzung der gewöhnlichen wissenschaftlichen Methoden gewonnen wird, sondern nur durch eine Metamorphose, nur durch eine Umgestaltung der gewöhnlichen wissenschaftlichen Methode in eine Methode, die nur erlebt werden kann, die nicht in einem Spekulieren besteht, sondern in einem innerlichen Erleben.

Das ist die eine Seite. Die andere Seite dieses inneren Erlebens bezieht sich mehr auf die innere Willensentwicklung des Menschen. Wir können, indem wir unser Leben betrachten, hinsehen auf Verwandlungen, die wir im Leben durchgemacht haben. Wir denken zurück, wie wir in innerlich-seelischer, in äußerlich-leiblicher Verfassung waren vor einem, vor fünf, vor zehn Jahren, und wir sagen uns: Wir haben Veränderungen, Verwandlungen durchgemacht. – Diese Veränderungen, diese Verwandlungen, die wir durchmachen, wie machen wir sie durch? Wir geben uns in einer gewissen Weise passiv der Außenwelt hin. Wir brauchen ja nur wirklich zu sagen: Hand aufs Herz, wie weit sind wir aktiv in dem, was wir zunächst durch die äußere Welt geworden sind? Die äußere Welt, Vererbung, Erziehung und so weiter, sie gestaltet uns; und das, was uns darin gestaltet, wirkt weiter nach. Da sind wir in der Regel eigentlich die Passiven. Wenn man nun das umgestaltet in Aktivität, wenn man daraus das bildet, was man im eminentesten Sinne nennen könnte Selbst-Willenszucht, und zwar in der Weise, wie ich es gleich charakterisieren werde, so tritt das zweite Element zu dem hinzu, was wir als erstes Element auf dem Wege der Geistesforschung charakterisiert haben. Wenn man es nämlich dahin bringt – und das kann nur durch methodische Schulung in dem Sinne erreicht werden, wie es dargestellt wurde in meinem Buche «Wie erlangt man Erkenntnisse der höheren Welten?» und in anderen Büchern –, wenn man es durch die methodische Schulung dazu bringt, sich zu sagen, ich will mir einmal, wenn auch nur einen kleinen Teil desjenigen, was in mir entstehen soll, vornehmen; ich will mir vornehmen, daß dieses oder jenes eine Eigenschaft von mir werden soll, und wenn ich es dahin bringe, eine solche Eigenschaft durch eine starke Erregung des Willens wirklich, vielleicht erst nach Jahren, in mir zu erzeugen, wenn ich das, was ich sonst nur passiv im Leben werde, aus mir selber mache, wenn ich meinen Willen, wenn ich es etwas paradox ausdrücken darf, in die Hand nehme und meine Entwicklung voll in die Hand nehme – in einem gewissen Teil kann man es selbstverständlich nur –, dann tritt auch das noch dazu ein, daß dasjenige, was sonst bloß Gedächtnis ist, bloß Erinnerung ist, in einer gewissen Weise zu einem realen Gebiet sich zusammenschließt. Man überschaut gewissermaßen sein Leben wie etwas, was man in einer Reihe überschaut, und man gelangt dann dazu, den Willen in seiner wahren Charaktereigenschaft kennenzulernen.

Während man das Denken kennenlernt als etwas, was eigentlich, je mehr man in das Leben hineintritt, sich vom Leiblichen loslöst, kommt man dazu, seinen Willen so erkennen zu lernen, daß er eigentlich immer mehr und mehr das Leibliche erfaßt, immer mehr und mehr uns durchdringt, uns durchfließt, und daß im Grunde genommen der Tod nichts anderes ist als ein Kampf des Willens mit den leiblichen Funktionen so, daß die Leibesfunktionen an einer gewissen Grenze angekommen sind, wenn wir durch einen früheren oder späteren Tod hindurchgehen, und daß dann dasjenige, was nicht mehr unseren Leib so bearbeiten kann, der Wille, vollständig aufgeht in dem, was der Leib tut, daß dieser Wille sich loslöst und daß ein Element der Seele nun tatsächlich in eine reale, in eine geistige Welt tritt, wenn wir mit dem Tode abgehen.

So handelt es sich also darum, daß das, was man im gewöhnlichen Sinne die Unsterblichkeitsidee nennt, nicht durch irgendeine Spekulation von der hier gemeinten Geisteswissenschaft verfolgt wird, daß im Grunde genommen diese Geisteswissenschaft vollständig bricht mit der Art und Weise, wie sich die Welt gewöhnlich dieser Idee nähert. Es handelt sich darum, daß Geisteswissenschaft eigentlich als eine Fortsetzung naturwissenschaftlicher Forschung durch Gedanken- und Willenszucht dahin gelangt, das, was wir in uns tragen, Denken und Wollen, in seiner Ausgestaltung so zu erfassen, daß man es auch dann erfaßt, wenn dieses Seelische, das im Denken und Wollen lebt, eben leiblos lebt in einer Weise, wie es nicht mehr von den Sinnen erreicht werden kann.

Gewiß, es ist nun einmal so, daß das, was ich Ihnen hier in aller Kürze auseinandergesetzt habe, von den weitesten Kreisen unserer Gegenwart als etwas Phantastisches, Schwärmerisches angesehen wird. Allein, wie sollte das anders sein? Alles, was einmal neu in die Welt tritt und scheinbar dem widerspricht, was schon da war, wird zunächst als etwas Phantastisches, Schwärmerisches angesehen. Aber ich glaube nicht, daß es für alle Zeiten so sein wird, daß man nicht anerkennen wird, daß das, was hier als die Methode der Geisteswissenschaft wenigstens in zwei ihrer charakteristischen Elemente geschildert worden ist, nur eine Fortsetzung, aber eine lebensvolle Fortsetzung desjenigen ist, was Naturwissenschaft eigentlich erreicht, aber womit Naturwissenschaft an eine bestimmte Grenze kommt.

Wenn man heute vom Geist spricht im allgemeinen, so wird einem das ja schon nicht mehr ganz übel genommen. Das war so noch im letzten Drittel des 19. Jahrhunderts, wo man in einer gewissen materialistischen Art aus den naturwissenschaftlichen Erkenntnissen heraus eine Weltanschauung gebildet hat, die eigentlich nur die letzte Konsequenz des naturwissenschaftlichen Denkens selbst ziehen wollte. Heute ist es schon wieder gestattet, wenigstens in spekulativer Weise vom Geiste zu sprechen. Aber das wird einem noch gar sehr übel genommen, wenn man in der Weise vom Geiste spricht, wie ich es eben getan habe, denn das hat eine gewisse Konsequenz.

Wenn man sich das angeeignet hat, was ich in meinem Buche «Vom Menschenrätsel» das «schauende Bewußtsein» genannt habe, wenn man sich das angeeignet hat, was aus einem so entwickelten Denken und Wollen hervorgeht, dann weiß man sich in der Tat durch dieses schauende Bewußtsein in einer geistigen Welt – geradeso wie man sich durch seine Augen und Ohren in einer farbigen und tönenden Welt weiß. Es erfüllt sich einem gewissermaßen dasjenige, was in der Umgebung ist, mit Geist. Geradeso wie sich für einen Menschen, der blind geboren ist und operiert wird und von einem bestimmten Moment seines Lebens an die Farben sieht, die Farbenwelt eröffnet, wie für ihn die Welt, die vorher in seiner Umgebung war, nun mit etwas anderem erfüllt wird, so ist es, wenn dieses schauende Bewußtsein eintritt. Es erfüllt sich die Welt, die man bisher gewohnt war, als die Welt der Sinne und des kombinierenden Verstandes anzuschauen, mit Geistigkeit. Und der Geist wird etwas Konkretes. Der Geist wird etwas, das man auch in seiner konkreten Gestaltung verfolgen kann. Man spricht nicht mehr im allgemeinen vom Geist. Wenn jemand im allgemeinen vom Geist spricht, so ist es, wie wenn ein Mensch über eine Wiese geht, wo Blumen stehen. Wenn man ihn fragt: was ist das für eine Blume und was ist jenes für eine Blume, so sagt er uns: Das sind alles Pflanzen, Pflanzen, Pflanzen. – So gestattet man den Menschen heute auch zu sagen: Hinter der Sinneswelt ist eine geistige Welt. – Dabei kann aber die Geisteswissenschaft nicht stehenbleiben, sondern sie muß die geistigen Tatsachen im Konkreten so untersuchen – weil eben die geistige Welt um uns herum ist wie die farbige oder die tönende Welt –, wie man sonst mit den Sinnen und dem kombinierenden Verstand diese farbige und tönende Welt untersucht. Und da eignet man sich vor allem anderen eine ganz bestimmte Art an, sich zur Welt zu stellen. Es ist ja auch so, daß, wenn man blind geboren ist und plötzlich sehend wird, man sich ein anderes Verhältnis zur Welt aneignet. Man muß sich erst orientieren; man weiß nichts über die Raumperspektive, man muß sie erst lernen. So muß man sich natürlich auch ein bestimmtes Verhältnis, eine bestimmte Stellung zu der Welt aneignen, wenn man in das schauende Bewußtsein übergeht. Dann erscheint einem manches in einer eigenartigen Weise. Deshalb wird der Geistesforscher von den Zeitgenossen noch mißverstanden.

Sehen Sie, der Geistesforscher sagt ja niemals, daß das, was durch die Methode der strengen Naturwissenschaft gewonnen ist, auch dasjenige, was als die Konsequenzen aus diesen Ergebnissen der strengen Naturwissenschaft gezogen ist, in irgendeiner Weise logisch unrichtig verfolgt sei oder dergleichen, aber er ist genötigt, zu dem aus seiner Geistesschau etwas hinzuzufügen, was dann allerdings nicht bloß hinzuaddiert ist, sondern was die Resultate der Naturwissenschaft in vieler Beziehung ganz ändert.

Nehmen Sie zum Beispiel die Geologie. Ich will ein Beispiel herausgreifen. Es ist besser, sich über konkrete Fragen zu unterhalten, als in allgemeinen Redensarten zu phrasieren. Ich verstehe vollständig und konnte selbst diese Methode verfolgen: Wenn man aus dem, was sich heute abspielt um uns herum in den Formationen des Gesteins, in den Ablagerungen der Flüsse und Gewässer und so weiter, die aufeinanderliegenden geologischen Schichten untersucht und dann ausrechnet – wenn das Betreffende auch nicht immer eine wirkliche Rechnung ist, sondern nur etwas Approximatives –, wenn man da ausrechnet, wie lange diese jeweiligen Gesteinsschichten schon bestanden haben, dann kommt man zu den bekannten Größenzahlen. Und man kommt dann, wie Sie alle wissen, bis zu jenem Anfang der Erdenentwicklung, wo die Erde – wie man hypothetisch annimmt –, aus irgend etwas sich herausgebildet hat, aus einer Art von Urnebel oder dergleichen. Ich brauche das nicht näher auseinanderzusetzen. Sie kennen das alles.

Aber für den Geistesforscher ist es so, einfach dadurch, daß er solches erlebt hat, wie ich es Ihnen geschildert habe – allerdings nur skizzenhaft, um anzuregen, nicht um zu überzeugen –, für den Geistesforscher ist es so, daß er sich sagen muß: Ich nehme einmal an, daß jemand die Veränderungen eines menschlichen Organismus untersucht, sagen wir die Veränderungen des Herzens jeweils nach fünf Jahren. Ich verfolge, wie sich das menschliche Herz oder ein anderes Organ im Verlaufe von fünf, von zehn Jahren ändert, was da geschieht. Und nun rechne ich aus, wie dasjenige, was sich mir da dargestellt hat, wenn ich einfach konsequent zurückschließe aus dem, was ich mir errechnet habe, wie das vor dreihundert Jahren war. Da bekomme ich, allerdings rein rechnerisch, ein bestimmtes Resultat heraus, wie dieses menschliche Herz vor dreihundert Jahren war. Nur ist just dagegen einzuwenden, daß dieses Herz dazumal noch gar nicht vorhanden war. Genauso richtig wie die geologische Betrachtungsweise, wäre auch diese Betrachtungsweise, aus den kleinen Veränderungen des menschlichen Herzens zu schließen, wie dieses Herz vor dreihundert Jahren war – nur war es dazumal noch gar nicht da. Ebenso richtig – denn ich erkenne durchaus an, daß das, was die Geologie erschließt, wenigstens eine relative Richtigkeit hat – ist auch alles das, was erschlossen wird aus den geologischen Tatsachen für die Entwicklung der Erde. Aber wir versetzen dann das, was sich uns ergibt als Konsequenz unserer Rechnung, in Zeiten, in denen die Erde in ihrer jetzigen Form noch nicht vorhanden war. Oder wir versetzen, indem wir einen Endzustand ausrechnen und von einer Entropie oder dergleichen sprechen, das, was sich uns aus unseren Beobachtungen ergibt, die über einen beschränkten Zeitraum gemacht wurden, in eine Zeitepoche, die noch Millionen von Jahren voraus liegt. Das ist für den Geistesforscher dann ebenso, wie wenn er ausrechnen soll, welche Beschaffenheit das menschliche Herz haben wird nach dreihundert Jahren.

Das ist es, worauf man kommt, wenn man die gewöhnliche wissenschaftliche Methode umwandelt in Erlebbares. Denn, sehen Sie, der Mensch ist tatsächlich wie ein Extrakt des ganzen Kosmos. Im Menschen findet man – irgendwie verändert, irgendwie extrahiert, kompensiert oder dergleichen – das, was im Kosmos als Gesetz vorhanden ist. Sie werden mich fragen: Ja, wie kannst du Schwärmer denn so etwas behaupten, daß die Erde noch nicht in ihrer jetzigen Form vorhanden gewesen sei? Da mußt du uns doch einen Weg zeigen, wie man dazu kommt, so etwas zu behaupten.

Ich will, allerdings nur skizzenhaft, charakterisieren, wie man zu solchen Behauptungen kommt, wie ich sie vorgebracht habe. Man entdeckt, indem man das Wollen, das Denken erlebt, wie ich es Ihnen geschildert habe, daß der Mensch wirklich eine Art Mikrokosmos ist. Ich sage das nicht als Phrase, wie es die nebulosen Mystiker sagen, sondern in dem Bewußtsein, daß es mir so klar geworden ist wie nur irgendeine Lösung einer Differentialgleichung, aus vollständig logischer Klarheit heraus. Man entdeckt, daß der Mensch innerlich eine Zusammenfassung, ein Kompendium der ganzen Welt ist. Und geradeso wie in unserem gewöhnlichen Leben wir ja auch nicht bloß dasjenige wissen, was uns eben in dem Augenblick sinnlich umgibt, wie wir, indem wir absehen von dem, was uns in diesem Augenblick sinnlich umgibt, hinblicken auf das Bild von etwas, was wir erlebt haben vor etwa zehn oder fünfzehn Jahren, wie das vor uns auftaucht als etwas, was nicht mehr vorhanden ist – es ist aber etwas von ihm in uns vorhanden, was uns ermöglicht, das, was dazumal vorhanden war, nachzukonstruieren –, so ist es auch mit dem erweiterten Bewußtsein, das durch Umwandlung des gewöhnlichen Denkens und Wollens entsteht. Indem der Mensch tatsächlich verbunden war mit alle dem, was Vergangenheit ist, nur in einem umfassenderen, in einem ganz anderen, in einem geistigeren Sinne verbunden war mit dem, was Vergangenheit ist, als er verbunden war mit Erlebnissen vor zehn, fünfzehn Jahren, die er wieder heraufholen kann aus seinem Inneren, so ist es möglich, wenn das Bewußtsein erweitert wird, daß wir einfach herausfinden, wie aus einer kosmischen Erinnerung dasjenige, wo wir ja dabei waren, was einfach nicht in uns für das gewöhnliche Bewußtsein weiterlebt, was aber weiterlebt für dasjenige Bewußtsein, das durch die Metamorphose entstanden ist, die ich geschildert habe.

Es ist also nichts anderes als eine Erweiterung, als eine Erhöhung derjenigen Kraft, die sonst unsere Erinnerungskraft ist, wodurch der Mensch innerlich, einfach aus der eigenen Natur, die eine Zusammenfassung des Makrokosmos ist, konstruktiv auferstehen läßt dasjenige, was tatsächlich in einem bestimmten Zeitraum unserer Erde war. Der Mensch sieht dann hin auf einen Zustand der Erde, wo sie noch nicht materiell war. Und während er sonst aus den gegenwärtigen Erlebnissen der Geologie sich irgend etwas konstruieren muß, was in der Zeit gelegen haben soll, sieht er nun hin auf einen Zeitpunkt, wo die Erde noch nicht da war, wo sie in einer viel geistigeren Gestalt war. Er sieht, indem er das, was in ihm lebt, konstruktiv nachschafft, dasjenige, was tatsächlich der Bildung unserer Erde zugrunde liegt.

Und ebenso ist es mit dem, was in einer gewissen Weise als etwas Konstruktives in uns von einem Zukunftszustand der Erde auftauchen kann. Ich weiß, wie unbefriedigend eine solche skizzenhafte Schilderung sein muß, doch Sie können daraus sehen, daß das nicht aus blauem Dunst oder aus der Phantasie geschöpft ist, was ich als Geisteswissenschaft charakterisiere.

Es ist natürlich etwas Ungewohntes. Aber dann, wenn man einmal die Metamorphose des Bewußtseins vollzogen hat, dann ist dasjenige, was man da innerlich konstruktiv darstellt, mit einer ebensolchen innerlichen Klarheit vor dem Bewußtsein wie das, was man in der Mathematik oder in der Geometrie vor das Bewußtsein hinzaubert, was ja auch aus dem Inneren des Menschen heraus konstruiert ist.

Und wenn dann jemand kommt und sagt: Ja, du mußt aber doch etwas behaupten, was alle Menschen einsehen können –, so sage ich: Jawohl, so ist es auch, aber es handelt sich zunächst darum, daß derjenige, der etwas einsehen will, zuerst alles das durchmachen muß, was dazu notwendig ist – so wie derjenige, der eine Differentialgleichung lösen will, erst das durchmachen muß, was ihn dann dazu befähigt, sie lösen zu können.

Und wenn auf der anderen Seite eingewendet wird: Ja, das Mathematisch-Geometrische stellt vor das Bewußtsein nur etwas hin, was wir anwenden, wenn wir die Realität der Außenwelt verfolgen –, dann sage ich: Ja, das ist so, aber wenn wir das konstruktiv vor uns hinstellen, dann gelangen wir zu der Überzeugung, daß es ein bloß Formales ist. Wenn man das Charakterisierte im Bewußtsein hat, weiß man: Es ist eine Realität. Und wenn jemand sagt, das sei vielleicht eine Selbstsuggestion, dann sage ich: Alles, was uns die Möglichkeit gibt, überhaupt zu sagen, etwas ist real, das ist nur ein Ergebnis des Erlebens. Und wenn manche Leute einwenden, es könne sich jemand täuschen, es könne jemand zum Beispiel den lebhaften Gedanken an Zitronensäure fassen, die er trinkt, und wenn er sensitiv ist, könne er sogar den Zitronengeschmack haben –, so sage ich: Das ist möglich. Aber so, wie man im gewöhnlichen Leben die bloß gedachte Hitze unterscheiden kann von jener Hitze, die auf einen wirkt, wenn man wirklich ein heißes Eisen berührt, ebenso kann man durch innerliches Erleben, wenn man das schauende Bewußtsein hat, unterscheiden zwischen dem, was bloß Phantasie, was bloß Suggestion ist, und dem, was Realität ist, denn das Ergreifen aller Wirklichkeit ist ein innerliches Erleben. Und es ist notwendig, daß man die Dinge bis zum Ende verfolgt, nicht irgendwo stehenbleibt. Wer da stehenbleibt, wo eigentlich der Weg weiterführen sollte, der unterliegt vielleicht der Suggestion. Ich sage daher: Es ist allerdings möglich, wenn jemand sensitiv ist und sich der Autosuggestion hingibt, zu sagen: Ich habe den Gedanken an Zitronenlimonade, ich fühle selbst den Geschmack –, aber den Durst wird ihm die gedachte Zitronenlimonade nicht löschen. Es handelt sich darum, daß man von der Geschmacksempfindung zum Durstlöschen übergeht, daß man also den Weg konsequent verfolgt. Das Erleben muß nur konsequent verfolgt werden, dann ist auch das, daß man irgend etwas im geistigen Sinne als Wirklichkeit bezeichnet, durchaus Ergebnis des Erlebens. Es kann die Bezeichnung einer sinnlichen Wirklichkeit oder Realität im Grunde genommen nicht ertheoretisiert werden, sondern sie ist ein Ergebnis des Erlebens.

Nun, meine sehr verehrten Anwesenden, ich habe Ihnen jetzt jene Geisteswissenschaft charakterisiert, zu der man kommt, wenn man ganz als moderner naturwissenschaftlicher Mensch durch das hindurchgeht, was heute das Leben darbietet. Dieses Leben hat sich ja wahrhaftig in den letzten dreißig bis fünfzig Jahren namentlich durch Umschwünge der Technik außerordentlich verändert. Wenn ich mich selbst zurückerinnere an die Jahre, wo man in Wien die erste Lehrkanzel für Technik einrichtete im Beginne der achtziger Jahre des 19. Jahrhunderts, und bedenke, was alles seit jener Zeit geschehen ist, dann bekomme ich ungefähr eine Vorstellung, wie sehr sich dieser moderne Mensch verändert hat durch alles das, was hineingezogen ist in unser erkennendes, in unser sittliches, aber namentlich auch in unser soziales Leben. Derjenige, der das ehrlich mitgemacht hat, der nicht aus irgendeinem Vorurteil sagt: Ach was, diese Naturwissenschaft kann uns doch nichts geben! –, sondern der gerade auf den Standpunkt sich stellt: Die Naturwissenschaft kann uns viel geben! –, der gerade ganz mit Herz und Seele bei den Triumphen der neueren Naturwissenschaft ist, der kann dazu kommen, daß das, was der Welt geistig zugrunde liegt, auf die Art erfaßt werden muß, die ich versuchte, Ihnen heute darzustellen.

Dann schaut man wohl zurück in frühere Zeiten der Menschheitsentwicklung und sagt sich: In diesen früheren Zeiten der Menschheitsentwicklung haben die Menschen ja kaum vom Geiste gesprochen. Und die Art und Weise, wie sie vom Geiste gesprochen haben, sie ist traditionell erhalten geblieben in verschiedenen religiösen Bekenntnissen, die man heute wahrhaftig, wenn man ganz ehrlich ist und nicht doppelte Buchführung des Lebens führen will, nicht mit den Ergebnissen der gewöhnlichen Naturwissenschaft vereinigen kann. Diese geistigen Erlebnisse, so muß man sagen, sind aus einer ganz anderen Bewußtseinsverfassung der Menschen entsprungen. Das, was wir gelernt haben durch die drei bis vier Jahrhunderte, in denen die naturwissenschaftlichen Methoden heraufgezogen sind, was uns geworden ist als Seelenverfassung durch die kopernikanische, die galileische Denkweise, durch Kepler, indem wir in der neueren Zeit durchgegangen sind durch alles das, was abgezogen hat die technischen Gesetze aus naturwissenschaftlichen Gesetzen, dadurch haben wir nicht bloß Ergebnisse erlangt, dadurch ist auch die ganze zivilisierte Menschheit in einer gewissen Art erzogen worden. Die ganze Konfiguration der Seele ist eine andere geworden, wahrhaftig nicht, indem wir theoretischer geworden sind, sondern indem wir bewußter geworden sind, indem wir notwendigerweise durch die Entwicklung der Menschheit gewisse instinktive Zustände früherer Zeitalter verlassen mußten. Und wir blicken zurück auf das, was frühere Zeitalter als Geistigkeit empfunden haben, die sich in religiösen Traditionen erhalten hat, und wir sagen uns: Was damals als Geistigkeit da war, das wurde im menschlichen Instinkt erfaßt. Von dem konnte man nicht sagen, daß dazu notwendig sei ein solches Heraufheben des Bewußtseins aus den Methoden der Naturwissenschaft, aus den Methoden des sozialen Erlebens der neueren Zeit. Da sprachen die Menschen so, daß ihnen, indem sie die Naturerscheinungen sahen, gewissermaßen diese Naturerscheinungen den Geist, von dem sie redeten, mitgaben. Wie hat etwa ein alter zivilisierter Ägypter zu der Welt gestanden? Er schaute hinauf, verfolgte den Lauf der Sterne, die Konfiguration des Sternenhimmels. Er sah nicht bloß dasjenige in diesem Sternenhimmel, was Kopernikus, Galilei, Kepler gesehen haben, sondern er sah etwas, was für ihn zugleich ein Geistiges offenbarte. Geradeso wie, wenn ich meinen Arm bewege, ein Seelisch-Aktives dieser Handbewegung zugrunde liegt, so fühlte der Mensch früherer Zeitepochen in dem, was äußerlich geschah, dasjenige, was als Geistiges diesem äußerlichen Geschehen zugrunde liegt, aber instinktiv.

Dann kam die neuere Zeit herauf, die Zeit der Naturwissenschaft. Ich möchte sagen, wir blicken zurück auf eine lange Zeit, die eigentlich erst ihren Schluß erreichte um die Mitte des 15. Jahrhunderts, auf eine lange Zeit der Menschheitsentwicklung, in der die Menschen nicht anders konnten, als dasjenige, was sinnlich um sie herum war, zugleich als Geistiges zu sehen. Wenn wir heute von Aggregatzuständen reden, von festen, von flüssigen, von Luftformen, dann reden wir so, daß wir das Materielle ins Auge fassen. Der alte Mensch, wenn er von dem sprach, was für uns heute die Aggregatzustände sind, so waren das für ihn wohl Elemente, aber diese Elemente waren nicht bloß das Materielle, es war das Geistige, das sich in ihnen offenbarte. Was als materielle Welt den Menschen umgab, war für ihn ebenso der äußere physisch-geistige Ausdruck für das Geistig-Seelische, wie für uns der physische Organismus ein Ausdruck ist für Geistig-Seelisches – aber alles instinktiv. Dieser Weg ist notwendig verlassen worden in den letzten drei bis vier Jahrhunderten, als die Menschheit überging zu etwas ganz anderem, was dann leitend wurde in der Zivilisation. Die Menschheit ging über zu dem, was das Naturanschauen heraushob aus dem bloßen Beobachten, das ja immer etwas verknüpft ist mit dem instinktiven, mit dem geistigen Schauen der Natur, was sich ja noch in dem Namen «Anschauung» verbirgt. Der Mensch ging über von dem bloßen Beobachten der Natur zu dem, was man nennen könnte experimentierendes Erfassen der Natur.

Seit Bacon und andere gewirkt haben, ist an die Stelle der bloßen Naturbeobachtung das experimentierende Erfassen der Natur getreten. Wir machen im Laboratorium, im physikalischen Kabinett das Experiment, das wir dann auf die technische Arbeit ausdehnen. In dem, was wir selber als Bedingung hervorbringen für irgendein natürliches Geschehen, überschauen wir eben diese Bedingungen. Durch das Experiment sind wir in einer anderen Lage als bei der bloßen Naturbeobachtung. In der Natur kann ich nicht wissen, ob das, was sich mir da enthüllt, sei es für meinen Verstand oder für meine Phantasie, ob das auch irgendeine Totalität ist oder ob ich mich hineinvertiefen muß, viel, viel tiefer, als sich mir zunächst die Sache darstellt. Kurz, trotz allem genauen Beobachten bleibt dasjenige, was ich in der Natur beobachte, wie ein Unbekanntes vor mir. Wenn ich das Experiment vor mir habe, stelle ich die Bedingungen selber her; ich verfolge, wie das eine aus dem andern hervorgerufen wird, und das, was dann noch unbekannt ist, ist im Grunde das, was eigentlich interessiert. Wer ein Experiment zusammenstellt und zuletzt beobachtet, was beobachtet werden kann, der hat eigentlich im Auge das Ergebnis dessen, was aus den für ihn überschaubaren Bedingungen folgt. Es ist im Experiment alles in einer ganz anderen Weise durchsichtig als das, was ich in der Natur beobachte.

Und so haben sich die Menschen allmählich daran gewöhnt, in dem überschaubaren Experiment den Interpreten der Natur zu haben, gewissermaßen das Naturgesetz da zu verfolgen, wo man die Bedingungen seiner Offenbarung selber verfolgen kann. Diese experimentierende Methode ist aber noch immer verknüpft mit einer gewissen inneren Sehnsucht, die früher das Erkennen durch und durch getragen hat. In jenen alten Zeiten, als es noch keine Technik, noch keine Naturwissenschaft in unserem Sinne gegeben hat, war dasjenige, was man als Wissenschaft betrachtete, vor allen Dingen aus der Erkenntnis-Sehnsucht hervorgegangen, aus der Sehnsucht zu erkennen, zu erforschen, «was die Welt im Innersten zusammenhält», wenn ich mich so ausdrücken darf. Jetzt, nachdem die experimentierende Methode aufgetreten ist, ist es nicht die Erkenntnis-Sehnsucht allein, sondern die Sehnsucht, das nachzuschaffen, was die Natur bildet. Aber es lebt die alte Erkenntnis-Sehnsucht noch fort. Man schafft das nach, was man im Experiment vor sich haben will, um durch das, was man da überschaubar hat, die Natur selber zu enträtseln. So ist mit einer gewissen Selbstverständlichkeit in der neueren Zeit aus dieser experimentierenden Methode die Technik erwachsen, und mit der Technik haben wir eine neue Phase begonnen.

Wir können also sagen: In der Entwicklungsgeschichte der Menschheit haben wir zuerst das von Erkenntnis-Sehnsucht bestimmte Forschen, dann die experimentierende Methode, die in sich aber mit dem Nachschaffen der Natur noch immer die Sehnsucht des alten Erkenntnisstrebens vereint. Indem wir aber übergingen – man braucht nur zu verfolgen, was eigentlich geschehen ist – von dem, was man erleben kann mit dem Experiment, zu dem, was dann aus dem Experiment heraus mit den erkannten Naturgesetzen durch die technischen Gestaltungen geschieht, die so tief eingreifen in das menschliche, in das soziale Leben, da müssen wir uns sagen: Da ist ein Drittes vorhanden, das übergeht von dem, was wir im Nachschaffen der Natur noch haben, zu dem, was nun schaffend im Menschen selber ist. Dieses Schaffende – ich glaube nicht, daß ich zu ganz unempfindsamen Seelen spreche, wenn ich von diesem Schaffenden das folgende sage: Derjenige, der mit jenem eigentümlichen Duktus, mit jener eigentümlichen Seelenverfassung gerade eine technische Schulung durchmacht, der fühlt sich anders in dieser Schulung drinnen als jemand, der etwa eine theologische Schulung, die eine Nachbildung der ältesten Erkenntnismethoden ist, oder eine schon experimentierende naturwissenschaftliche Schulung durchmacht. Wer eine experimentierende naturwissenschaftliche Schulung durchmacht, der wendet das Mathematische, das Geometrische, das Theoretisch-Mechanische, das Phorometrische und so weiter auf das an, was er dort beobachtet. Er rechnet die Natur gewissermaßen nach.

Auf einem ganz anderen Bewußtseinsstandpunkt steht man, wenn man zunächst das vor sich hat, was gewissermaßen ganz innerlich durchschaubar ist: das Mathematische, das Geometrische. Und wenn man das nicht nur im Experiment anwendet, also im Nachbilden der

Natur, sondern wenn man es in völlig freiem Schaffen auf die Gestaltung von Maschinen anwendet. Wenn man sieht, daß das, was man erlebt hat als Mathematik, als theoretisch-mechanistische Chemie, hinausdringt in die Gestaltung eines technischen Gebildes, da erlebt man in einer ganz anderen Weise die Welt, als der bloße Naturforscher oder der theoretisierende Techniker sie erlebt.

Was ist der eigentliche Unterschied? Eines berücksichtigt man oftmals nicht. Denken Sie sich einmal, wir bezeichnen im gewöhnlichen trivialen Leben alles mögliche als «wirklich», auch das, was in einem höheren Sinne nicht wirklich ist. Wir nennen eine Rose «wirklich». Ist denn eine Rose in einem höheren Sinne wirklich? Wenn ich sie hier vor mir habe, abgerissen vom Rosenstamm, kann sie nicht leben. Sie kann nur so gestaltet sein, wie sie ist, wenn sie am Rosenstamm wächst, wenn sie aus der Rosenwurzel heraus wächst. Indem ich sie abschneide, habe ich eigentlich vor mir eine reale Abstraktion, etwas, was so, wie ich es vor mir habe, gar nicht bestehen kann. Das ist aber bei jedem Naturgebilde in einer gewissen Weise so. Wenn ich ein Naturgebilde betrachte, selbst einen Kristall, bei dem es noch am wenigsten der Fall ist, kann ich ihn nicht verstehen, wenn ich bloß auf ihn hinschaue, weil er im Grunde genommen ebensowenig aus sich selbst bestehen kann wie die Rose. Ich müßte also sagen: Dieser Kristall ist nur möglich in der ganzen Umgebung, indem er vielleicht in einer Druse herausgewachsen ist in der Gebirgsformation.

Wenn ich aber das vor mir habe, was ich selber geformt habe als ein technisches Gebilde, so stehe ich dazu anders. Das kann man empfinden, sogar empfinden als etwas radikal Bedeutsames im Erleben des modernen Menschen, der aus seiner technischen Bildung heraus hinblickt auf das, was die Technik in dem modernen Leben geworden ist. Wenn ich ein technisches Gebilde habe, das ich herauskonstruiert habe aus der Mathematik, aus der theoretischen Mechanik, da habe ich etwas vor mir, was in sich abgeschlossen ist. Und lebe ich in dem, was im Grunde genommen der Umfang alles technischen Schaffens ist, so habe ich nicht bloß ein Abbild der Naturgesetze vor mir, sondern in dem, was aus den Naturgesetzen heraus zu technischen Gebilden geworden ist, steht tatsächlich etwas Neues vor mir da. Es ist etwas anderes, was da als Gesetze den technischen Gebilden zugrunde liegt, als das, was auch der unorganischen Natur zugrunde liegt.

Es ist nicht bloß so, daß die Gesetze der unorganischen Natur einfach übertragen werden, sondern so, daß der ganze Sinn des Gebildes gegenüber dem Kosmos ein anderer wird, indem ich als frei schaffender Mensch das, was ich sonst erlebe, aus der Gestaltung physikalischer oder chemischer Untersuchungen heraus in das technische Gebilde hineinversetze.

Damit kann man aber sagen: Indem die moderne Menschheit dazu gelangt ist, das Technische herausgezogen zu haben aus dem ganzen Umfang des Natürlichen, indem wir lernen mußten in der neueren Zeit, im Gebiet des Technischen so zu leben, daß wir mit dem menschlichen Bewußtsein in einem ganz anderen Verhältnis zum Technischen stehen als zu dem in der Natur Hervorgebrachten, sagen wir uns: Jetzt ist es zum ersten Mal, daß wir vor einer Welt stehen, die nun gewissermaßen seelisch durchsichtig ist. Die Welt der Naturforschung ist in einer gewissen Weise seelisch undurchsichtig; man blickt nicht auf den Grund. Die Welt des Technischen ist so wie ein durchsichtiger Kristall – natürlich seelisch verstanden. Damit ist wirklich eine neue Stufe der geistigen Entwicklung der Menschheit gerade mit der modernen Technik erstiegen. Damit ist etwas anderes eingezogen in die Entwicklungsgeschichte der Menschheit. Deshalb haben sich auch moderne Philosophen nicht zu helfen gewußt mit dem, was da in diesem modernen Bewußtsein gerade durch die Triumphe der Technik entstanden ist. Ich darf vielleicht hinweisen darauf, wie wenig die rein philosophische, spekulative Denkweise anzufangen wußte mit dem, was gerade von der Technik her das moderne Menschheitsbewußtsein ergriffen hat. Wir werden ja heute viel mehr ergriffen von dem, was ausgeht von leitenden, führenden Strömungen der Menschheitsentwicklung, als wir glauben. Dasjenige, was heute allgemeines Bewußtsein ist, war noch nicht da, als es noch kein Zeitungswesen gab, als der einzige geistige Verkehr der war, daß die Leute am Sonntag in der Kirche den Pfarrer von der Kanzel reden hörten. Das, was heute allgemeine Bildung ist, das fließt durch gewisse Kanäle von den führenden Strömungen in die breiten Massen hinein, ohne daß man sich dessen bewußt ist. Und so hat im Grunde genommen das, was durch das technische Bewußtsein gekommen ist, im Verlaufe einer sehr kurzen Zeit die Formen der Gedanken der breitesten Massen geprägt; es lebt in den breitesten Massen, ohne daß diese es wissen.

Und so können wir sagen, daß da etwas ganz Neues eingezogen ist. Und da, wo sich ein Bewußtsein ganz einseitig gemacht hat – was wir in Europa glücklicherweise noch nicht erreicht haben –, wo sich ein Bewußtsein ganz einseitig, geradezu besessen gemacht hat von diesem Abgezogenen, da trat eine merkwürdige philosophische Richtung auf, der sogenannte Pragmatismus des William James und anderer, der da sagt: Wahrheit, Ideen, welche bloß Wahrheit sein wollen, das ist überhaupt etwas Unwirkliches. In Wahrheit ist bloß dasjenige Wahrheit, von dem wir sehen, daß es verwirklicht werden kann. – Wir bilden uns als Menschen gewisse Ziele; wir formen danach die Wirklichkeit. Und wenn wir uns sagen: Das oder jenes ist nach einem Naturgesetze wirklich, so bilden wir daraus ein entsprechendes Gebilde. Können wir in der Maschine, in der Mechanik das verwirklichen, was wir uns vorstellen, so ist für uns durch die Anwendung im Leben erwiesen, daß das Wahrheit ist. Aber es gibt keinen anderen Beweis als den der Anwendung im Leben. Und so ist nur dasjenige, was wir im Leben verwirklichen können, wahr. – Der sogenannte Pragmatismus, der alles logische innerliche Verfolgen der Wahrheit ableugnet und eigentlich nur die Bewahrheitung der Wahrheit durch das, was außen sich vollzieht, gelten läßt, figuriert heute in den breitesten Kreisen als amerikanische Philosophie. Und das ist etwas, was auch in Europa einige Leute seit Jahrzehnten, auch schon vor dem Kriege, ergriffen hatte.

Alle diejenigen, die Philosophen sind und noch in den alten Bahnen fortdenken wollen, die wissen nichts anderes anzufangen mit dem, was als neuere Technik, als das Bewußtsein der neueren Technik aufgetreten ist, als den Wahrheitsbegriff überhaupt abzusetzen. Indem sie herausgetreten sind aus dem instinktiven Erfassen der Natur, aus dem experimentierenden Nachschaffen der Natur, zu dem freien Gestalten der Natur, ist ihnen nichts geblieben als das freie äußere Gestalten. Das innere Erleben der Wahrheit, jenes seelische In-sich-Erleben desjenigen, was als Geistiges die Seele durchziehen kann, das wird damit eigentlich geleugnet, und nur das, was in den äußeren zweckmäßigen Gebilden verwirklicht werden kann, das gilt als Wahrheit. Das heißt, der in der menschlichen Seele sich selber tragende Wahrheitsbegriff ist eigentlich abgesetzt.

Nun, es ist auch eine andere Entwicklung möglich; es ist die Entwicklung möglich, daß wir erleben, wie sich in der eigentlichen Substanz der technischen Gebilde etwas abhebt von dem Natürlichen, in dem jetzt nichts mehr drinnen steckt, was wir erahnen können, sondern nur das, was wir überschauen können. Denn wenn wir es nicht überschauen, können wir es nicht gestalten. Indem wir dies erleben, indem wir uns gerade richtig durchdringen mit dem, was daran erlebt werden kann, muß in uns um so mehr erwachen ein gewisses Bedürfnis. Diese neue Außenwelt, die zeigt sich uns ohne die innere Bewahrheitung der Ideen, die zeigt sich uns ohne das innere Erleben der Ideen. Daher werden wir durch dieses neue Erleben vorbereitet zum reinen Erleben desjenigen, was Geistigkeit ist, desjenigen, was der Mensch, abgezogen von allem äußeren Beobachten, so im Innern erleben muß, wie ich es am Beginne meiner heutigen Betrachtungen versuchte, Ihnen skizzenhaft darzustellen.

Und so glaube ich, daß, weil wir in der Entwicklungsgeschichte der Menschheit vorgedrungen sind zu einer Anschauung von jener Wirklichkeit, die wir äußerlich überschauen können, wo wir nicht mehr mit Äußerlichkeit irgendein Dämonisches, Gespenstiges sehen können, weil wir dazu gelangt sind endlich, das äußere Sinnliche nicht mehr so deuten zu können, daß wir sagen, es ist uns undurchsichtig und wir können dahinter irgend etwas Geistiges vermuten – so müssen wir in uns die Kräfte für den Geist durch die eigene Entwicklung der Seele zu finden suchen.

Mir hat es immer so geschienen, als ob ein wirklich ehrliches Erleben jenes Bewußtseins, das uns gerade aus der Technik zukommt, uns auffordert – weil uns sonst das, was mit unserer Menschennatur innig verknüpft ist, geradezu verloren gehen müßte –, dasjenige, was Geistigkeit ist, nun im Innern zu erleben, um so zu dem einen Pol der durchschaubaren Mechanik, der durchschaubaren Chemie dasjenige hinzuzufügen, was nun mit Geistesschau erlangt werden kann, was sich im Geiste vor die Menschen hinstellen kann. Mir scheint, daß es in unserer Zeit notwendig ist, daß sich offenbart die Geistesschau der Anthroposophie aus dem Grunde, weil wir eben eine bestimmte Entwicklungsstufe in der Menschheitsgeschichte erlangt haben.

Und ein anderes, verehrte Anwesende, kommt noch hinzu: Mit dieser neueren Technik ist zu gleicher Zeit ein neues soziales Leben heraufgezogen. Ich brauche es nicht zu schildern, wie gerade die moderne Technik den modernen Industrialismus geschaffen hat, wie diese moderne Technik das moderne Proletariat hervorgebracht hat in der Gestalt, wie es heute ist. Aber mir kommt es vor, daß, wenn man sich nur auf den Standpunkt der früheren wissenschaftlichen Methode stellen will, auf den

Standpunkt desjenigen, was aus der Beobachtung hervorgeht, dann unsere Gedanken zu kurz werden. Wir kommen nicht dazu, dasjenige zu umfassen, was im sozialen Leben wirklich sich offenbart. Um zu erfassen, was im sozialen Leben aus dem Menschlichen hervorgeht, dazu ist notwendig, daß wir zu Wahrheiten kommen, die sich nur durch die Menschennatur selber offenbaren. Und so glaube ich, daß der Marxismus und andere ähnliche Quacksalbereien, die heute die Menschen in solchen Aufruhr versetzen, nur wird überwunden werden können, wenn man besondere Methoden, die gefunden werden als notwendigen Gegenpol zur Technik, anwendet auf das, was soziales Leben der Menschen ist, und wenn man dadurch wird hineintragen können in das äußere Leben, in die breiten Massen Geistigkeit, weil man selbst diese Geistigkeit durch inneres Erleben gefunden hat.

Deshalb ist es nicht ein Zufall, daß aus demselben Grund und Boden heraus, aus dem sich mir die anthroposophisch orientierte Geisteswissenschaft ergeben hat, auch das erwachsen ist – für mich wahrhaftig ungesucht –, was ich darzustellen versuchte in meinem Buche «Die Kernpunkte der Sozialen Frage». Ich versuchte einfach die Konsequenzen zu ziehen aus dem, was geisteswissenschaftliches Erkennen ist für das soziale Leben. Und es ergab sich mir das ganz von selbst, was ich in diesem Buche dargestellt habe.

Ich glaube nicht, daß man ohne Geisteswissenschaft die Methoden finden kann, die erfassen, wie Mensch zu Mensch steht im sozialen Leben. Und ich glaube, daß, weil wir heute noch nicht dazu gelangt sind, das soziale Leben zu erkennen, sich dieses Leben selber von uns nicht bezwingen läßt und daß wir deshalb in dem Moment, wo nach der furchtbaren Kriegskatastrophe die Menschen vor die Notwendigkeit gestellt sind, einen Neuaufbau zu vollziehen, zunächst in ein Chaos hineingekommen sind. Es ist notwendig, das, was vollzogen werden soll, aus geistigen Gesetzen heraus zu vollziehen, nicht aus demjenigen Gesetz heraus, das ein mißverständliches Erkennen glaubt, auf Naturgesetze begründen zu können, wie es im Marxismus und anderen radikalen Ausgestaltungen der sozialen Wissenschaft der Fall ist.

So, meine sehr verehrten Anwesenden, durfte ich wohl gerade vor Ihnen etwas begründen, was für mich im Grunde genommen etwas recht Persönliches ist. Und ich darf sagen: Ich fühle mich, indem ich vor Ihnen gesprochen habe, in diesem Moment zurückversetzt in eine frühere Zeit, in die achtziger Jahre des 19. Jahrhunderts, wo wir in Mitteleuropa uns in eine Zeit hineinlebten, die von allen empfunden wurde als eine Zeit des Aufstieges. Wir – diejenigen Menschen, die so wie ich sind, indem sie alt geworden sind –, wir sind heute angelangt an einem Zeitpunkt, wo das, was dazumal an Lenzeshoffnungen aufgetaucht ist, in einer gewissen, recht tragischen Gestalt vor unserem geistigen Auge steht. Diejenigen, die zurückblicken auf das, was dazumal wie ein unbesiegbarer Aufstieg erschien, die blicken heute auf etwas zurück, worin sich für viele Menschen etwas offenbart, was doch in vieler Hinsicht ein Irrtum war.

Indem ich zu Ihnen spreche, spreche ich zu Kommilitonen, welche in einer anderen Lage sind. Viele unter Ihnen sind wohl in dem Alter, wo ich jene Lenzeshoffnung erlebt habe; jetzt erleben sie etwas, was sehr unähnlich ist den Phantasien, die dazumal aus den Lenzeshoffnungen heraus vor die menschliche Seele getreten sind. Aber derjenige, der so erfüllt ist von der Möglichkeit und Notwendigkeit geistigen Erkennens wie der, der vor Ihnen spricht, der kann niemals pessimistisch sein gegenüber der Kraft der Menschennatur; der kann nur optimistisch sein. Und deshalb erscheint es mir durchaus nicht als etwas, was ich nicht als ein Mögliches vor meine Seele hinstelle, daß, wenn Sie einmal das Alter erreicht haben, in dem ich heute vor Ihnen spreche, Sie den umgekehrten Weg durchgemacht haben – jenen umgekehrten Weg, der aus der Kraft der menschlichen Seele, vor allen Dingen aus der Geisteskraft der menschlichen Seele, nun wiederum aufwärts führt. Und weil ich an den Menschen glaube aus Geist-Erkenntnis heraus, so glaube ich, daß man nicht reden kann wie Spengler von einem Untergang, einem Tod der abendländischen Zivilisation. Sondern indem ich an die Kraft der Seele glaube, die in Ihnen lebt, glaube ich, daß wir wiederum zu einem Aufstieg kommen müssen. Denn dieser Aufstieg wird nicht von einem leeren Phantom bewirkt, sondern vom menschlichen Willen. Und ich glaube so stark an die Wahrheit der Ihnen geschilderten Geisteswissenschaft, daß ich überzeugt davon bin: Dieser Wille der Menschen kann getragen werden, kann einen neuen Aufstieg bewirken, kann eine neue Morgenröte bewirken. Und deshalb, meine verehrten Anwesenden, möchte ich schließen mit dem Wort, das mir in die Ohren tönte als jungem Studenten, als der neue Rektor für Mechanik und Maschinenbau in Wien seine Rektorats-Antrittsrede hielt, dazumal für Menschen, die auch an einen neuen Aufstieg glaubten, und mit Recht daran glaubten, wenn auch nachher nur einseitig ein technischer Aufstieg, nicht ein sozialer, nicht ein politischer Aufstieg kam. Jetzt aber stehen wir in einem Zeitraum, in dem wir ja, wenn wir nicht verzweifeln wollen, nur an einen Aufstieg denken können, denken müssen. Deshalb sage ich, was jener Mann dazumal zu uns jungen Leuten gesagt hat: «Kommilitonen, ich schließe damit, daß derjenige, der ehrlich empfindet mit der Entwicklung der Menschheit gegenüber dem, was entstehen soll aus aller Wissenschaft, aus aller Technik, daß der nur sagen kann: Immer vorwärts!»

Frage: Was berechtigt uns dazu, wenn wir über die Grenzen des Denkens hinausgehen, die Einheit des Denkens zu verlassen und vom Denken zur Meditation überzugehen?

Rudolf Steiner: Meine sehr verehrten Anwesenden! Es handelt sich, wie mir scheint, bei dieser Frage um etwas sehr Bedeutsames, das allerdings in seiner Gänze nur durch gründliche erkenntnistheoretische und erkenntniskritische Betrachtung verständlich gemacht werden kann. Ich will aber versuchen, ein wenig auf das eine oder andere hinzuweisen, das für die Beantwortung dieser Frage in Betracht kommt.

Da darf ich vielleicht aufmerksam machen auf das letzte Kapitel, das ich angefügt habe der zweiten Auflage meines Buches «Die Rätsel der Philosophie», worin ich dargestellt habe den Entwicklungsgang der Philosophie selber und worin ich dann versuchte zu zeigen, wie gerade im gegenwärtigen Augenblick der menschheitlichen Entwicklung die Philosophie an dem Punkt angekommen ist, gewissermaßen aus sich selbst heraus dieses Hinausgehen des Denkens über denjenigen Standpunkt des Denkens zu fordern, der gerade sich einstellt, wenn man an den Grenzen des Naturerkennens angelangt ist. Ich habe dazumal versucht, folgendes zu zeigen:

Die Menschen können, wenn sie die Erkenntnismethoden genau studieren, wie etwa der große Physiologe

Du Bois-Reymond dies getan hat, ganz bis zu dem Gesichtspunkt kommen, den Du Bois-Reymond in seiner Rede «Über die Grenzen des Naturerkennens» in den siebziger Jahren des 19. Jahrhunderts auf der berühmten Naturforscherversammlung in Leipzig ausgesprochen hat und auch wiederholt hat in der Rede über «Die sieben Welträtsel». Ich will nur kurz darauf hinweisen, daß dazumal Du Bois-Reymond davon sprach, daß man mit der Anwendung desjenigen, was hier «das einheitliche Denken» genannt worden ist, dazu kommt, den sogenannten Laplaceschen Geist auszubilden, das heißt, ein solches Denken über die Materie zu entwickeln, wie es dann möglich ist, wenn man mit den astronomisch-mathematischen Methoden den Lauf der Planeten eines Sonnensystems zu erfassen sucht.

Wenn man nun durch eine gewisse innere Anschauung den Blick auf das richtet, was sich da in uns selbst vollzieht, wenn man also einmal versucht, das Subjekt zum Objekt zu machen, dann stellt sich heraus, daß dieses Denken, das man da entwickelt, nun nicht bloß etwa so definiert werden kann, daß es da wäre, um irgendeine Außenwelt abzubilden oder um die Tatsachen einer Außenwelt zu kombinieren. Ich muß in dem, was so über das Denken gedacht wird, noch einen letzten Rest jener alten Teleologie sehen, jener alten Zweckmäßigkeitslehre, die überall nicht nach dem Warum fragt, sondern nach dem Wozu, die nicht fragt, wie es kommt, daß die ganze Organisation des Menschen oder irgendein anderer Organismus oder ein Organ wie die Hand in einer bestimmten Weise gestaltet ist, sondern die fragt, wie sich zu einem gewissen Zweck diese Hand eben zweckmäßig gestalten müßte. – Das wird, wenn man sich dessen auch heute nicht mehr bewußt ist oder noch nicht bewußt ist, auch ausgedehnt auf die Betrachtung des Denkens. Man fragt: Wozu ist das Denken eigentlich da? – Man macht sich das nicht immer klar, aber man fragt es unbewußt. Das Denken, so meint man, das Erkennen überhaupt, sei dazu da, daß man eine äußere Welt in sich gewissermaßen hineinsauge, daß man das, was zuerst draußen ist, in seinem Innern habe, wenn auch nur im Bilde. Nun aber kann man realistisch, aber natürlich geistig-realistisch verfolgen, was das Denken eigentlich ist. Dann merkt man, daß dieses Denken durchaus eine reale Kraft ist, die uns selber gestaltet.

Sehen Sie, diese Geisteswissenschaft, von der ich hier spreche, ist nicht eine abstrakte Theorie, nicht irgend etwas, was nur eine Weltanschauung in Ideen sein will. Unter anderem habe ich in der letzten Zeit hier einen pädagogischen Kursus gehalten, in dem ich versuchte, die Geisteswissenschaft auf die Pädagogik anzuwenden. Es war ein Kursus für die Lehrerschaft, bevor die Waldorfschule begründet wurde. Außer diesem pädagogischen Kursus habe ich auch einen Kursus gehalten, der versuchte, aus der Geisteswissenschaft heraus das Therapeutische der Medizin zu ergreifen und zu zeigen, wie gerade aus geistigem Forschen Lichter fallen können auf dasjenige, wozu man eigentlich niemals vollständig gelangt, wenn man nur mit den heutigen Methoden der Physiologie und der Biologie forscht. Nun, ich möchte Ihnen nicht etwas speziell Therapeutisches sagen, aber ich möchte doch eines erwähnen, um die Methode zu charakterisieren, das ist, daß ja heute in der gebräuchlichen Philosophie eigentlich immer nur spekuliert wird über den Zusammenhang des Geistig-Seelischen mit dem Leiblich-Körperlichen. Da gibt es allerlei Theorien über Wechselwirkungen, über Parallelismus und so weiter, allerlei materialistische Deutungen der Seelenvorgänge. Aber man hat eigentlich immer in einer gewissen Abstraktion vor sich auf der einen Seite das Beobachten des Geistig-Seelischen, auf der anderen Seite das des Leiblich-Physischen, und man spekuliert dann, wie diese beiden miteinander in ein Verhältnis kommen können. Geisteswissenschaft studiert wirklich methodisch – aber eben mit demjenigen Denken, das da erweckt wird –, wie das Seelisch-Geistige im Leiblich-Physischen wirkt. Und auch wenn ich mich vielleicht manchem Mißverständnis aussetze, daß das, was ich sage, als paradox genommen wird, will ich eines herausheben:

Wenn wir das Kind beobachten, wie es heranwächst bis zum Zahnwechsel um das siebente Jahr, dann merken wir, daß nicht nur dieser Zahnwechsel sich vollzieht, sondern daß da auch die Konfiguration des Geistig-Seelischen eine wesentliche Änderung erfährt. Wenn Sie nun zurückdenken in Ihrem eigenen Leben, so werden Sie finden – auch wenn man noch nicht methodisch forscht –, daß die scharf konturierten Gedanken, die sich dann festigen zur Erinnerung und für den Lauf des Lebens sich fortpflanzen, daß diese scharf umrissenen Gedanken aus der Denkkraft heraus erst sich bilden können in der Zeit, in der der Organismus das heraustreibt, was die zweiten Zähne sind – es ist das ja etwas, was aus dem ganzen Organismus, nicht bloß aus dem Kiefer kommt. Verfolgt man das methodisch weiter, so kommt man darauf, sich zu sagen: Geradeso wie etwa bei physikalischen Vorgängen irgendeine Kraftart, etwa mechanische Kraft, verwandelt werden kann in Wärme und man dann sagt: Wärme wird frei, Wärme erscheint –, so hat man im menschlichen Lebenslauf zu verfolgen, was im Organismus leibt – der Ausdruck ist uns ganz verlorengegangen – im Zahnwechsel, und was dann frei wird, wenn der Zahnwechsel nach und nach sich vollzieht, was dann aus dem latenten Zustand in den freien Zustand übergeht, was zuerst nur innerlich gewirkt hat. Die zweiten Zähne sind erschienen; da wirkt ein gewisser Kräftezusammenhang, ein Kräftesystem im Innern, bis diese zweiten Zähne entstehen. Dann wird dieser Kräftezusammenhang frei, und er erscheint in seinem Freiwerden als jenes Geistig-Seelische, das dann die scharf konturierten Gedanken der Erinnerung gibt.

Mit diesem Beispiel will ich nur zeigen, wie in der Tat diese Geisteswissenschaft auf Gebiete angewendet wird, an die man heute nicht denkt. Sie ist eine Fortsetzung des Naturwissenschaftlichen. Genau dieselbe Form des Denkens ist es, die man anwendet, wenn man vom Freiwerden der Wärme spricht. Dieselbe Form, die man sich nur erst herausgebildet hat, wendet man dann auf die menschliche Entwicklung an, und man sagt sich: Das, was als Erinnerung, als Denkkraft erscheint, das schiebt die zweiten Zähne heraus – wenn ich mich trivial ausdrücken darf.

Da hat man nicht ein Spekulieren über den Zusammenhang von Leib und Seele, sondern da verfolgt man ganz empirisch, wie man es als Naturforscher gewöhnt ist, nur mit höher entwickelten Denkmethoden, dasjenige, was eben beobachtbar ist. Nur ist das Ganze, was man um sich hat, auch geistig beobachtet. Und so kommt man dazu, nicht mehr in abstrakter, nebuloser Weise über Wechselwirkung von Leib und Seele und Geist zu sprechen, sondern man gibt an, wie in einem gewissen Lebensalter eine Kraft leiblich wirkt, die dann sich als Geistig-Seelisches emanzipiert in einem anderen Lebensalter. Und man gelangt dazu, mit dem Geist hineinzukommen in das Materielle, das Materielle geistig zu verstehen. Das ist das Eigentümliche, daß der Materialismus gerade das Materielle nicht verstanden hat, daß er eigentlich der Materie so gegenübersteht, daß sie unverstanden für ihn bleibt. Der Materialismus hat gerade die Materie nicht verstanden. Die Geisteswissenschaft, die hier gemeint ist, dringt durch ihre geistige Methode gerade zum Verständnis des Materiellen vor. Und es war tatsächlich den zuhörenden Ärzten und Medizinstudierenden des Kurses für Mediziner äußerst interessant, daß man ihnen zeigen konnte, wie man nun wirklich dazu gelangt, das Geistig-Seelische wirksam darzustellen im Leiblichen, wie man zum Beispiel darstellen kann, wie eigentlich das Herz in seiner Funktion aus der Geisteswissenschaft heraus in ganz anderer Weise begriffen werden kann als mit den Methoden der heutigen Physiologie oder Biologie.

Also darum handelt es sich, daß in der Tat nicht bloß durch irgendeine phantastische Ausgestaltung, sondern durch ein wirkliches Weiterführen das Denken sich entwickelt, das aber einfach durch einen Grenzzustand oder Kritikzustand durchgehen muß. Bei diesem Durchgehen durch den Grenzzustand wird eben das Denken etwas anderes. Sie dürfen nicht sagen, daß die Einheit des Denkens damit irgendwie zerstört wird. Es wird zum Beispiel die Kraft, die im Eis wirkt, nicht etwas, was nicht mehr sein darf, wenn das Eis zergeht durch Schmelzen und zu Wasser wird. Und die Kraft, die im Wasser wirkt, wird nicht etwas anderes, wenn das Wasser durchgeht durch den Siedepunkt und durch die Verdampfung. So handelt es sich darum, daß an dem Punkt, den ich als einen Entwicklungspunkt für das Denken charakterisiert habe, diese Denkkraft durchgeht durch einen solchen Grenzzustand und dann allerdings in einer anderen Form erscheint, so daß sich das Erleben vom früheren Erleben unterscheidet wie Dampf von Wasser. Dadurch kommt man aber dazu, die Denkkraft selbst, das Denken – ich könnte dasselbe auch vom Wollen beweisen – als etwas zu verstehen, was real im Menschen wirkt. Man sieht dann in der Denkkraft, die man später im Leben hat, dasjenige, was im kindlichen Alter im Leibe gewirkt hat. Es wird also gerade in einer merkwürdigen Weise alles zur Einheit.

Ich gebe gerne zu, Geisteswissenschaft kann in manchen Einzelfragen irren. Sie ist am Anfang. Aber darum handelt es sich nicht. Sondern es handelt sich darum, in welche Richtung gestrebt wird. Und so kann man sagen: Es wird versucht, dasjenige, was im Denken sich offenbart, in seiner Gestaltung des Menschen zu beobachten, es zu beobachten als eine reale, den menschlichen Organismus gestaltende, durchbildende Kraft. Es wird das Denken in seiner Realität betrachtet. Deshalb sagt man sich zuletzt: Diejenigen, die noch das Denken erkenntniskritisch so betrachten, daß sie nur nach einem Zweck fragen: Warum ist das Denken so, daß es äußere Sinneswahrnehmungen kombiniert? –, die geben sich einem gewissen Irrtum hin, einem Irrtum, den ich Ihnen jetzt charakterisieren möchte.

Nehmen wir an, das Weizenkorn oder die Weizenähre wächst aus dem Würzelchen heraus durch den Halm; die pflanzenbildende Kraft äußert sich und kann aus dem Samen heraus eine neue Pflanze gestalten, die wiederum bis zum Samen kommt und so weiter. Wir sehen das, was da als Bildekraft in der Pflanze wirkt, kontinuierlich in geschlossenem Fortgang in der Pflanze selbst wirksam von Gestaltung zu Gestaltung, wie Goethe sagt: von Metamorphose zu Metamorphose. So versucht man in der Geisteswissenschaft das Denken, das sich im Menschen äußert, als gestaltende Kraft zu verfolgen, und man kommt dazu zu sagen: Indem das Denken im Menschen eine gestaltende Kraft ist, kommt auch eine Nebenwirkung zustande, und diese Nebenwirkung, die ist eigentlich erst das gewöhnliche Erkennen. Aber wenn ich das Denken in seiner Wesenheit nach dieser Nebenwirkung charakterisieren will, so tue ich genau dasselbe, wie wenn ich sage: Was interessiert mich, was da in der Pflanze als bildende Kraft durch die Wurzel, die Halme in die Ähre hinaufschießt; das interessiert mich nicht; ich gehe von der Ernährungschemie aus und untersuche, was da im Weizenkorn erscheint als Ernährungssubstanz. – Das ist natürlich auch eine berechtigte Betrachtung des Weizenkornes. Man kann es auch so betrachten. Aber wenn ich das tue, dann sehe ich dabei ab von dem, was eigentlich kontinuierlich in der Pflanzenbildung fortfließt. Und so ist es mit dem Erkennen. In dem, was gewöhnlich von den Erkenntnistheoretikern, von den Philosophen gedacht wird und von denjenigen, die die Naturwissenschaft begrundlagen wollen mit irgendwelchen Betrachtungen, sind dieselben Wirkungen, die auftreten, wenn das Denken, das eigentlich uns gestalten will, nach außen hin sich in einer Nebenwirkung äußert. Das ist so, wie wenn das, was in der Weizenpflanze wächst, nur gedacht wird als Grundlage für die Ernährung eines anderen Wesens. Aber es ist falsch, den Weizen nur auf diese hin zu untersuchen. Das hat mit dem Wesen des Weizenkornes nichts zu tun. Da bringe ich einen anderen Gesichtspunkt hinein.

So ist die Philosophie heute auf einem Holzwege, wenn sie das Erkennen nur untersucht in bezug auf das Auffassen der Außenwelt. Denn das Wesentliche ist, daß das Erkennen eine im Menschen gestaltende Kraft ist und das andere geradezu als Nebenwirkung auftritt. Und diejenige Betrachtungsweise, die das Denken nur in dem Zustand belassen will, in dem es Naturgesetze abstrahiert, Wahrnehmungen sammelt, ist gerade in derselben Lage wie jemand, der behaupten würde, man solle nicht Pflanzenbiologie treiben, um das Wesen der Pflanze kennenzulernen, sondern Ernährungschemie.

Das sind Dinge, an die man heute nicht denkt, die aber eine große Rolle spielen in der Weiterentwicklung der wissenschaftlichen Zukunft, jener wissenschaftlichen Zukunft, die zu gleicher Zeit auch die Zukunft für eine solche soziale Gestaltung ist, durch die der Mensch im Erfassen des sozialen Lebens durch den Geist auch wirklich eingreifen kann in diese soziale Gestaltung. Denn das scheint es mir gerade zu sein, was zur Katastrophe geführt hat: daß wir nicht mehr das Leben meistern, weil wir nicht daran denken, daß wir in einen Zustand der Menschheitsentwicklung eingetreten sind, in dem das

Leben vom Geiste aus gemeistert werden muß, von jenem Geiste aus, der von innen heraus erkannt wird und dadurch auch das erkennt, was uns in der Außenwelt entgegentritt.

Ja, meine sehr verehrten Anwesenden, mit solchen Dingen ist man heute in weitesten Kreisen ein Sonderling, ein Schwärmer, und jedenfalls mutet man einem solchen nicht zu, daß er die Außenwelt wirklich realistisch durchschaut. Aber ich glaube doch, daß ich nicht fehlgehe, wenn ich sage: Die Anwendung der Geisteswissenschaft auf die gesamte äußere Welt läßt sich vergleichen mit dem folgenden. Wenn jemand ein hufeisenförmiges Eisen herlegt, da kommt ein Bauer und sagt: Damit werde ich mein Pferd beschlagen. – Ein anderer, der weiß, was das für ein Gegenstand ist, sagt zu ihm: Das ist kein Hufeisen, das ist ein Magnet, der dient zu etwas ganz anderem. – Der Bauer aber sagt: Was geht mich das an, ich beschlage mein Pferd damit. – So kommt einem heute diejenige Wissenschaftlichkeit vor, die durchaus nicht zugeben will, daß das Geistige überall im Materiellen lebt. Wer das Geistige im Materiellen ableugnet, gleicht dem, der da spricht wie der Bauer: Was geht mich der Magnet an, ich beschlage mein Pferd mit dem Eisen. – Ich glaube allerdings, daß uns die Erkenntnis davon aufgehen muß, daß wir in allem Materiellen nicht bloß ein Abstrakt-Geistiges, sondern ein Konkret-Geistiges zu erkennen haben, daß wir uns aber dann bequemen müssen, im einzelnen dieses Konkret-Geistige ebenso zu studieren, wie wir das im Materiellen tun, und daß das einen Fortschritt in erkenntnismäßiger und in sozialer Beziehung für die Zukunft bedeuten wird.

Aber es ist leichter, Spekulationsergebnisse und allerlei Philosophien zu äußern über das, was der Geist ist, es ist leichter, Pantheist oder dergleichen zu sein aus Spekulation, als nach dem Muster strenger Naturwissenschaft, nur eben mit der erlebbaren Methode, so wie ich es geschildert habe, die naturwissenschaftlichen Forschungen fortzusetzen und dann dazu zu kommen, das Geistige im Materiellen zu finden – geradeso wie man Wärme, auch wenn sie sich nicht äußert, dennoch zur Erscheinung bringt, indem man zeigt, unter welchen Umständen sich das, was latent ist, offenbart. Wenn man diese Methode, die man gewöhnlich anwendet im Äußeren, anwendet und fortsetzt auf das Innere, namentlich aber auf den ganzen Menschen, dann wird man von dem Inneren heraus gerade das Geistige im Materiellen begreifen. Und es wird vor allen Dingen dasjenige erfüllt werden nach und nach, was eigentlich schon seit uralten Zeiten zu uns herüberklingt und was dennoch für den Menschen zu erfüllen eine tiefe Notwendigkeit ist, das, was von dem apollinischen Tempel in Delphi uns immer noch herüberklingt in die Geistesohren: Mensch, erkenne dich selbst! – Und so, wie Philosophen und Theologen von diesem «Erkenne dich selbst» gesprochen haben, so hat auch der mehr oder weniger nach dem Materialistischen hinneigende Naturgelehrte Ernst Haeckel davon gesprochen. Dieses «Erkenne dich selbst» sitzt tief in der Menschennatur. Und die neuere Zeit ist eben an einem Punkte angelangt, wo diesem «Erkenne dich selbst» in konkreter Weise entgegengekommen werden muß.

Mit diesen Andeutungen glaube ich doch gezeigt zu haben, daß es sich nicht um ein Versündigen gegen die

Einheit des Denkens handelt, sondern um eine Fortsetzung des Denkens über einen Grenzpunkt hinaus. So wie es nicht unmöglich ist, die Kräfte im Wasser zu einer ganz anderen Offenbarung zu bringen nach dem Durchgehen durch den Siedepunkt, so wird auch nicht gesündigt gegen das, was im kombinierenden Denken mit der Wahrnehmung erlebt wird, wenn man dieses Denken über den Grenzpunkt hinausführt. Es ist ganz selbstverständlich, daß dann eine Metamorphose des Denkens erreicht wird. Aber gegen eine irgendwie geartete Einheitlichkeit des Denkens ist damit durchaus nicht gesündigt worden. Sie werden überhaupt nicht finden, daß man durch die Geisteswissenschaft zur Ablehnung der Naturwissenschaft kommt, sondern man kommt gerade zu einer tieferen Durchdringung. Man kommt gerade zu dem, was ich für besonders wichtig für die Menschheitsentwicklung halte: zu einer das Leben befruchtenden Einführung der naturwissenschaftlichen Erkenntnisse in die ganze Weltauffassung, die aber nur dadurch bewirkt werden kann, daß wir von dem geistigen Anschauen des Natürlichen zum reinen Erleben des Geistigen aufsteigen, das sich dann auch in unser Wollen ergießen und in uns zu einer lebendigen Kraft werden kann. Weil es das kann, weil das lebendige Erkennen uns zu gleicher Zeit nicht nur weise, sondern auch geschickter macht, deshalb glaube ich an eine Menschenzukunft, an einen Menschenfortschritt, wenn in der Zukunft mehr, als es bisher der Fall war, hingeschaut wird auf das Geistige im Materiellen, wenn gesucht wird im Materiellen das Geistige, das dann auch übertragen werden kann auf das Soziale, so daß in der Zukunft die Lösung der sozialen Frage uns erscheinen wird als Durchgeistigung des sozialen Lebens, als Durchgeistigung mit demjenigen Geist, den wir gerade als Fortsetzung des naturwissenschaftlichen Forschens uns erringen können.

Professor Dr. Th. Meyer: Ich bin vollständig mit Herrn Dr. Steiner darin einverstanden, daß die Grenzbegriffe des naturwissenschaftlichen Erkennens nicht die Grenzbegriffe des Seins und der Wirklichkeit sind. Ich habe auch mit warmem und ergriffenem Herzen ihn von den Hoffnungen sprechen hören, die das deutsche Volk auch trotz seines Zusammenbruches für die Zukunft hegen darf. Aber ich habe doch einigermaßen Zweifel in dem Punkte, ob die anthroposophisch orientierte Geisteswissenschaft gerade die Fähigkeit besitzen wird, zu einer neuen Höhe, zu der Deutschland streben soll, zu führen. Und zwar meine ich, liege das Bedenken in folgendem: Herr Dr. Steiner hat immer wieder betont, daß der Weg in die höheren Welten, von dem er gesprochen hat, durch das Schauen erreicht wird, durch ein schauendes Bewußtsein, durch ein Erleben, und daß dieser Weg durchaus Wissenschaft ist, nicht Phantasie. Dieses innere Schauen hat selbstverständlich das, was in der Logik Evidenz besitzt. Das heißt, man kann das, was ich mit äußeren oder inneren Augen gesehen habe, nicht bestreiten. Ich sehe einen Baum und brauche nicht zu beweisen, daß der Baum da sein muß. Es gibt keinen metaphysischen Beweis dafür, es ist evident, daß der Baum da ist. Herr Dr. Steiner beansprucht nun für sein inneres Schauen diese Evidenz. Das heißt, er sieht die höhere Welt und sieht die Zusammenhänge der höheren Welt, und weil er sie sieht, eben deshalb ist diese höhere Welt da; sie ist unbestreitbar. Ich möchte auch nicht bestreiten, daß die höhere Welt für den, der sie schaut, evident ist. Nur fragt es sich, ob sie für jedermann evident ist, und da habe ich ein Bedenken. Seitdem mir die Anthroposophie bekannt ist, beruft sie sich darauf, daß dieses innere Schauen, dieses schauende Bewußtsein uralt ist, daß es schon lange Menschen gegeben hat, die sich zu der Höhe dieses schauenden Bewußtseins erheben, schon lange in Indien erhoben haben. Daher nimmt auch die Anthroposophie eine ganze Anzahl von Ausdrücken aus dem Indischen auf. Sie braucht für die verschiedenen Geisteserkenntnisse, die sie vermittelt, indische Ausdrücke. Nun liegt aber die Tatsache so, daß Dr. Steiner nun doch wieder behauptet, daß er etwas Neues bringe. Es hat aber doch vor Dr. Steiner eine ganze Anzahl theosophischer Vereine in Deutschland, auch in England gegeben. Herr Dr. Steiner hat ursprünglich diesen theosophischen Vereinen angehört, dann ist er in Widerstreit mit ihnen gekommen und ist aus diesen Vereinen ausgetreten. Er hat eben, weil er in inneren Zwiespalt mit ihnen kam, seine Auffassung der Dinge nicht mehr mit dem Namen Theosophie bezeichnet, sondern eben, weil sein inneres Schauen verschieden ist von dem inneren Schauen der anderen Theosophen, es mit dem Namen Anthroposophie belegt.

Da möchte ich nun sagen: Wenn nun das frühere schauende Bewußtsein sich geirrt hat, wenn erst Dr. Steiner das Richtige gebracht hat, wer garantiert mir dafür, daß nun nicht wieder ein anderer kommt und sagt: Dieses höhere schauende Bewußtsein, das Herr Dr. Steiner gebracht hat, ist nicht zum letzten Ziel durchgedrungen. Es kann ein anderer zu einem ganz anderen Ziele kommen. Dadurch wird das Schauen Dr. Steiners subjektiv. Es ist die Anschauung eines einzelnen. Ob man sich darauf verlassen kann, wird doch zweifelhaft.

Das ist mein Bedenken, das sich ergibt in bezug auf das Übersinnliche der ganzen Bewegung, daß da ein verschiedenes inneres Schauen ist. Es dürfte doch gar kein Zwiespalt eintreten zwischen den verschiedenen Schauenden. Ich möchte aber nicht schließen, ohne meinen aufrichtigen und warmen Dank Herrn Dr. Steiner auszusprechen für die vielfachen feinen Anregungen, die er in seiner Rede heute abend gegeben hat.

Rudolf Steiner: Meine sehr verehrten Anwesenden! Ich werde nicht nötig haben, Sie noch allzulange aufzuhalten, denn ich werde nur aufmerksam zu machen haben darauf, daß dem sehr verehrten Herrn Vorredner gerade in dem Wichtigsten, was er als Bedenken vorgebracht hat, doch einiges Irrtümliche unterlaufen ist.

Zunächst handelt es sich darum – ich möchte gewissermaßen vom Ende aus beginnen –, daß ich einiges Irrtümliche richtigstelle. Die Sache ist nicht so, daß dem, was ich Ihnen hier dargestellt habe, andere theosophische Vereine, denen ich angehört habe, mit ihren Lehren vorangegangen sind. So ist die Sache nicht. Sondern ich habe in den achtziger Jahren des 19. Jahrhunderts meine Interpretationen der Goetheschen Weltanschauung zu schreiben begonnen. Sie sind dazumal als Einleitung zu Goethes naturwissenschaftlichen Schriften in Kürschners «Deutsche National-Litteratur» in Stuttgart erschienen. Wer diese verfolgt, der wird finden, daß der Keim zu alledem, was ich Ihnen heute vorgetragen habe, durchaus in jenen Einleitungen liegt. Sie werden dann finden, daß ich in meiner «Philosophie der Freiheit» in der ersten Auflage 1894 versucht habe darzustellen, wie der Mensch allmählich durch die Entwicklung seines Denkens bis zu einer gewissen Stufe kommt und wie dann sich angeschlossen hat daran dasjenige, was dann das diskursive Denken in das schauende Denken hineinführt.

Dann ist es dazu gekommen, in der Zeit so um 1902 in Berlin, daß ich einmal ersucht wurde, in einem Kreise, der sich ein theosophischer nannte, dasjenige vorzutragen, was ich über den Geist zu sagen hatte. Ich hatte dazumal verschiedene Theosophen kennengelernt, aber das, was sie geäußert haben, konnte mich eigentlich nicht dazu veranlassen, diejenige theosophische Literatur mit einiger Aufmerksamkeit zu verfolgen, die bei dieser Theosophischen Gesellschaft üblich war. Und so trug ich eben dazumal das vor, was sich mir selbst aus eigener anschauender Forschung ergeben hatte. Das führte dazu, daß von Leuten in England, die mein Buch «Die Mystik im Aufgange des neuzeitlichen Geisteslebens» gelesen hatten, sehr bald diese Vorträge ins Englische übersetzt wurden und in einer englischen Zeitung erschienen sind. Ich wurde dann aufgefordert, Vorträge zu halten für eine Anzahl von Leuten der Gesellschaft, die sich eben die «Theosophische Gesellschaft» nannte. Ich habe niemals zurückgehalten damit, vor denen, die mich riefen – ob sich diese nun so oder so nannten –, über das zu reden, was ich zu sagen habe. Ich habe aber auch nirgends etwas anderes vertreten als das, was ich aus der eigenen Forschung heraus zu sagen habe. So habe ich auch in der

Zeit, in der ich der Theosophischen Gesellschaft angehört habe, nichts anderes vertreten als das, was ich aus eigener Forschung zu vertreten habe.

Daß ich das, was ich vorbrachte, schon damals «Anthroposophie» nannte, das möge Ihnen daraus hervorgehen, daß ich in derselben Zeit – nicht erst später, als ich etwa zu einer anderen Anschauung gekommen war als diese Gesellschaft – auch in einem anderen Kreis von Leuten in Berlin vortragen habe, und ich habe dort kein Jota anderes vorgetragen als gerade das, was ich aus meiner Forschung heraus vorzutragen hatte. Und dort kündigte ich meine Vorträge an – damit die Leute nicht irgendwie im Irrtum sein könnten – als anthroposophische Betrachtungen der Menschheitsentwicklung. Also ebensolange wie irgendein Mensch mich mit der Theosophie in Berührung bringen kann, ebensolange nenne ich meine Weltanschauung «Anthroposophie». Da war niemals ein Bruch. Das ist dasjenige, was ich jetzt nur darüber sagen möchte, um Sie nicht zu lange aufzuhalten.

Nun, sehr verehrte Anwesende, manche Leute sagen ja, wenn man die Philosophiegeschichte studiere, finde man, daß die Philosophen – fangen wir an bei Thales bis hinauf zu Eucken oder anderen – alle möglichen Ansichten aufgestellt hätten und daß sie sich oftmals widersprochen hätten; wie könne man da zu einer Sicherheit des Erkennens kommen? – Gerade das setzte ich mir in meinen «Rätseln der Philosophie» zur Aufgabe: zu zeigen, daß die Sache sich nicht so verhält, sondern daß dasjenige, was scheinbare Abweichungen in den verschiedenen Philosophien sind, die dieses Namens wert sind, nur immer davon herkommen, daß der Eine die Welterscheinungen von einem Standpunkte aus betrachtet, der Andere von einem anderen Standpunkte aus. Wenn man einen Baum photographiert von einer Seite, so hat man das, was man auf dem Bilde sieht, nur von einer bestimmten Seite. Photographiert man den Baum von einer anderen Seite, so bekommt man ein ganz anderes Bild – und doch ist es derselbe Baum. Wenn man nun darauf kommt, daß viele wirklich wahrheitshaltige Philosophien nicht dadurch sich unterscheiden, daß die eine von der andern abweicht, sondern daß sie einfach von verschiedenen Standpunkten aus ein und dasselbe anschauen, weil man überhaupt nicht zu einer einzigen Wahrheit kommen kann, dann merkt man, daß das ein Vorurteil ist, wenn man sagt, daß die Philosophien sich widersprechen.

Ich habe es in meinem Buche «Die Rätsel der Philosophie» gezeigt, daß das ein Vorurteil ist, wenn man sagt, daß die Philosophen sich widersprechen. Es gibt allerdings solche, die in einem gewissen Widerspruch stehen, allein das sind diejenigen, die sich eben geirrt haben. Man kann nicht daraus, daß zwei Kinder in einer Klasse eine Aufgabe verschieden lösen, sagen, man sei deshalb nicht sicher, wer das Richtige gefunden habe. Man weiß schon, was das Richtige ist, wenn man die richtige Lösung versteht. Also daraus, daß die Dinge verschieden sind, läßt sich nicht ableiten, daß sie falsch sind. Das ließe sich nur ableiten aus dem inneren Gang der Sache selber. Da müßte man schon hinschauen auf den inneren Gang der Sache selber. Und es ist eine äußerliche Betrachtung, wenn man sagt: Der Steiner ist ausgetreten aus der Theosophischen Gesellschaft. – Erstens bin ich nicht ausgetreten, sondern, nachdem ich zuerst mit allen Kräften hineingezerrt worden bin zum Vortragen meiner eigenen Weltanschauung, durchaus von nichts anderem, bin ich – ich darf vielleicht vor Ihnen den manchmal verpönten Ausdruck gebrauchen – herausgeschmissen worden, und zwar aus dem Grunde, meine sehr verehrten Anwesenden, weil die «andere Art der Wahrheit», nämlich der Wahnwitz jener Theosophen herrschte, die es endlich dahin gebracht haben, einen indischen Knaben zu präsentieren, von dem man behauptete, er sei der neu erschienene Christus; er werde nach Europa gebracht und in ihm sei der wiederverkörperte Christus erschienen. – Weil ich selbstverständlich diese Narrheit als eine Narrheit charakterisierte und weil dazumal diese Narrheit über die ganze Welt Tausende von Anhängern fand, nahm diese Anhängerschaft die Veranlassung, mich hinauszuwerfen. Ich habe mir nichts daraus gemacht. Ich habe jedenfalls nicht geglaubt, daß das, was man sich errungen hat durch inneres Forschen, etwa deshalb unsicher erscheint, weil eine Gesellschaft, die sich theosophische nennt, einen herausexpediert, eine Gesellschaft, die da behauptet, in dem indischen Knaben verkörpere sich wiederum der Christus.

So äußerlich dürfen solche Sachen nicht betrachtet werden, indem man einfach über das Konkrete hinwegsieht und sagt: Nun ja, da sind verschiedene Ansichten vorhanden. – Man muß schon das, was auftritt, sich etwas genauer ansehen. Und so möchte ich Ihnen doch anheimstellen, wenn Sie einmal Zeit haben – aber Sie würden viel damit zu tun haben –, einmal all die Quacksalbereien, die aufgetreten sind in den sogenannten theosophischen Gesellschaften, zu vergleichen mit dem, was ich von jeher versucht habe, aus guter Wissenschaftlichkeit heraus zu bringen. Ich sage das nicht aus Unbescheidenheit, sondern aus Wirklichkeitserkenntnis der Sache und aus geistigem Ringen heraus. Und bedenken Sie, daß ich selbst heute gesagt habe: In einzelnem kann geirrt werden, aber es handelt sich darum, eine neue Richtung zu zeigen. Es braucht durchaus nicht so zu sein, daß in allen Einzelheiten das absolut Richtige dasteht. So könnte ja durchaus irgendeiner sagen, er schaue ein rechtwinkliges Dreieck an und kriege da alles Mögliche heraus. Dann kommt einmal einer und sagt: Das Hypotenusen-Quadrat des rechtwinkligen Dreiecks ist gleich der Summe der beiden Katheten-Quadrate. – Da kann man nicht sicher wissen, ob es allgemein richtig sein könnte, weil er es nur allein sagt. Nein, wenn einem aus den inneren Gründen es sich aus der Anschauung des Mathematischen ergeben hat, daß das Hypotenusen-Quadrat gleich ist der Summe der beiden Katheten-Quadrate, dann mag eine Million von Menschen sagen, es sei anders, dann weiß ich es und widerspreche einer Million von Menschen. Denn die Wahrheit hat tatsächlich nicht bloß eine äußere Begründung der Übereinstimmung, sondern vor allem auch eine Begründung in ihrer inneren Substantialität.

Gewiß, jeder kann das nachprüfen. Und ich habe nie etwas anderes behauptet, als daß derjenige, der da will, geradeso die geisteswissenschaftliche Methode kennenlernen kann, wie er die Methoden der Chemie kennenlernen kann. Wenn die Dinge aber erforscht sind, dann können sie von jedem denkenden Mensch nachgeprüft werden. Und so kann auch das, was ich sage oder was ich schreibe und geschrieben habe aus der Geisteswissenschaft heraus, von jedem denkenden Menschen nachgeprüft werden. Da werden gewiß mancherlei Irrtümer drinnen sein, selbstverständlich, aber das ist genauso wie bei anderen Forschungen. Es handelt sich nicht um diese Irrtümer im einzelnen, sondern es handelt sich um den Grundcharakter des Ganzen.

Habe ich Ihnen heute einen einzigen indischen Ausdruck gebraucht? Und wenn irgend etwas manchmal dadurch bezeichnet wird, daß man irgendeinen alten Ausdruck gebraucht, so ist das eben ein Terminus technicus, den man deshalb gebraucht, weil im gegenwärtigen Sprachgebrauch ein solcher Ausdruck nicht vorhanden ist. Wenn ich auch den Pythagoreischen Lehrsatz an der Tafel beweisen kann oder etwas anderes, ist einem deshalb vorzuwerfen, daß das schon vor Jahrhunderten da war? Für mich handelt es sich nicht darum, uralt Indisches oder dergleichen vorzubringen, sondern dasjenige vorzubringen, was sich aus der Sache selbst ergibt. Wie heute derjenige, der den Pythagoreischen Lehrsatz begreift und versteht, ihn aus der Sache selbst begreift, trotzdem man ihn in einem bestimmten Zeitpunkt als zuerst auftauchend findet, so muß natürlich manches, aber doch eigentlich nur scheinbar, übereinstimmen mit dem, was schon da war. Aber gerade dagegen habe ich mich immer am allerlebhaftesten gewehrt, daß dasjenige, was hier versucht wird aus dem gegenwärtigen Zeitpunkte des Menschheitsbewußtseins heraus, irgend etwas zu tun habe mit irgendeiner alten indischen Mystik oder dergleichen. Anklänge sind da, selbstverständlich, weil das instinktive Erkennen in uralten Zeiten manches gefunden hat, was heute wieder auftauchen muß. Aber das, was ich meine, ist nicht aus alten Traditionen geschöpft. Das ist wirklich so geschöpft, daß wahr ist, für mich wahr ist, was ich damals niederschrieb, als ich mein Buch «Theosophie» schrieb in der ersten Auflage 1904: Ich will nichts anderes mitteilen als das, was ich durch geisteswissenschaftliche Forschung so erkannt habe, wie man irgendeine andere wissenschaftliche Wahrheit durch äußeres Beobachten und kombinierendes Denken erkennt und wofür ich selber persönlich eintreten kann. – Es mag gewiß mancher anderer Meinung sein, aber ich trage nichts anderes vor als dasjenige, wofür ich persönlich eintreten kann. Das sage ich nicht aus Unbescheidenheit, sondern aus dem Grunde, weil ich als ein Mensch erscheinen möchte, der nicht aus einem anderen Geiste als aus dem Geiste der modernen Naturwissenschaft und auch der neueren Technik heraus eine neue Geisteswissenschaft hinstellen will, und weil ich meine, daß man dieses neue Bewußtsein erst versteht, gerade in naturwissenschaftlicher und technischer Eigenart, wenn man durch beide getrieben wird zur Anschauung des Geistes.

Ich bitte, meine Worte nicht so aufzufassen, als hätte ich dem, was der verehrte Herr Vorredner gesagt hat, ausweichen wollen. Nein, ich bin dankbar, daß mir Gelegenheit gegeben wurde, einige tatsächliche Irrtümer richtigzustellen, die sich sehr verbreitet haben. Aber manches, sehr vieles sogar, von dem, was heute verbreitet wird über das, was ich auch in Stuttgart seit Jahrzehnten vortrage, ist durchaus auf Irrtümern beruhend. Und es schien mir notwendig, was auch anerkennenswerterweise der Herr Vorredner getan hat, etwas einzugehen auf das Vorgebrachte, weil es sich nicht darum handelt, nur das mich persönlich Berührende richtigzustellen, sondern auch etwas, was der Herr Vorredner zusammenbrachte mit dem Substantiellen der Frage, durch das Historische richtigzustellen.

Frage: Wenn Dr. Steiner mir nur einen Punkt der Geisteswissenschaft so beweist, wie die Lehre des Pythagoras bewiesen werden kann, dann folge ich ihm gerne, dann ist es Wissenschaft.

Rudolf Steiner: Meine sehr verehrten Anwesenden, wer kann den Pythagoreischen Lehrsatz wirklich beweisen? Der Pythagoreische Lehrsatz kann nicht dadurch bewiesen werden, daß ich auf die Tafel ein rechtwinkliges Dreieck zeichne und dann nach einer der üblichen Methoden der Beweis durchgeführt wird. Das ist nur eine Veranschaulichung des Beweises. Es handelt sich doch darum, daß derjenige, der den Pythagoreischen Lehrsatz beweisen will, in die Notwendigkeit versetzt wird, das, was mathematisch konstruierbar ist, in innerer Anschauung vor sich zu haben – wenn eben auch nur in der inneren Anschauung der geometrischen Raumesanschauung. Denken Sie sich also ein Bewußtsein, das diese Raumesanschauung nicht hätte. Das würde nicht das Substantielle jenes Pythagoreischen Lehrsatzes vor sich haben, und es würde so gar keinen Sinn haben, den Pythagoreischen Lehrsatz zu beweisen. Den Pythagoreischen Lehrsatz können wir nur dadurch beweisen, daß wir das Substantielle der Raumesanschauung und Raumesgestaltung vor uns haben. In dem Augenblick, wo wir zu einer anderen Form des Bewußtseins aufsteigen, tritt zu der gewöhnlichen Raumesanschauung etwas anderes dazu [Lücke im Stenogramm]. Es handelt sich also beim Pythagoreischen Lehrsatz darum, wenn er bewiesen werden soll, daß diese Raumesanschauung zugrunde liegen muß. Dazu ist aber zunächst notwendig, daß man sich gewissermaßen in diese neue Konfiguration des Bewußtseins hineinfindet. Nur, solange man keine Anschauung von der Raumgestaltung hat, kommt man überhaupt nicht zu jenem Konstatieren, das zum Beweise des Pythagoreischen Lehrsatzes führt. Und nur so lange glaubt man, daß nicht in derselben Weise die Ergebnisse der geisteswissenschaftlichen Forschung zu beweisen sind, als man noch nicht jenen Übergang vollzogen hat von dem gewöhnlichen Bewußtsein zum erlebenden Bewußtsein, das ich geschildert habe.

Ich bin davon ausgegangen, daß das erlebende Bewußtsein erst da ist. Und so wie derjenige, der nicht eine Raumesanschauung hat, vom Pythagoreischen Lehrsatz nicht reden kann, so kann man nicht reden von dem Beweis irgendeines Satzes der Geisteswissenschaft, wenn man die ganze Anschauungsweise nicht zugibt. Aber diese Anschauungsweise ist etwas, was zuerst errungen werden muß. Sie ist nicht von selbst da. Unsere Zeit erfordert aber, daß man sich zu etwas völlig Neuem entschließt, wenn man zu diesem Fortschritt der Wissenschaft übergehen will. Und ich glaube allerdings, daß noch sehr vieles überwunden werden muß, bis in breiteren Kreisen für die Geisteswissenschaft so etwas eintritt, wie es damals durch die kopernikanische Weltanschauung eingetreten ist gegenüber allen früheren Vorstellungen von der Unendlichkeit des Raumes. Früher hat man sich da oben eine blaue Kugel vorgestellt. Jetzt stellt man sich vor: es gibt Grenzen des Naturerkennens, die nicht überwunden werden können –, oder: man kann nicht hinaus über das gewöhnliche Denken. – Solche Dinge sind durchaus dem bekannt, der die Geschichte der Menschheitsentwicklung verfolgt. Und ich kann nur sagen: Entweder ist das, was ich versuchte vorzutragen, ein Weg zur Wahrheit – nicht die fertige Wahrheit –, dann wird er schon gegangen werden, oder aber es ist ein Weg zum Irrtum, dann wird er überwunden werden. Aber das schadet nichts. Was aber nicht erlöschen darf in uns, nicht durch voreilige Kritik hinweggefegt werden darf, das ist das immerwährende Streben nach aufwärts und vorwärts. Und nur von diesem Streben ist eigentlich das beseelt, was ich Ihnen heute versuchte zu charakterisieren als den Weg, den die anthroposophisch orientierte Geisteswissenschaft einschlagen will.

Frage: Wir müssen den bestimmten Glauben haben, daß die Mühe, die wir aufwenden, sich auch lohnen wird. Ist es überhaupt möglich, das Geistesleben an und für sich zu erkennen? Dr. Steiner sagt, es sei möglich, den Geist der Welt, den Geist alles Lebens und aller Natur zu erkennen und mit ihm in Fühlung zu kommen. Ist das mit unserem Geiste, mit unserem Denken möglich? Ich muß das bezweifeln. Das Denken besteht aus Vorstellungen. Ich denke in Bildern.

Rudolf Steiner: Wollte ich auf die Frage eingehen, so müßte ich Sie ja sehr lange aufhalten. Das will ich nicht und werde ich nicht tun. Ich bedaure nur, daß diese Frage nicht früher gestellt worden ist, dann könnte ich sie gründlicher beantworten.

Sie können in meinen Schriften überall diejenigen Dinge finden, die ich mir hypothetisch einwende und die dort auch besprochen sind, so daß Sie in der Literatur schon eine Behebung Ihrer Zweifel finden können. Hier möchte ich aber nur das folgende sagen: Es ist bei gewissen Menschen so, daß sie durch vorgefaßte Meinungen gewissermaßen es sich unmöglich machen, von der Erscheinung weiterzukommen. Sie weisen auf die Erscheinungen hin und sagen dann: Was dahinter liegt, das erkennen wir nicht. – Der ganze Kantianismus beruht im Grunde genommen auf diesem Irrtum. Und angefangen hat mein ganzes Streben damit, daß ich versuchte, diesen Irrtum zu bekämpfen. Ich möchte Ihnen durch einen Vergleich klarmachen, wie man allmählich zu einer Behebung dieser Zweifel kommen kann.

Wenn jemand einen einzelnen Buchstaben ansieht, so kann er sagen: Dieser einzelne Buchstabe weist auf nichts anderes hin als auf das, was seine Form ist, und diese seine Form kann ich nicht auf etwas anderes beziehen; sie sagt mir nichts anderes. – Und wenn ich, sagen wir, eine elektrische Erscheinung anschaue, so ist es geradeso, wie wenn ich einen Buchstaben anschaue, der mir nichts sagt. Etwas anderes ist es aber, wenn ich viele Buchstaben nacheinander anschaue und ein Wort habe, so daß ich dadurch vom Anschauen zum Lesen geführt werde. Ich habe auch nichts anderes vor mir als das, was angeschaut wird, aber ich dringe vor zu dem Sinn. Da werde ich zu etwas ganz anderem geführt. Und so ist es auch richtig, daß, solange man nur einzelne Naturerscheinungen und einzelne Naturelemente erfaßt – Elemente im Sinne von mathematischen Elementen –, kann man mit Recht sagen, man dringt nicht ins Innere. Aber wenn man versucht, dann im Zusammenhang alles zu beleben, mit einer neuen Tätigkeit einzusetzen, so wie beim Übergang vom bloßen einzelnen Buchstaben zum Lesen des Wortes, dann wird es etwas ganz anderes. Deshalb ist dasjenige, was Geisteswissenschaft sein will, nichts anderes als Phänomenologie, aber Phänomenologie, die nicht dabei stehenbleibt, die einzelnen Phänomene zusammenzusetzen, sondern sie zu lesen im Zusammenhang der Phänomene. Es ist Phänomenologie, und es wird nicht gesündigt dadurch, daß man spekulierend über die Phänomene hinausgeht, sondern man fragt ihnen ab, ob sie nicht nur in Einzelheiten, sondern im Zusammenhang für eine gewisse innerliche Tätigkeit etwas zu sagen haben.

Es ist zu begreifen, daß man, wenn man nur die einzelnen Phänomene anschaut, auf dem Standpunkt stehen kann, auf dem Haller gestanden hat, als er sagte: Ins Innre der Natur dringt kein erschaffner Geist, Glückselig, wem sie nur die äußre Schale weist. Aber man versteht auch, wenn jemand so die Phänomenologie erfaßt wie Goethe – und die Geisteswissenschaft ist nur fortgeschrittener Goetheanismus –, daß Goethe angesichts der Worte Hallers sagt: «Ins Innre der Natur –» o, du Philister! – «Dringt kein erschaffner Geist, Glückselig, wem sie nur die äußre Schale weist.» Das hör ich sechzig Jahre wiederholen, Ich fluche drauf, aber verstohlen; sage mir tausend tausend Male: Alles gibt sie reichlich und gern; Natur hat weder Kern noch Schale, alles ist sie mit einem Male. Dich prüfe du nur allermeist, ob du Kern oder Schale seist.»

ANTHROPOSOPHIE, IHR WESEN UND IHRE PHILOSOPHISCHEN GRUNDLAGEN

Bern, 8. Juli 1920

Meine sehr verehrten Anwesenden! Über Wesen und Aufgabe der anthroposophisch orientierten Weltanschauung möchte ich Ihnen heute auf Einladung der hiesigen Freien Studentenschaft sprechen und in einigen einleitenden Worten vor allen Dingen darauf hinweisen, daß diese anthroposophisch orientierte Weltanschauung in vollem Einklang stehen möchte erstens mit den wesentlichsten Kulturforderungen der Gegenwart und – soweit man sie erkennen kann – der nächsten Zukunft. Insbesondere aber möchte diese Weltanschauung auch in vollem Einklange stehen mit dem, was sich im Laufe der letzten drei bis vier Jahrhunderte für die Entwicklung der Menschheit ergeben hat durch das, was man wissenschaftliche Weltanschauung nennt. Man darf wohl sagen: Diese anthroposophisch orientierte Weltanschauung, welche heute noch von vielen Leuten eigentlich nur wie eine Sektiererei genommen wird, wie die Schrulle einiger weltfremder Menschen, sie möchte gerade in intensivster Weise hinzuhorchen verstehen auf dasjenige, was unsere Zeit am tiefsten bewegt, möchte gewissermaßen eine Gewissensfrage unserer Zeit – und wohl noch mehr der nächsten Zukunft – ganz intensiv erfassen.

Darf man denn nicht sagen, meine sehr verehrten Anwesenden, daß etwa seit drei bis vier Jahrhunderten durch dasjenige, was wissenschaftlich orientierte Weltanschauung genannt wird, mancherlei von den alten

Vorstellungsweisen, die des Menschen Herz und Sinne befriedigten, in Zwiespalt mit dem Menschen selbst gebracht worden ist, daß mancherlei abgeworfen werden mußte von dem, was Jahrhunderten, was Jahrtausenden heilig war, daß die Wissenschaft manches als Illusion ausgewiesen hat, was ältere Weltanschauungen zu ihrem wertvollsten Bestande gerechnet hatten? Und ist es nicht aus den Nöten, aus den Katastrophen unserer Zeit heraus doch deutlich zu erkennen, daß der Augenblick, der weltgeschichtliche Augenblick gekommen ist, in dem nun diese wissenschaftliche Weltanschauung gewissermaßen auch das erfüllen muß, was seit langer Zeit viele von ihr erwarten: daß sie dem Menschen wiederum eröffnen muß einen Weg zu denjenigen geistigen Höhen, ohne die er nun eben doch nicht leben kann und zu denen sie ihm den alten Weg ja genommen hat? Mit dieser Frage, meine sehr verehrten Anwesenden, möchte anthroposophische Weltanschauung ganz ernst machen. Nun gebe ich mich gewiß keiner Illusion darüber hin, daß ich in der kurzen Zeit eines Vortrages irgend jemanden in diesem Saale überzeugen könnte von dem, was Anthroposophie eigentlich anstrebt. Gewissermaßen nur andeuten werde ich können einige der Wege, welche auf diesem Felde beschritten werden. Und anregen werde ich können einiges in bezug auf die Art, wie geforscht und gefragt werden soll auf diesem Gebiete anthroposophisch orientierter Weltanschauung.

Ihrem Wesen nach ist Anthroposophie durchaus verschieden von aller anderen gegenwärtigen Wissenschaftlichkeit. Und weil sie ihrem Grundwesen nach verschieden ist gerade auch von dem, was man heute gewöhnlich als das einzige Wissenschaftliche anschaut, deshalb wird sie in weiten Kreisen mißverstanden, wird ihr – man darf schon sagen – so übel mitgespielt. In der gewöhnlichen Wissenschaft, wie überhaupt auch im Leben, betrachtet man als die Quellen der menschlichen Erkenntnis das, was man durch die Sinne erfahren kann, und das, was der Verstand, der Intellekt an Naturgesetzen und dergleichen aus dieser Sinnenwelt heraus durch Betrachtung gewinnen kann. Man versucht auf diesem Wege eine Überschau über das zu gewinnen, was in des Menschen Weltumgebung ist. Man versucht Anschauungen auf diesem Wege zu gewinnen über des Menschen eigene Stellung und Aufgabe innerhalb der Weltordnung. Gewissermaßen betrachtet man den Menschen so, wie er nun einmal in die Welt hineingeboren ist, wie er im gewöhnlichen Sinn des Wortes erzogen und unterrichtet werden kann und wie er sich dann auf Grundlage dieses Hereingeborenseins in die Welt allein auf Grundlage seiner als Mensch ererbten Fähigkeiten und Eigenschaften, auf Grundlage dessen, was die gewöhnliche Erziehung ergibt, wissenschaftlich oder sonstwie im Leben umsehen kann.

Auf diesem Standpunkt steht nun Anthroposophie nicht. Sie appelliert an etwas im Menschen, das heute noch eigentlich eine Seltenheit in der menschlichen Natur ist und das, wenn die Menschheit ihre nächste Kulturaufgabe erfüllen wird, sich in ganz anderer Weise noch, als es heute vorhanden ist, in der menschlichen Kultur wird geltend machen müssen. Anthroposophie appelliert an dasjenige, was ich nennen möchte intellektuelle Bescheidenheit. Ich mache öfter durch einen Vergleich klar, was ich unter dieser intellektuellen Bescheidenheit verstehe –

das führt uns sogleich in das Wesen dessen hinein, was Anthroposophie eigentlich sein will. Wenn wir ein fünfjähriges Kind haben und wir geben beispielsweise diesem fünfjährigen Kind einen Band Goethescher Gedichte, was wird es mit diesem Band Goethescher Gedichte machen? Es wird wahrscheinlich zunächst damit spielen und dann das Buch zerreißen; jedenfalls wird es keine Ahnung von dem haben, wozu eigentlich dieser Band Goethescher Gedichte bestimmt ist. Unterrichten wir das Kind, ziehen wir es heran, so werden wir es dahin bringen, daß es als erwachsener Mensch von 17, 18, 19 Jahren einen ganz anderen Gebrauch von diesem Band Goethescher Gedichte macht. Man kann sagen: Genau dasselbe war vor dem fünfjährigen Kinde, was nun vor dem siebzehn-, achtzehnjährigen Menschen ist. In ganz anderer Weise aber verhält sich der siebzehn-, achtzehnjährige Mensch als das Kind, weil in ihm selbst etwas herangezogen ist, weil aus den Tiefen seines Inneren etwas herausgeholt ist, was eben auch ein anderes Verhältnis zu dem Buch als vorher bedingt. Auf des Menschen Verhältnis zur Natur, zur ganzen Welt übertragen, ergibt sich dasjenige, was ich intellektuelle Bescheidenheit nennen möchte, nämlich wenn sich der Mensch dazu entschließt, sich zu sagen, einfach als Mensch: Wie alt ich auch werde, wie ich auch im gewöhnlichen Leben erzogen und unterrichtet werde, ich stehe zu der gesamten Natur und zu der gesamten Umwelt überhaupt so, daß ich mich dazu verhalte wie das fünfjährige Kind zu dem Goethe-Band. Und um mich anders zu verhalten, muß ich erst etwas, das tief im Inneren meines Wesens ruht, aus diesem Innersten meines Wesens heraufholen. Dann wird sich mir etwas enthüllen, was sich mir nicht durch die gewöhnliche Sinnesbeobachtung, nicht durch den gewöhnlichen kombinierenden Verstand, wie er sich im herkömmlichen Leben und Werden betätigt, bieten kann. – Das ist das Wesen anthroposophischer Weltanschauung, daß man nicht so, wie man ist, an die Untersuchung der Dinge herangeht, sondern daß man erst etwas, was im menschlichen Innern verborgen ist, herausholt. Und erst nachdem man seine eigene Entwicklung in gewissem Sinne in die Hand genommen hat, nachdem man sich weiter gebracht hat, als man dadurch ist, daß man geboren ist, daß man im gewöhnlichen Sinne erzogen und unterrichtet ist, nachdem man sich zu einem anderen Menschen gemacht hat, geht man an die Untersuchung, an die Erforschung der Dinge heran. Also, Umwandlung des ganzen menschlichen Seelenlebens vor der Erforschung der Dinge, das macht zunächst das Wesen desjenigen aus, was dem Streben anthroposophisch orientierter Weltanschauung zugrunde liegt.

Und da muß ich sagen, von zwei Eckpfeilern – namentlich auch des wissenschaftlichen Lebens – geht anthroposophisch orientierte Weltanschauung aus. Der eine Eckpfeiler sind die Grenzen des Naturerkennens. In bezug auf das Naturerkennen steht Anthroposophie durchaus auf dem Boden jener gewissenhaften Forschung, welche der Naturforschung selber ganz bestimmte Grenzen setzt, wie überhaupt anthroposophisch orientierte Weltanschauung in vollem Einklange stehen will mit alledem, was Naturwissenschaft in berechtigter Weise zutage fördert. Aber wir kommen ja, indem wir uns gerade nicht in dilettantischer Weise, sondern in sachlicher und fachlicher Weise in irgendein Gebiet der Naturwissenschaften vertiefen, notwendigerweise zu Grenzen.

Und wir müssen uns doch an diese Grenzen gewisse Begriffe hinsetzen, von denen ich heute – nur um irgend etwas anzuführen als Beispiel, es könnten viele andere Beispiele angeführt werden – die zwei Begriffe etwa des Atoms oder der Materie und der Kraft überhaupt hinstellen möchte. Wir kommen dazu, dann mit solchen Begriffen wie Kraft und Materie, Kraft und Stoff, naturwissenschaftlich zu arbeiten. Man hat ja viel philosophisches Denken an solche Begriffe wie Kraft und Stoff angeknüpft. Man ist ja in der neueren Zeit sogar so weit gekommen, daß man eine Philosophie des «Als ob» begründen wollte, das heißt, man sagte sich, man könne doch nicht irgendwelche ganz klaren, lichtvollen Begriffe sich erringen von Kraft und Stoff, und so solle man forschen im weiten Umkreis der Erscheinungen, der Wahrnehmungen, «als ob» solche Begriffe einem Realen entsprechen würden, das man eben nicht kennt, «als ob» sie irgendeine Berechtigung hätten. Man darf wohl sagen, es ist eine desperate Weltanschauung, diese Philosophie des «als ob», so plausibel sie auch gerade manchen Menschen der Gegenwart erscheint. Wir stehen eben durchaus bei einem der Eckpfeiler menschlichen Erkennens, wenn wir bei diesem Begriffe, bei diesem Grenzbegriffe des Naturerkennens angekommen sind. Bloß intellektuell verfolgt werden diese Begriffe für unsere Erkenntnis gewissermaßen zu einem Kreuz, zu einer Crux.

Der Geistesforscher, der Anthroposoph, versucht nun in einer ganz anderen Weise fertig zu werden mit diesem Begriff als die gewöhnlichen Philosophen. Die gewöhnliche Philosophie sucht das intellektualistische Verfahren auch an den Punkten fortzusetzen, wo man an den Grenzen der Naturwissenschaft angekommen ist. Geisteswissenschaft, wie ich sie hier meine, versucht, etwas ganz anderes in der Menschenseele zu beginnen. Wenn man bei diesem Grenzbegriff angekommen ist, da ergibt sich dann der eine Teil geisteswissenswissenschaftlicher, geistesforscherischer Methodik. Dieser eine Teil besteht in einer keineswegs konfusen oder schlechten mystischen Meditation, sondern in einer systematischen, wohlgegliederten, durchaus streng durchgeführten und gewissenhaften Meditation. Diese Meditation möchte ich Ihnen zunächst wenigstens dem Prinzipe nach schildern. Das Genauere darüber finden Sie ja in der Literatur, namentlich in meinem Buche «Wie erlangt man Erkenntnisse der höheren Welten?». Da handelt es sich darum, daß man immer wieder und wieder – und ich betone ausdrücklich, Geduld und Energie gehören zu diesen Dingen – üben muß. Im chemischen Laboratorium zu forschen, mag manchem schwierig erscheinen, auf der Sternwarte ebenso; leicht mag es ihm erscheinen, durch systematische Umbildung des Seelischen irgend etwas zu erreichen. Doch derjenige, der sich an die wirklich strenge Methode auf diesem Gebiete hält, der weiß, daß alles Forschen im Laboratorium, in der Klinik, auf der Sternwarte ein verhältnismäßig leichtes ist gegenüber denjenigen Prozeduren, die man sich leichter vorstellt, als sie sind, und die bestehen in einer Umbildung unseres Seelenlebens.

Das beginnt dadurch, daß man zunächst streng übersichtliche, einfache Begriffe – sagen wir zunächst solche, die man sich selber gebildet hat, irgendwelche Symbole oder dergleichen – in den Mittelpunkt seines Vorstellungslebens stellt. Dabei kommt es nicht darauf an, meine sehr verehrten Anwesenden, daß diese Begriffe, diese Vorstellungen einem Wahren entsprechen, denn auf das, was durch diese Vorstellungen in unserem Seelenleben bewirkt wird, auf das kommt es an. Daß wir gewissermaßen mit diesen Vorstellungen eine strenge Selbsterziehung, eine strenge Selbstzucht vollführen in unserem Intellekt, darauf kommt es an. Wir stellen daher solche Begriffe, die wir streng überschauen können, solche, die wir uns selbst gebildet haben oder die wir uns von erfahrenen Geistesforschern raten lassen, in den Mittelpunkt unseres Seelenlebens. Wir versuchen zunächst für unser Bewußtsein alles andere auszuschalten, nur dieses Bewußtsein einzig und allein auf solch streng überschaubare Begriffe zu konzentrieren. Es handelt sich darum, daß in dem Augenblicke, wo wir uns so auf solche Begriffe konzentrieren, in der Tat unsere leiblichen Vorstellungen, unsere Erinnerungsvorstellungen von allen Seiten – wie wenn wir in einem Bienenschwarm wären und die Bienen heranflögen – herbeifliegen und eigentlich diese unsere innere Methodik zernichten möchten. Da müssen wir immer größere und größere Kraft aufwenden. Und auf das Aufwenden dieser Kraft kommt es an; es kommt darauf an, daß wir den Willen hineintreiben, mit aller Macht den Willen hineintreiben in das Vorstellungsleben, in das Vorstellen, daß wir in der Tat heranerstarken an diesem Hineintreiben des Willens in das Vorstellungsleben.

Das ist die eine Seite streng wissenschaftlicher oder besser gesagt zur Wissenschaft führender Meditation:

daß wir den Willen in das Vorstellungsleben hineintreiben. Solche Übungen lassen sich nicht in ein paar Tagen absolvieren. Solche Übungen erfordern eine jahrelange Anstrengung. Immer wieder und wieder muß man auf sie zurückkommen. Nicht darum handelt es sich, daß man diese Übungen lange an einem Tage vollführt. Man möchte sagen, ein paar Minuten genügen für einen Tag. Aber immer wieder und wieder darauf zurückzukommen, das ist es, worum es sich handelt. Dann erlebt man endlich, wie die Seele ganz andere Kräfte aus ihren untersten Gebieten heraufruft, als sie im gewöhnlichen Leben und auch in der gewöhnlichen Wissenschaft heraufgerufen werden. Wendet man sie an, indem man alle mögliche Willensanstrengung hinkonzentriert auf einen solchen selbstgemachten Willensinhalt, dann erringt man nach einiger Zeit – wie gesagt, ich kann nur das Prinzip andeuten, das Genauere können Sie nachlesen in meinen Büchern – die Möglichkeit, sich in anderer Art als bloß intellektuell an die Grenzbegriffe der Naturwissenschaft, an solche Begriffe wie Stoff und Kraft und dergleichen – ich könnte auch andere anführen – zu machen.

Dann kommt das folgende: Man spekuliert nicht mehr, man philosophiert nicht mehr an diesen Grenzen des Naturerkennens, sondern man erlebt etwas an diesen Begriffen. Gegenüber diesen Begriffen geht etwas in der Seele vor, das Erlebnisse umfaßt, die wir sonst nur erleben, meinetwillen wenn wir äußerlich lieben oder wenn wir sonst im Kampfe des äußeren Lebens drinnen stehen. Darauf kommt es an, meine sehr verehrten Anwesenden, daß wir, indem wir von aller äußeren Welt absehen, in unserem Inneren etwas durchmachen, das uns also in eine

Realität führt, die ebenso intensiv für uns ist, ebenso intensiv für unser Bewußtsein sich darlebt wie sonst nur die äußere Realität, die wir mit unseren Händen und Füßen berechtigt berühren und bearbeiten. Und wenn wir uns in dieser Weise durchgearbeitet haben durch Konzentration, durch Meditation zu einem Bewußtsein, das innerlich, im Intellekt, willentlich erstarkt ist, dann tritt endlich das ein, was man so charakterisieren kann: So wie man sonst das Rot durch äußere Beobachtung erkennt als Farbe, wie man das Blau erkennt, wie man das Cis oder das C hört, so erkennt man, wenn man sich in dieser Weise durchgearbeitet hat, indem man sich nun nicht mehr des Körperlichen, nicht mehr des Nervensystems oder dergleichen als eines Werkzeuges bedient, sondern indem man das erlebt an dem bloß Seelischen, so erkennt man, daß es ein Seelisches an sich gibt – das weiß man im unmittelbaren Bewußtsein.

In diesem Momente, meine sehr verehrten Anwesenden, ist es, wo man sich durch unmittelbares Erlebnis folgendes sagt – ich möchte es durch einen Vergleich andeuten. Nehmen wir an, wir gehen einen Weg, der aufgeweicht ist, wir sehen von Fuhrwerken Rinnen in dem Weg, wir sehen Fußtritte. Es wird uns, wenn wir vernünftige Menschen sind, nicht einfallen zu sagen: Diese Rinnen, die da im aufgeweichten Wege sind, sie rühren davon her, daß unter der Oberfläche Kräfte sind, welche die Erde in eine solche Konfiguration bringen, daß diese Rinnen, diese Fußtritte da entstehen. – Wir werden uns vielmehr sagen: Da kommt etwas an die Erdoberfläche heran, das dieser Erdoberfläche als solcher gleichgültig ist, das von außen an sie herankommt; Fuhrwerke, menschliche Füße sind ja darüber gegangen, die dem, was das Erdreich als solches aus sich heraus gestaltet, gleichgültig sind. – Lernt man auf die Weise, wie ich es geschildert habe, die innere Konfiguration des Seelenlebens wirklich kennen, dann sieht man zuletzt alles das, was physische Organisation des Gehirns ist, auch so an, daß man sagt: Das ist durchaus nicht durch innere Kräfte der leiblichen Konstellation irgendwie gestaltet, sondern da hat das Seelische, das man jetzt erst kennengelernt hat, von außen ebenso gearbeitet, wie die menschlichen Fußtritte oder die Fuhrwerke im aufgeweichten Erdreich gearbeitet haben.

Mit anderen Worten, meine sehr verehrten Anwesenden, man lernt das Seelische nicht durch Spekulation kennen, man lernt es nur kennen, indem man sich allmählich hinaufarbeitet zum Erleben des Seelischen, indem man gewissermaßen das, was das gewöhnliche Leben und die gewöhnliche Wissenschaft als ihr Ende betrachten möchten – das Intellektuelle, die Begriffe der Wahrnehmung –, indem man das erst den Anfang sein läßt. Ist man an dem Punkte, wo man dieses Seelische auf diese Weise in unmittelbarer Wahrnehmung erlebt hat, dann steht man durch diese Methode, durch diese Art der anthroposophischen Methodik, unmittelbar vor dem erfahrungsgemäßen, erlebbaren Erfassen dessen, was ich nennen möchte die menschliche Präexistenz, die geistig-seelische Präexistenz des Menschen, denn von diesem Anschauen aus ergibt sich nun nicht eine Spekulation nach dem, was man menschliche Unsterblichkeit nennt, sondern eine unmittelbare Anschauung der Präexistenz. Man sieht ja dasjenige innerlich seelisch in der Geistesschau, was am Leibe arbeitet, was den Leib konfiguriert.

Man sieht es an, und indem man es anschaut, weiß man es auch zu verfolgen bis vor die Geburt oder, sagen wir, bis vor die Empfängnis. So verfolgt Anthroposophie die Unsterblichkeitsidee ihrem Wesen nach anders als die gewöhnliche Philosophie. Die gewöhnliche Philosophie sucht zu erschließen aus dem, was zwischen der Geburt und dem Tod erlebt wird, dasjenige, was über Geburt und Tod hinausreicht. Anthroposophie sucht selbst die Arbeit des Erschließens nur als eine Vorbereitung zu betrachten; sie sucht gerade in das Erschließen der Grenzbegriffe sich ganz hineinzuleben, damit sie erleben könne das, was als Unsterbliches im Menschen figuriert, in ihm tätig ist.

Subjektiv wird das, was ja des Menschen Bewußtsein ausfüllt, aktiver, als wir es sonst im Bewußtsein haben. Und das ist das eigentlich Wichtige – ich werde im späteren Teil des Vortrages noch einmal darauf zurückkommen müssen –, daß vor allen Dingen durch diese Methodik der Anthroposophie der Mensch immer aktiver wird. Er hört tatsächlich auf, sich bloß passiv hinzugeben an den Verlauf der Geschehnisse, an dasjenige höchstens, was er hervorbrachte im Laufe der neueren Zeit durch die Anordnung des Experiments, wobei er sich aber wiederum passiv hingibt dem, was ihm das Experiment sagt. Das hat gewiß alles seine Berechtigung, und gegen diese Berechtigung streitet Geisteswissenschaft am allerwenigsten. Aber darüber hinaus erhebt sich anthroposophisch orientierte Methodik zu einem aktiven Denken, zu einem Denken, das unmittelbar im Akt des Denkens des Menschen unsterbliche Wesenheit selber ergreift. Ich weiß, wieviel man sagen kann gegen dieses Erleben, das an die Stelle des gewöhnlichen diskursiven Beweisens treten muß, allein nur schon, insofern sich das philosophisch rechtfertigen läßt – ich werde noch andeutend darauf zurückkommen. Ich wollte nur auf der einen Seite zeigen, wie in der Tat dieser Teil anthroposophischer Methodik, der auf einer Wertung des Denkens beruht, auf einem Hineinwirken des Willens in den Intellekt, zu einer wirklich wesenhaften Erkenntnis der Präexistenz des Menschen führt. Jenes Unsterbliche wird erfaßt, das vor der Empfängnis, vor der Geburt in Geisteswelten da ist und das nicht aus dem Körperlichen heraus erklärt werden darf, weil es sich selbst als dasjenige erweist, was an dem Körperlichen arbeitet, und weil gerade das Körperliche, das Leibliche sich ergibt – wie ich auch gleich zeigen werde an einem Beispiel – als dasjenige, was herausgestaltet wird aus diesem Geiste.

Der zweite wichtige Teil anthroposophischer Methodik besteht nun darinnen, daß man in einer anderen Weise, als das gewöhnlich der Fall ist, an das eigene Selbst heranrückt. An dieses eigene Selbst rücken ja die Menschen gewöhnlich heran durch das, was man Mystik im gewöhnlichen Sinne des Wortes nennt. Wie nun der Anthroposoph sich keinen Illusionen mehr hingeben darf in bezug auf die Grenzen der Naturerkenntnis, wie er durch das eben geschilderte Erleben diese Naturerkenntnis in ihrer wahren Gestalt schauen muß, so darf sich derjenige, der in wirklichem Sinne anthroposophischer Forscher werden will, auch keinen Illusionen hingeben über die Täuschungen, über die Illusionen gewöhnlicher Mystik. Wer da glaubt, in das menschliche Innere hineinschauen zu können auf dem Wege, wie es die Mystiker aller Zeiten geschildert haben, wie es auch in der Religion oftmals angedeutet wird, der gelangt nicht wahrhaftig zu einer Erkenntnis des menschlichen Selbstes. Man kann gar nicht, meine sehr verehrten Anwesenden, auf diesem Wege über das Element der Täuschung hinauskommen.

Wieviel weiß denn der Mensch schon von dem, was er, sagen wir in der Kindheit, da oder dort gehört hat? Er braucht nur einmal irgendwo auf einer Wiese gelegen zu haben, einen fernen Glockenklang gehört zu haben; kaum ist diese Tatsache in sein Bewußtsein eingetreten, hat er sie gleich wieder vergessen. Jahrzehnte danach tritt er als Mann, als erwachsener Mensch irgendeinem Ereignis der Welt gegenüber – leise erscheint innerhalb dieser Ereignisreihe so etwas, was anklingt an jenen fast gar nicht beachteten Glockenklang. Und eine ganze Reihe von Vorstellungen, von denen man glaubt, daß sie aus dem menschlichen Inneren herausquellen, sind nichts anderes als eine Reminiszenz an das, was wir in früher Jugend durchgemacht haben. Wer sich wirklich bemüht, in strengerer Psychologie, als sie heute gewöhnlich üblich ist, in solcher Art das menschliche Innere zu erforschen, der weiß, wie sehr die menschliche Selbsterkenntnis Täuschungen ausgesetzt ist. Er weiß, inwiefern dasjenige, was die Mystiker aller Zeiten glaubten aus ihrem Inneren hervorzuholen als irgendeine Kraft, nichts anderes ist als die umgestaltete, vielleicht nebulos gewordene, jedenfalls aber metamorphosierte Erfahrung eines früheren Lebensalters. Geradeso wie man, um ohne Täuschung an die Grenze der Naturerkenntnis heranzurücken, solches durchmachen muß, wie ich es jetzt geschildert habe, so darf man sich nicht nebuloser Mystik im gewöhnlichen Sinne hingeben, sondern man muß – wiederum in einer anderen Art – an dem anderen Eckpfeiler des menschlichen Erkennens in systematischer Weise die Seele schulen. Und das kann man nur, wenn man an etwas herantritt, auf das man eigentlich sonst im Leben wenig achtet.

Wir erleben unser Dasein zwischen Geburt und Tod von Jahrzehnt zu Jahrzehnt, von Jahr zu Jahr. Wir geben uns vielem passiv hin. In weniges stellen wir uns aktiv, willentlich voll hinein. Wer in dem hier gemeinten Sinne ein Geistesforscher werden will, der muß dasjenige als zweites Glied des Erkenntnisweges betrachten, was ich nennen möchte streng systematische Selbstzucht. Man muß sich immer wieder und wiederum vornehmen – deshalb dauert der Erkenntnisweg Jahre, viele Jahre –, man muß sich immer wieder und wiederum vornehmen: Du willst dir diese oder jene Eigenschaften – wie Nietzsche es nannte – «einverleiben». Du willst das oder jenes aus dir machen. – Erlange ich so die Möglichkeit, gewissermaßen die Brücke zu schlagen zwischen dem Jetzt und einem Zeitpunkt, der vielleicht fünf, zehn oder fünfzehn Jahre zurückliegt, habe ich mir etwas fünf, zehn oder fünfzehn Jahre lang in meine Seele durch meine eigene Aktivität einverleibt, so bin ich in der Lage zu verfolgen, wie dieses mir durch fünf, zehn oder fünfzehn Jahre Einverleibte – etwas, was ich durch Selbstzucht mir zu eigen gemacht habe –, wirkt, das heißt, ich nehme dann wahr, wie so etwas heute zu etwas anderem geworden ist, wie es als ein neues Element auftritt.

Bringe ich es auf diese Weise dahin, meine sehr verehrten Anwesenden, daß ich in Intellekt, Begriff, Vorstellung dasjenige hineintrage, was sonst bloß als Wille wirkt – wie ich also hineingetragen habe in den Intellekt den Willen –, so muß ich jetzt den Intellekt hineintragen in mein Leben, in dasjenige Wollen, das sonst gewöhnlich an mir nur vorbeifließt, indem ich mich passiv dem Leben hingebe. Ich nehme mein Leben in die Hand. So versuche ich, gewissermaßen neben mir herzugehen, mich selber zu betrachten – man muß das nur mit der nötigen Naivität machen, dann verliert man auch die Lebensnaivität nicht. Durch solche Vorgänge wird man also gewissermaßen sein eigener Doppelgänger. Und man gelangt dazu, das Willensleben zu etwas zu machen, das man beobachtet, wie man sonst bloß die äußere Natur beobachtet. Gelangt man dazu, sich in dieser Weise gewissermaßen zu verdoppeln, sich zu einem Zuschauer *und* zu einem Handelnden zugleich zu machen, so hat man damit etwas erreicht, was sich auf eine ganz eigentümliche Weise äußert. In einer neuen Art wird einem jetzt dasjenige klar, was man bisher im Grunde genommen nur als Gedächtnis angesehen hat. Die Erinnerungsvorstellungen tragen dasjenige, was man erlebt hat vor zehn, fünfzehn, zwanzig Jahren und so weiter, in die Gegenwart herein. Jetzt erlebt man etwas ganz Neues, das wie eine Umwandlung des Gedächtnisses sich ausnimmt.

Damit ich aber nicht mißverstanden werde, bemerke ich ausdrücklich: Selbstverständlich – im ganzen übrigen Leben behält man sein gewöhnliches Gedächtnis; *nur* für die Geistesforschung erlebt man die zu schildernde Umwandlung des Gedächtnisses. Man erlebt so etwas, wie man es sonst nur im Raume erlebt. Im Raume geht man sagen wir durch eine Allee. Man kehrt sich einmal um: Man sieht nicht nur die Bilder der Bäume, an denen man vorbeigegangen ist, nein, man sieht – wenn auch durch eine andere Perspektive als vorher – die Bäume selbst. Ebenso steigt es im Bewußtsein herauf. Man sieht auf sein Leben zurück, aber jetzt nicht bloß, indem man die Bilder, die Phantasmen des Vergangenen hat, sondern man erkennt – geradeso wie wenn man sich in einer Allee im Raume umsieht – an der anderen Perspektive, daß man das Leben in unmittelbarer Gegenwart, wie wenn die Zeit zum Raume geworden wäre, überschaut. Es wird dasjenige, was sonst Gedächtnis ist, zu einer ganz neuen Geisteskraft, zu einem Hineinschauen in die Zeit. Und jetzt erst erlangt man in einem gewissen Sinne eine wirkliche Erkenntnis über jenes geheimnisvolle Element in unserem eigenen Wesen, das uns ja sonst ebensowenig bekannt ist, wie für das gewöhnliche Bewußtsein der Inhalt des Schlafes, des traumlosen Schlafes bekannt ist. Man erlangt so einen Einblick in das Wesen des menschlichen Willens, und man erlangt in der Tat die Möglichkeit, dieses Wesen des menschlichen Willens walten zu sehen im Leiblich-Physischen. Und damit, daß man den Willen in dieser Weise als umgestaltetes Gedächtnis kennenlernt, erlangt man eine unmittelbare Anschauung über das andere Ende des Lebens, über die Postexistenz, über dasjenige in uns, was uns hinausträgt durch die Pforte des Todes und hineinträgt in eine geistige Welt. Wiederum ist es durch Ausbildung eines ganz besonderen Seelenelementes zu einem unmittelbaren Erleben, wodurch anthroposophisch orientierte Geisteswissenschaft vordringen will zu einer umfassenden Weltanschauung.

Nun, meine sehr verehrten Anwesenden, dadurch, daß man in dieser Weise die beiden Eckpfeiler der menschlichen Erkenntnis behandelt, die Naturerkenntnis auf der einen Seite, die Selbsterkenntnis auf der anderen Seite, dadurch, daß man auf der einen Seite hineingelangt über die Grenzen des Naturerkennens – aber nicht durch Spekulieren, sondern durch unmittelbares Erleben –, in das Seelische an sich, daß man auf der andern Seite hineingelangt in das Element seines eigenen Willens – nicht dadurch, daß man Mystik treibt, sondern indem man in strenger Selbstzucht methodisch das Erinnerungsvermögen in sich heranbildet –, dadurch weckt man in der Tat im Inneren des Menschen dasjenige auf, was dieses Menschen Unsterbliches ist. Und das scheint mir eine Fortsetzung desjenigen zu sein, was zwar nicht äußerliche wissenschaftliche Methode der Gegenwart ist, was aber wissenschaftliche Erziehung ist.

Ich darf wohl gestehen, daß mir scheint, derjenige, der nicht aus blindem Autoritätsdrange oder aus Bequemlichkeit heraus stehen bleibt bei dem, was Naturwissenschaft in der Gegenwart gibt – diese bewundernswerte Naturwissenschaft –, sondern wer sich vorgeben läßt von der Naturwissenschaft die große Frage, die sie nun einmal der Seele auferlegt, der muß sich, so wie ich es in meinen «Rätseln der Philosophie» dargestellt habe, gedrängt fühlen, nun nicht bloß über dasjenige hinauszuspekulieren, hinauszuphilosophieren, was die Naturwissenschaft gibt, sondern er muß das, was er anwendet, indem er experimentiert, weiter auszugestalten suchen zu einem aktiveren Intellekt, zu einem aktiveren Wollen. Dann gelangt er zu jener Intensität des Seelenlebens, von der ich eben gesprochen habe, wo die Unsterblichkeit nicht erspekuliert, sondern unmittelbar angeschaut wird. Und dann, meine sehr verehrten Anwesenden, dann stellt sich auch dasjenige ein wie etwas Selbstverständliches, was heute den Menschen, wenn es so geschildert wird wie zum Beispiel in meiner «Geheimwissenschaft» oder in manchen meiner anderen Bücher, noch als eine wüste Phantasie erscheint, was aber allmählich immer mehr und mehr, wie ich glaube, gerade aus dem Rätselvollen der Naturwissenschaft selber hervorgeht, sich da heraus ergeben wird.

Wie suchen wir denn in der Naturwissenschaft zurechtzukommen? Nach strengen Methoden! Und gerade derjenige, der auf dem Boden der Anthroposophie steht, wird der allerletzte sein, der diese strengen naturwissenschaftlichen Methoden nicht anerkennt. Aber sehen Sie, man steht zum Beispiel doch vor dem folgenden. Man sagt sich: Da bilden wir gewisse geologische Anschauungen aus; und da versuchen wir nach dem Ausgangspunkte von Lyell und anderen Geologen ein Bild zu gewinnen von der geologischen Schichtung der Erde in der Gegenwart. Wir versuchen dann, nach den sattsam bekannten Methoden, aus diesem Bilde heraus ein Bild der Vergangenheit zu gewinnen, indem wir – mehr oder weniger sind ja die Zeiträume strittig – Jahrmillionen zurückgehen; andere Forscher gehen Jahrmillionen vorwärts, indem sie dies oder jenes über das Erdenende aus Physikalischem oder Geologischem heraus prophetisch voraussehen. Wir machen uns ja ein Bild von dem Werden unserer Erde, und mit der Erde hat der Mensch sich entwickelt. Nun aber, ich kann nicht in der kurzen Zeit eines Vortrages über die ja immerhin vorhandenen geisteswissenschaftlichen Forschungsergebnisse einen vollständigen Einblick geben – wenn Sie die entsprechende Literatur durchsehen, werden Sie sehen, daß gewisse Dinge vorhanden sind, ich kann nur anregen, nur hindeuten auf die Art und Weise, wie die Dinge gesucht werden.

Man nehme das Beispiel der menschlichen Herzuntersuchung. Wir verschaffen uns ein Bild davon, wie sich dieses menschliche Herz im Organismus durch fünf, zehn Jahre und so weiter hindurch umwandelt. Wir schließen dann, wie dieses menschliche Herz vor dreißig Jahren war, können es auch gut machen bei einem Menschen, der vierzig Jahre alt ist, aber nicht bei einem, der nur zwanzig Jahre alt ist. Wir könnten aber die bloße Folgerung weiter fortsetzen und könnten ähnlich, nach ganz streng rechnerischer Methode verfahren, könnten uns fragen: Wie war also dieses Herz vor dreißig Jahren? – Wir würden dabei keine andere Methode einschlagen als jene, die die heutigen Geologen einschlagen, wenn wir bei dieser oder jener Grundschicht sagen würden, wie sie vor Jahrmillionen gewesen sei, denn wir vergessen dabei, daß vor diesen Jahrmillionen die Erde vielleicht nicht da war, ebensowenig wie damals der Mensch da war als physischer Mensch. Und wenn wir heute nach irgendwelchen Gesetzen der Physik oder Geologie etwas Prophetisches voraussetzen über irgendein Erdenende nach Jahrmillionen, so ist das so, wie wenn wir nach dem Grade der Veränderung, die das menschliche Herz in fünf Jahren durchgemacht hat, nun berechnen, wie dieses Herz vor dreihundert Jahren bei dem Menschen war.

Das sieht zunächst aus wie etwas ungeheuer Paradoxes. Und dennoch, meine sehr verehrten Anwesenden, es ist durchaus etwas ganz Berechtigtes für den, der sich nun nicht mit seinem Intellekt oder mit dem, was die Autorität bei ihm heranerzogen hat, sondern der sich mit seiner ganzen Seele und mit einer unbefangenen menschlichen Natur gerade in die bewunderungswürdige Wissenschaft der Gegenwart vertieft. Und diese Wissenschaft der Gegenwart selbst, ihr kann gerade eine solche Betrachtungsweise, wie ich sie angedeutet habe, viel nützen, denn es ist ja allerdings heute noch durchaus so, daß man wenig Mitarbeiter hat auf einem geisteswissenschaftlichen Felde. Diejenigen, die man sich als Mitarbeiter wünscht, das sind wahrhaftig nicht Laien oder Dilettanten – dazu ist die Sache viel zu ernst. Als Mitarbeiter möchte ich am liebsten jene wünschen, die sich durch Jahre treu in irgendein Gebiet der Wissenschaft vertieft haben, die wissenschaftlich arbeiten gelernt haben und die sich in diesem wissenschaftlichen Arbeiten erhalten haben alle Unbefangenheit, die notwendig ist, um dann die menschlichen Erkenntnis- und Seelenkräfte so umzugestalten, wie ich es angedeutet habe, so daß man dann hineinkommt in dasjenige, was in einer viel konkreteren, in einer wahrhaft realistischen Weise zu einer Erkenntnis zum Beispiel der Menschennatur selbst führt. Anthroposophie wird die beste Grundlage zu einer für die Medizin und auch für die Sozialwissenschaft brauchbaren Anthropologie sein.

Deshalb war es mir eine so große Befriedigung – ich erwähne das, weil es durchaus zur Sache gehört, zu Sachen, die ich heute besprechen möchte –, als ich vor einigen Wochen in Dornach, wo wir ja in dem Goetheanum die Hochschule für Geisteswissenschaft mit anthroposophischer Orientierung errichtet haben, einen wochenlangen Kursus vor vierzig Ärzten und Medizinstudierenden halten konnte – einen Kursus über die Art und Weise, wie gerade die Brücke zwischen Pathologie und Therapie geschlagen werden kann, nach der sich heute so viele, gerade auch Mediziner, sehnen: wie diese Brücke geschlagen werden kann durch eine solche Einsicht in die menschliche Wesenheit, wie sie hervorgerufen werden kann, wenn wir nicht mehr in abstrakter Art über die Beziehungen von Leib und Seele nachdenken, sondern wenn wir dazu kommen, in das Konkrete hineinzuschauen. Davon möchte ich ein kleines Beispiel geben, allerdings ein etwas abgelegeneres Beispiel, aber es wird dieses in der Lage sein, hinzuweisen auf die Konkretheit, mit der Geisteswissenschaft gerade die speziell wissenschaftlichen Probleme behandeln will.

Es ist ja nun einmal so, daß spekuliert wird über die Beziehungen von Leib und Seele; parallelistische Theorien, Wechselwirkungstheorien und so weiter sind aufgestellt worden. Allein, man hat ja im Auge nicht ein wirkliches Anschauen auf der einen Seite des Seelisch-Geistigen, zu dem man nur kommt auf die Art, wie ich es heute geschildert habe, und auf der anderen Seite des Leiblichen. Die mehr materialistisch orientierte Weltanschauung leidet ja gerade unter dem tragischen Schicksal, daß sie die Materie nicht bewältigt. Wir können ja nicht hineinschauen in die materiellen Vorgänge, seit wir einen Materialismus haben, weil das Innere der materiellen Vorgänge eben Geistiges ist und man den Geist erst erschauen muß, wenn man die materiellen Vorgänge erkennen will.

So möchte ich Ihnen sozusagen mehr als Ergebnis zeigen, wozu man in bezug auf die Erkenntnis eines Entwicklungsmomentes des Menschen kommt, wenn man geisteswissenschaftlich forschend vorgeht. Wir sehen, wie der Mensch durch die Geburt hereinwächst in das physische Dasein. Wir sehen dann, wie in gewisser Beziehung ein wichtiger Abschluß da ist, wenn der Mensch so um das sechste, siebente, achte Lebensjahr herum den Zahnwechsel durchmacht. Allein dieser Zahnwechsel, er wird nur dann in richtigem Sinne aufgefaßt, wenn wir das ganze Leiblich-Geistig-Seelische des Menschen in Betracht ziehen, wie es sich da wandelt in dieser wichtigen Lebensepoche. Und wir sehen – ich kann nur andeuten –, wenn wir das Seelische betrachten, erstens dasjenige, was ich ja schon öfter auch hier von diesem Orte aus in Vorträgen, die ich mehr für Laien gehalten habe, auseinandergesetzt habe – wir sehen, wie aus dem Kinde, das sich bis zum Zahnwechsel hin als ein Nachahmer entwickelt, dasjenige Wesen wird, das gern unter dem Einfluß der Autorität dieser Umgebung sich heranbilden will, wie also mit dem Zahnwechsel das Nachahmungsprinzip in das Autoritätsprinzip übergeht. Aber abgesehen davon – wenn wir nun wirklich hinzuschauen vermögen auf dieses menschliche Seelenleben, wenn wir die Beobachtung des Seelischen zu vertiefen gelernt haben – und man lernt sich wahrhaftig vertiefen, wenn man alles dasjenige in sich ausbildet, was ich als Willens- und Intellektzucht heute erwähnt habe –, wenn man hinsieht auf alles, was mit dem Menschen vorgeht um die Zahnwechselperiode herum, dann fällt auf, wie das, was erst als Erinnerungsfähigkeit im Menschen heranwächst, einen bestimmten Wandel mit dem Zahnwechsel durchmacht. Es fällt auf, wie von dieser Epoche an unser Vorstellen anfängt, Konturen zu haben, wie es anfängt, zu fortlaufend erinnerbaren Vorstellungen zu werden. Und ich könnte vieles aufweisen! Ich müßte aber lange reden, wenn ich zeigen wollte, wie sich die

Umwandlung des ganzen intellektuellen Seelenelementes rein empirisch zeigt um die Periode des Zahnwechsels herum.

Verfolgt man dann dasjenige, was man auf diesem Gebiete erforschen kann, weiter, verfolgt man es mit jenem konkreten Empirismus weiter, der sich eben dadurch ergibt, daß man sein Seelenauge geschärft hat durch die Methode, die ich geschildert habe, dann findet man, wie sich in dem gewissermaßen Herausstoßen-Können der zweiten Zähne etwas zeigt, was die ganzen ersten sieben Lebensjahre im Menschen arbeitet, sich zuletzt abstößt und einen Höhepunkt, eine Kulmination, erlangt mit dem Zahnwechsel. Jetzt, indem der Zahnwechsel eintritt, wird das Seelische ein anderes. Die Begriffe bekommen Konturen. Das ganze Erinnerungsvermögen, das ja allerdings früher schon vorhanden ist, wandelt sich aber eben um, und man erkennt, indem man die Begriffe der Goetheschen Metamorphosenlehre auf solche Entwicklungen ausdehnt, wie das seelisch-geistige Leben sich emanzipiert hat von dem physisch-leiblichen, wie dasselbe, was später im Vorstellen, also im Intellektuellen wirkt, im Körper gewirkt hat – gestaltend, plastisch gewirkt hat –, seine Kulmination im Zahnwechsel erlangt hat und, nachdem die Zähne herausgetrieben sind, sich geistig-seelisch zeigt. Da verfolgt man konkret, nicht mehr abstrakt, wie man sonst spekuliert über Leib und Seele, diese Gestaltungskraft, die man später anschaut, unmittelbar anschaut, wenn der Mensch scharf konturierte Begriffe, nicht Phantasmen herausholt aus der Erinnerung. Das verfolgt man, wie es gestaltet, wie es in den Zahnwechsel hinein die Kräfte treibt. Indem man die

Beobachtung ausdehnt über die Zeit, sieht man, wie das Geistig-Seelische im Leiblich-Physischen arbeitet.

Dann wiederum merkt man, wenn man herantritt an den Menschen in der Lebensepoche, wo die Geschlechtsreife auftritt, wie in dieser Zeit vom Zahnwechsel bis zur Geschlechtsreife vorzugsweise das Willenselement sich konsolidiert. Aber es ist noch im Leibe wirksam, und man merkt an dem, was da auftritt – beim Knaben zeigt es sich ja auch in der Umwandlung der Stimme, bei den Mädchen zeigt es sich in anderer Weise, aber doch auch –, namentlich wie der Wille zwischen dem Zahnwechsel und der Geschlechtsreife gewissermaßen Besitz ergreift von dem menschlichen Organismus. Während das Intellektuelle sich emanzipiert, mit dem Zahnwechsel frei wird, selbständig wirkt, wird das Willentliche bis zur Geschlechtsreife frei. Ich möchte sagen, ein rein Geistiges verbindet sich mit dem Leib, so daß sich in dieser Veränderung, die beim Knaben im Stimmwandel eintritt, deutlich zeigt, wie das Willensleben sich in dem Leiblichen gestaltend erweist.

Schon aus diesen zwei Elementen, die ich da angegeben habe, sehen Sie, wie man im konkreten Beobachten mit geistiger Empirie herantritt an den Menschen. Das, was ich da gezeigt habe, das führt dann aber wiederum aus dem Menschen heraus in den Kosmos hinein, und man lernt ihn erkennen, so wie man sonst durch die Sinnesanschauung die äußeren Sinnesinhalte kennenlernt. Man lernt erkennen durch diese Geistesschau ein tieferes, aber auch ein wesentlicheres Element des Kosmos. Man lernt zum Beispiel erkennen, worinnen nun in den kosmischen Kräften, in die der Mensch eingebettet ist, dasjenige besteht, was da bis zum Zahnwechsel hin auf der einen Seite, bis zur Geschlechtsreife hin auf der anderen Seite wirkt. Es wirkt das eine Mal als ein Intellektualistisches, bis zum Zahnwechsel gestaltend, dann emanzipiert es sich und wirkt auf der anderen Seite als ein Willentliches, das mit der Geschlechtsreife den menschlichen Leib intensiv ergreift.

Jetzt lernt man erkennen, wie dasjenige, was gewissermaßen die Zähne heraustreibt, was im menschlichen Organismus arbeitet, damit es dann übergeht in die scharf konturierten Erinnerungsbegriffe, dasselbe ist, was man – aber nur in Repräsentation – Licht nennen kann. Eigentlich ist es aber alles dasjenige, was sich zu der sinnlichen Wahrnehmung so verhält wie das Licht zum Auge. Man lernt erkennen, wie das Licht dasjenige ist, was da eigentlich im menschlichen Organismus wirkt, und wie durch die Kraft des Lichtes, die also im Schauen mit den Augen wirkt – aber eigentlich ist sie ja nur die Repräsentation, wir könnten von demselben Elemente für alle Sinne sprechen –, dasjenige überwunden wird, was sonst als die Schwere erlebt wird. Licht und Schwere, Licht und Gravitation sehen wir miteinander im Kampfe – das kosmische Licht, die kosmische Gravitation ist im Menschen wirksam bis zum Zahnwechsel hin. Und dann wiederum sieht man, wie vom Zahnwechsel bis zur Geschlechtsreife umgekehrt die Gravitation die Oberhand gewinnt, wie das Lichtvolle, das wiederum nur das übrige Wahrnehmen repräsentiert, der Inhalt der Sinneswahrnehmungen ist, wie aber da die Gravitation einen Sieg, einen inneren Sieg erringt über dieses Lichtmäßige und dadurch den Willen hineinzwingt in die menschliche Natur und dadurch gerade den Menschen innerlich auskonfiguriert mit dem, was ihn dann geschlechtsreif macht, seine Organisation nach seinem Schwerpunktselemente hinführt.

Dieses Durchschauenlernen der menschlichen Natur, meine sehr verehrten Anwesenden, dieses unmittelbar konkrete, empirische Verbinden des Geistigen mit dem Materiellen, das ist es, was sich ergibt dem anthroposophisch orientierten Weltanschauen. Wahrhaftig, es handelt sich da nicht um irgendeine nebulose Mystik, sondern es handelt sich um ein nicht nur ebenso strenges methodisches Forschen, wie es sonst in der Wissenschaft üblich ist, sondern um ein viel strengeres Forschen, weil jedes einzelne, an das man herangeht, zugleich begleitet ist von dem, was die Seele aus sich gemacht hat, so daß sie ein Neues in dem Alten sieht. Da wird in der Tat das, was man am Menschen anthropozentrisch erkennt ins Kosmische erweitert – ohne daß man anthropomorphisch wird –, und man wird schon sehen, daß es sich um eine strenge wissenschaftliche Methode handelt, wenn so etwas ausgebildet wird, wie ich es skizzenhaft darstellen konnte in meiner «Geheimwissenschaft».

Diejenigen haben es leicht, meine sehr verehrten Anwesenden, die über ein solches Buch lachen, weil sie nicht durchschauen all die Mühe, die da aufgewendet, all die Wege, die da gewandelt worden sind, damit so etwas zustande kommen kann. Aber es muß so etwas in der Gegenwart ausgesprochen werden. Die materialistische Orientierung hat es gerade dahin gebracht, die Materie nicht mehr erkennen zu können, sondern nur Spekulationen anzustellen über den Zusammenhang von Geist oder

Seele mit Leib oder Materie. Die anthroposophisch orientierte Geisteswissenschaft soll uns lehren, den Menschen zu erkennen – wirklich erfaßt, wie er ist als Geist, Seele und Leib – und von da aus dann die Wege in den Kosmos hinaus eröffnen, denn der Mensch ist etwas, was alles das in sich schließt, was sonst im Kosmos ist. Wir können ja ein längst verflossenes, aber von uns erlebtes Ereignis, das wir im Bilde in uns tragen – das Ereignis ist längst nicht mehr da –, aus demjenigen, was in unserer Seele ist, als Bild in uns wieder hervorzaubern. Weil ich einmal mit meinem Sinn, mit meinem Verstande und Gemüte und mit meiner Empfindung bei diesem Lebensereignis war, kann ich es mir hervorzaubern. Der Mensch war in alledem dabei, was jemals verlaufen ist im Kosmos, und dadurch kann er auch, wenn er sein ganzes Wesen erfaßt, wirklich noch Kosmisches erfassen – und in anderer Weise, als wenn man es äußerlich erringen müßte. Wie ich es vorhin geschildert habe, liefert inneres Erkennen auch eine gewisse Kosmologie, so daß sich Anthroposophie zu einer wahrhaftigen Kosmologie erweitert, wie ich es darzustellen versucht habe in meiner «Geheimwissenschaft», die heute noch unseren Zeitgenossen lächerlich erscheinen mag, die aber auf streng wissenschaftlicher Methode beruht, nur eben aus dem Wesen anthroposophischer Orientierung hervorgegangen ist.

Meine sehr verehrten Anwesenden, was so als Wesen der Anthroposophie geschildert werden darf, kann man in einem gewissen Sinne durchaus auch philosophisch rechtfertigen. Und wer meine Schriften verfolgt von Anfang an, wie ich versucht habe in den achtziger Jahren des vorigen Jahrhunderts, Goethe kommentierend, eine Erkenntnistheorie auszuarbeiten, wie ich versucht habe in meiner kleinen Schrift «Wahrheit und Wissenschaft», die Beziehung desjenigen, was menschliches Innenleben ist, zu demjenigen, was außen im Kosmos ist, festzustellen, wie ich dann versucht habe in meiner «Philosophie der Freiheit», das auszudehnen auf eine ganze Weltanschauung des Menschen, der wird finden, daß schon Mühe aufgewendet worden ist, soweit es eben bis heute möglich war, um das, was, ich möchte sagen in höherer, in geistiger Empirie auftritt als Geisteswissenschaft, als Anthroposophie, auch philosophisch zu rechtfertigen.

Da mußte denn von mir, ich muß das schon sagen, durch Jahrzehnte hindurch ein hartnäckiger Kampf geführt werden gegen den Kantianismus – ein hartnäckiger Kampf gegen den Kantianismus, der das erkenntnistheoretische Problem und damit das philosophische Grundproblem meiner Überzeugung nach verkannt hat. Ich kann in den paar Minuten, die mir noch zur Verfügung stehen, nicht eingehen auf die kantische Philosophie oder Erkenntnistheorie, aber ich kann mit ein paar Worten hindeuten auf dasjenige, worum es sich, philosophisch gesehen, eigentlich handelt, wenn man den Menschen wirklich durchschauen will. Da kann man ja zunächst empirisch hinschauen, wie der Mensch an diese Grenze des Naturerkennens gelangt, wie er also an dieser Grenze der noch nicht anthroposophisch erweiterten Naturerkenntnis zu einem Eckpfeiler kommt, wo er hinpfahlt die Begriffe Materie, Kraft und so weiter. Ja, es handelt sich darum, daß derjenige, welcher nun imstande ist, erlebend zu untersuchen diese Grenze des Naturerkennens, auch darauf kommt, warum der Mensch – und ich bitte, verzeihen Sie mir das «warum» an dieser Stelle, es soll gewissermaßen bloß rhetorisch sein, nicht teleologisch gemeint sein –, warum der Mensch so organisiert ist, daß er an einer bestimmten Stelle hinpfahlen muß Begriffe, die gewissermaßen dunkel, undurchschaubar für das gewöhnliche Bewußtsein sind.

Könnten wir nämlich immerzu hineinschauen in die Dinge der Welt, sie gleichsam intellcktualistisch durchsichtig machen, also auch den Menschen, würden wir in unserer menschlichen Natur nicht dasjenige ausbilden können, was wir zum gewöhnlichen Leben, namentlich auch zum gewöhnlichen sozialen Dasein unbedingt haben müssen, unbedingt entwickeln müssen zwischen Geburt und Tod: Wir würden dasjenige nicht haben, was in uns lebt als das Element der Liebe. Wer gründlich psychologisch studiert den Zusammenhang zwischen Erkenntnis und Liebe, der merkt, daß dieses Abgetrenntsein von den uns intellektualistisch undurchsichtig gewordenen Dingen, das sich uns darlebt durch die Grenzen der Naturerkenntnis, notwendig ist. Es ist notwendig, damit wir in uns, in unserer ganzen menschlichen Organisation die Kraft der Liebe entwickeln können. Nicht das, was Kant aufgebracht hat in der «Kritik der reinen Vernunft» und dergleichen, sondern dasjenige, was wir in uns entwickeln als die Kraft der Liebe, das ist es, was uns verhindert, intellektualistisch die Dinge durchsichtig zu machen. Wir erlangen erst die intellektualistische Durchsichtigkeit auf den Wegen, die ich heute geschildert habe. Der Mensch ist eben so organisiert, daß er sich um die Grenzen der Naturerkenntnis die Macht der Liebe erkaufen muß. Aber der Mensch ist ja jenes Wesen, das durch die Macht der

Liebe seinen richtigen Wert und seine Menschenwürde zwischen Geburt und Tod erhält.

Und wiederum haben wir auf der anderen Seite den anderen Eckpfeiler, den manche so leichten Herzens durch eine nebulose Mystik überwinden wollen und der nur durch jene Selbstzucht methodisch überwunden werden kann, die ich heute geschildert habe: jener Eckpfeiler, der in der Selbsterkenntnis liegt. Ja, meine sehr verehrten Anwesenden, würden wir immer hineinschauen können in uns, würden wir diejenige Erkenntnis erringen, die gewissermaßen die Zeit zum Raume macht, die in einer geänderten Zeitperspektive frühere Ereignisse in Geistesschau überirdisch erlebbar macht, die uns also gleichsam den Schleier der Erinnerungen wegreißt und uns hineinschauen läßt in die Vergangenheit und dadurch auch in einem gewissen Sinne in die Zukunft, würden wir das immer haben, dann würden wir das allerdings durchschauen, aber nicht die Kraft des Gedächtnisses, der Erinnerungen haben. Diese Kraft der Erinnerungen ist es, die wir ebenso haben müssen, wie wir nach der anderen Seite im gewöhnlichen Menschenleben die Liebe haben müssen. Wer weiß, was eine gestörte Erinnerung für die Kontinuität des Ichs bedeutet, wer weiß, daß dieses Ich beruht auf der Kraft des ungestörten Gedächtnisses, der wird auch ermessen können, wie dieser andere Eckpfeiler dastehen muß. Jene Kraft, die uns zwischen Geburt und Tod zum erinnerungsfähigen Wesen macht – nur sie ermöglicht uns, in geisteswissenschaftlich anthroposophischer Methode diesen Schleier des Erinnerns zu zerreißen und in Selbstschau hineinzuschauen in unser eigenes Innere. Wer also diese Organisation versteht, wer mit wirklicher Psychologie das, was in der Erinnerung auftritt, mit dem vergleicht, was Selbsterkenntnis ist, der weiß, daß wir auch diesen anderen Eckpfeiler im gewöhnlichen menschlichen Erkennen und Leben haben müssen. Es beruht also auf unserer Organisation – in etwas anderer Weise, als Kant es geschildert hat –, daß wir erst über das, was uns im gewöhnlichen Leben organisiert, hinauswachsen müssen, wenn wir in die erstrebbaren und ersehnbaren Tiefen der Natur hineindringen wollen.

Dann aber, meine sehr verehrten Anwesenden, ergibt sich für diese anthroposophisch orientierte Geisteswissenschaft, wenn sie innerlich lebendig diesen Weg macht, dasjenige, was allerdings heute sehr gewagt ist, sehr gewagt ist auszusprechen. Aber was nützt es, solche Dinge unausgesprochen zu lassen, wenn es doch gerade auf sie ankommt? Derjenige, der heute hinsieht darauf, wie wir uns die Welt vorstellen müssen nach den Gedanken und Ideen, die sich in den letzten drei bis vier Jahrhunderten ergeben haben, der kann nimmermehr die Brücke schlagen zwischen dem, was sich in der Seele ergibt als ethisches, als moralisches, als soziales Ideal, auch als religiöses Ideal, und demjenigen, was sich ergibt aus der Naturerkenntnis heraus.

Da stehen auf der einen Seite die natürlichen Erscheinungen. Sie führen uns, wenn auch hypothetisch oder in der Philosophie des «als ob», zu einem Anfang, zu einem früheren Zustand des physischen Weltenalls; sie führen uns dann zu Metamorphosen dieses physischen Weltenalls, sie zeigen uns, wie in diesem physischen Weltenall waltet ein Gesetz, oder sagen wir zwei Gesetze, die aber eigentlich eines sind. Wenn diese Gesetze so walten, wie sich das heutige Naturerkennen das vorstellen kann, dann kann zu dem anderen hin, zu dem ethischen, zu dem sozialen, zu dem religiösen Ideal, keine Brücke geschlagen werden. Und diese zwei Gesetze sind das Gesetz von der Erhaltung der Kraft und von der Unzerstörbarkeit des Stoffes. Verwandelt sich die Welt im Weltenall draußen, in der Natur so, daß der Stoff unzerstörbar ist, die Kraft in ewiger Erhaltung sich nur umgestaltet, dann – dann sind unsere ethischen Ideale, unsere religiösen Ideale nichts anderes als Rauch, der aufsteigt, dann sind sie unsere großen Illusionen. Und wenn die Welt längst verwandelt haben wird ihren Stoff und ihre Kräfte in einer gewissen Weise, dann sind zu Grabe getragen, ins Nichts hinein versenkt diejenigen Welterlebnisse, die wir einschließen innerhalb unserer moralischen Ideale, innerhalb unserer religiösen Ideale und so weiter. Man macht gewöhnlich auf diese Dinge nicht aufmerksam. Aber dasjenige, was viele Seelen in der Gegenwart innerlich zerspaltet, was viele Seelen in der Gegenwart innerlich zerreißt, das ist doch das, was mehr oder weniger unbewußt aus diesem völligen Versagen eines Brückenschlags zwischen Naturerkenntnis und geistiger Erfassung des Moralischen, des Religiösen als Seelenstimmung vorhanden ist.

Aber, meine sehr verehrten Anwesenden, erleben wir an den Grenzen der Naturerkenntnis unsere eigene Intellektualität so, wie ich es heute geschildert habe, dann durchschauen wir, wie unser Intellekt auch nur einem gewissen Abschnitt des äußeren Daseins angehört, wie wir den Anfang des Erdendaseins nicht denken dürfen mit dem Intellekt, den wir eigentlich erst in dem geschilderten Erleben wirklich kennenlernen, denn dieser Intellekt gehört zu dem, was erst nach diesem Anfange liegt und was vor dem Ende liegt. Wenn wir diesen Intellekt anwenden auf den ganzen Verlauf, wenn wir Jahrmillionen zurück- oder Jahrmillionen vorwärtsgehen, wie es Geologen und Physiker machen, dann machen wir dasselbe, wie wenn wir gedankenlos reden zum Beispiel von der Umwandlung des Herzens, wie sie sich am Menschen vor oder nach dreihundert Jahren zeigt. Wir müssen uns klar sein über die Natur dieses Intellektes: daß er nicht heranreicht an die anderen Erkenntniskräfte, die wir auf die heute geschilderte Art und Weise erringen müssen.

Mit der anthroposophisch orientierten Geisteswissenschaft wird nicht eine Rickertsche oder eine Windelbandsche Werttheorie begründet, wo die Werte aus dem blauen Dunst heraus sich geltend machen sollen, ohne Realität, sondern es geht uns auf wie dasjenige, was wir im Intellekt überschauen. Wir fühlen die Verpflichtung, den Wert in die Strömungen des Seins irgendwie einzugliedern. Das wird aber ganz und gar unmöglich sein, solange wir nicht das ertötende Gesetz von der Erhaltung der Energie und des Stoffes überwinden. Man muß dazu kommen, den Stoff und die Kraft als vergänglich zu denken. Es ist nur eine Welt der Illusion, die sich uns aus unserem Intellekt ergeben hat und die uns die Unzerstörbarkeit des Stoffes und die Erhaltung der Kraft vorgaukelt. Es ist ja gewiß, daß die Wissenschaft des 19. Jahrhunderts zu nichts anderem als dem führen konnte. Für denjenigen aber, der die Welt so durchschaut, wie es heute dargestellt wurde, ist dasjenige, was Stoffe und Kräfte sind, etwas, was untergeht wie die diesjährigen Pflanzen, und dasjenige, was in uns als ethisches Ideal, als religiöse Idee lebt, ist etwas,

was wir als Keim erleben, wie den Keim in der Blüte der gegenwärtigen Pflanzen. Wir schauen hin auf diesen Keim, der gegenwärtig vielleicht noch ein bloßer Punkt ist; wir wissen, er ist eine Pflanze im nächsten Jahr, wenn verflogen sein wird, was ihn jetzt als Blüte, als Blätter umgibt. Wir schauen in Geistesschau auf diese äußere Welt, auf die wir diesen unseren Intellekt anwenden. Wir lernen sie kennen nicht unter dem Prinzip der Unzerstörbarkeit des Stoffes und der Erhaltung der Energie, sondern wir lernen sie kennen als eine zerstiebende, und die Keime in ihr sind dasjenige, was in unseren Seelen waltet als moralisches Element, als religiöse Idee. Was uns heute sinnlich umgibt – verflogen wird es sein! Was in unserem Innern wächst und gedeiht, das wird die Welt der Zukunft, der Kosmos der Zukunft sein. Zu dieser Brücke, die geschlagen wird zwischen dem Geist und der Natur, kann meiner Überzeugung nach – unter den heutigen Verhältnissen – nur anthroposophisch orientierte Geisteswissenschaft führen.

Meine sehr verehrten Anwesenden, ich durfte – einer Aufforderung der «Freien Studentenschaft» zufolge – hier diese wenigen anregenden Sätze sprechen. Ich weiß, daß sie nichts Beweisendes, nichts Überzeugendes haben können; sie wollten aber auch nur etwas Anregendes sein. Aber weil ich heute, wofür ich sehr dankbar bin, sprechen durfte im Auftrage der Studentenschaft, gerade deshalb möchte ich darauf hinweisen, daß es dem, der heute die Welt so ansehen muß, der selbst am Ende seines sechsten Jahrzehnts steht, besonders naheliegt, zur heutigen Jugend hinzublicken. In den Herzen, in den Seelen derer, die heute jung sind – da sieht ein solcher wirklich Keime, denn er blickt zurück auf seine eigene Jugend. Vor vier Jahrzehnten war es – das möchte ich zu den verehrten jungen Freunden, die mich heute eingeladen haben, sagen –, daß die Leute meines Alters jung waren. Wir sahen dazumal in die Welt hinein, aber wir waren darauf angewiesen, in einem gewissen Sinne in eine Welt von Illusionen zu blicken. Wir waren dazumal darauf angewiesen. Es standen allerdings den Menschen noch bevor mancherlei gewaltige Errungenschaften des äußeren Lebens, es schaute aber auch in dem für uns damals gegenwärtigen zivilisierten Europa anders aus als jetzt. Jetzt schreibt ein geistreicher Mann – der Oswald Spengler – über den Untergang der abendländischen Zivilisation. Dazumal, das heißt vor drei bis vier Jahrzehnten, dazumal war, meine sehr verehrten Anwesenden, die Zeit, die wohl vielleicht am ärgsten beherrscht war von dem «Wie haben wir's so herrlich weit gebracht» – eine Zeit, die sich aber ganz stark in Illusionen wiegte. Wie stark die Illusionen waren, das gewahrte wohl mancher von denen, die dieses Alters waren, erst, als 1914 diese moderne Zivilisation in eine furchtbare Katastrophe hineinrollte. Dazumal lagerte sich auf die Seelen der denkenden, der wachenden Älteren ein unendlicher Schmerz, und sie blickten wohl zurück auf jene Zeit, in der sie nicht sagen durften – weil die Illusionen zu groß waren –: Wir brauchen etwas, was nicht bloß eine Renaissance ist, sondern was eine Naissance ist, was die Geburt eines neuen Geisteslebens ist.

Jetzt, nachdem schmerzliche Jahre hinter uns sind, jetzt, meine sehr verehrten Anwesenden, lebt es sich, wie ich glaube, anders in der Jugend. Jetzt ist die große Not da, und jetzt zeigt es sich auf allen Gebieten, daß man sich der Illusion nicht hingeben kann, der Illusion, wie wir's so herrlich weit gebracht haben. Jetzt aber, glaube ich, lebt in jedem Wachen oder in demjenigen, der sich erwecken kann, etwas von dem, was ihn zu der inneren Mahnung führt: Gebrauche deinen Willen! – In der äußeren, in der objektiven Welt, da spricht alles für Niedergang. Aber die Spengler, diejenigen, die nur vom Niedergang sprechen und diesen Niedergang sogar beweisen wollen, sie werden Unrecht haben, wenn in der heutigen Jugend sich geltend macht jenes Feuer, wenn in der Jugend sich geltend macht jene Kraft, die die Seele erwecken will zum Schaffen, zum Wollen, denn nur aus dem Schaffen, aus dem Wollen der sich ihrer selbst vollbewußten Menschen kann heute die Besserung werden, nicht aus einem Spekulieren über Kräfte, an die wir glauben sollen. Nein, an einem Aktivieren der Kräfte muß es liegen, die in unserem eigenen Willen, in unserem eigenen Vermögen zu finden sind.

Deshalb möchte ich gerade diesen Vortrag, zu dem eingeladen worden zu sein ich der verehrten Studentenschaft sehr dankbar bin, ausklingen lassen in jene Fichteschen Worte, die da lauten: «Der Mensch kann, was er soll; und wenn er sagt, ich kann nicht, so will er nicht.» Werden wir uns des Geistes bewußt, der uns durch Geistesschau aus dem Weltenall entgegenleuchtet, der in unserm Innern mit der Schwere seine Kämpfe führt, dann wird dieser Geist uns anregen zum Schaffen, und dann wird gerade aus der gegenwärtigen Jugend heraus dasjenige erwachsen, worauf eigentlich jeder wache Mensch heute hoffen, wonach jeder wache Mensch heute sich sehnen muß. Ja, wir brauchen nicht bloß eine Renaissance, wir brauchen eine Naissance des Geistes. Sie wird uns werden, wenn die Jugend von heute ihre Aufgabe versteht und würdigt.

TEIL II

NATURWISSENSCHAFT UND ANTHROPOSOPHIE

Zürich, 4. Juni 1921

Jakob Hugentobler: Sehr geehrte Damen und Herren! Ich heiße Sie zu unserer Vortragsveranstaltung herzlich willkommen. Es ist beabsichtigt, mit diesem Vortrag wiederum etwas Positives aus der anthroposophischen Geisteswissenschaft heraus vor Sie hinzustellen gegenüber dem, was sich als doch meist negative Kritik heute so breitmacht.

Wer heute die Augen offenhält, wer sich mit etwas tieferem Verständnis seiner Umwelt öffnet, der sieht auf allen kulturellen Gebieten – auf dem Gebiete der Wissenschaft, der Religion und der Kunst– neuere Erscheinungen auftreten. Er sieht Anfänge, die aussehen wie etwas, was sich hindurchringen will, was noch nicht den eigentlichen Weg für dieses Durchringen gefunden hat. In der anthroposophischen Geisteswissenschaft wird nun versucht, für alles, was sich als ein gesundes Neues hier in den Anfängen zeigt, die Wurzeln aufzuzeigen – zu zeigen, wie man durchstoßen kann auf ein tieferes geistiges Gebiet und wie aus diesem geistigen Gebiet heraus etwas erwachsen kann, was wieder Zusammenschluß werden muß all dessen, was sich heute in so vielen getrennten Bewegungen bemerkbar macht. Es ist auf diese Möglichkeit einer tieferen Erkenntnis zurückzuführen, daß die anthroposophische Geisteswissenschaft den Anspruch erhebt, sich auf alle Gebiete des Lebens zu erstrecken, in alle Gebiete des Lebens mit ihrer neuen Erkenntnis hineinzudringen. Von diesem Geiste, der als eine Befruchtung des gesamten kulturellen Lebens von heute tätig sein will und muß, soll hier gesprochen werden. Es darf also nicht mehr in der Art, wie es früher so häufig geschehen ist, mit Entrüstung, mit Verwunderung, mit Erstaunen davon gesprochen werden, daß die anthroposophische Geisteswissenschaft eine Anmaßung an den Tag lege, indem sie sich auf alle Gebiete des Lebens verbreite. Es ist so, daß sie den Anspruch machen will, eine wirklich umfassende Weltanschauung zu sein. Aus einer solchen wirklichen Weltanschauung heraus wird in diesem Vortrage zu Ihnen gesprochen werden.

Es ist Gelegenheit geboten, hier an Eurythmie-Fachkursen teilzunehmen – Eurythmie, diese neue Bewegungskunst, die von Dr. Rudolf Steiner inauguriert worden ist. Sie stützt sich auf die anthroposophische Geisteswissenschaft, und es wird also diese neue Kunst der Eurythmie in einzelnen Kursen unterrichtet werden. Ebenso ist Gelegenheit, in die anthroposophische Geisteswissenschaft in der Weise tiefer einzudringen, daß man Einführungskurse besuchen kann, die ebenfalls hier in Zürich gehalten werden. Man kann, wenn man sich interessiert, seinen Namen und die Adresse aufschreiben. Das übrige sehen Sie aus den Programmen, die Ihnen ausgeteilt worden sind.

Rudolf Steiner: Meine sehr verehrten Anwesenden! Wenn von Anthroposophie so oft ein Zerrbild entworfen wird und dieses Zerrbild dann bekämpft wird, so daß man in diesem Kampf eigentlich wenig von dem trifft, was Anthroposophie wirklich darstellt, so liegt das wohl daran, daß heute noch sehr viele Persönlichkeiten diese Anthroposophie auffassen wie etwas, was gewissermaßen in der Mitte steht zwischen Wissenschaft im strengen Sinne des Wortes auf der einen Seite und den verschiedenen religiösen Anschauungen auf der anderen Seite.

Um in einer gewissen Weise darauf aufmerksam zu machen, wie wenig die Urteile zutreffend sind, welche der Anthroposophie, wie sie hier gemeint ist, eine solche schwankende Stellung zuweisen, möchte ich heute in diesem einleitenden Vortrag vor allen Dingen die Quellen besprechen, die eigentlichen Ursprünge des anthroposophischen Forschens. Und da muß ich vor allen Dingen zunächst auf folgendes aufmerksam machen. So sehr es auch der Fall ist, daß dasjenige, was durch Anthroposophie zutage tritt, die religiösen Gefühle und religiösen Empfindungen der Menschen berührt, so ist doch diese Anthroposophie selbst zunächst nicht aus irgendeinem religiösen Impuls entsprungen, sondern sie ist durchaus hervorgegangen aus der Naturwissenschaft unserer Zeit, aus einer naturwissenschaftlichen Weltanschauung. Man kann das vielleicht von manchen Seiten zunächst sogar paradox finden, allein, gerade um den wissenschaftlichen Geist der Anthroposophie in der richtigen Art zu kennzeichnen, muß auf dieses Hervorgehen aus naturwissenschaftlicher Grundlage ganz besonders stark hingewiesen werden.

Man ist dabei, indem man sich zur Anthroposophie wendet, durchaus davon durchdrungen, daß die neuere Entwicklung der Menschheit ihr Größtes, ihre stärksten Kräfte dem verdankt, was man heute naturwissenschaftliche Einsichten nennt. Und ich möchte selbst durchaus bekennen, daß meiner Auffassung nach in der Anthroposophie kein anderer Geist herrschen darf als allein derjenige, der sich herangeschult hat am naturwissenschaftlichen Forschen der neueren Zeit, der vor allem kennengelernt hat die gewissenhaften, exakten Methoden des Beobachtens, des Experimentierens und des naturwissenschaftlichen Denkens der Gegenwart. Dabei wird allerdings, wenn man also von einer Art von naturwissenschaftlicher Vorbereitung zur Anthroposophie spricht, weniger in Betracht gezogen, was als Ergebnisse – als triumphale Ergebnisse möchte ich sagen – der neueren Naturwissenschaft aufgetreten ist, als vielmehr gerade dieser Geist der Schulung, den sich der Mensch erwirbt, wenn er lernt, naturwissenschaftlich, das heißt experimentierend und beobachtend, ernst zu arbeiten, in ernster Art sich eine wissenschaftliche Anschauung von den Wesenheiten der Welt und von den Tatsachen der Welt zu erringen.

Nun ist es ja so gekommen, daß im Laufe der naturwissenschaftlichen Entwicklung der neueren Zeit gewissermaßen immer mehr heraufgezogen ist innerhalb dieser Forschung der Sinn für die ausschließliche Bedeutung der sinnlichen Tatsachenwelt – dessen, was sich auf sichere Tatsachen gründet, die durch die Sinne beobachtet werden können und deren Beobachtung durch Instrumente verschärft werden kann. Nur was auf diese Art zugrunde gelegt werden kann, das gilt als eine wahrhaftige Grundlage der neueren wissenschaftlichen Forschung. Und je mehr man fortgeschritten ist, desto mehr kam man ab davon, im Denken, im methodischen Sinnen sich zu erheben über diese Tatsachenwelt. Man ist immer mehr und mehr dazu übergegangen, die Tatsachen gewissermaßen experimentierend so anzusehen, daß sie sich durch sich selbst in ihren gegenseitigen Beziehungen aussprechen und man auf diese Weise zu Naturgesetzen, wie man sie nennt, kommt.

Gewiß, es ist noch nicht lange her, da hat man bei der Bearbeitung der Tatsachen den Weg von diesen Tatsachen zu mehr oder weniger kühnen Hypothesen nicht gescheut. Diese haben sich in der neueren Zeit weiter entwickelt zu Begriffssystemen. Und so ist man zu Erkenntnissen gekommen, zum Beispiel über das Weltenall. Wir leben jetzt allerdings in einer Zeit, in der man über die in ihrer Art so plausibel erscheinenden Hypothesen etwas in Zweifel gekommen ist, so zum Beispiel über die Kant-Laplacesche Weltentstehungshypothese. Sie gilt durchaus als etwas Unsicheres, obwohl man auf der anderen Seite wohl zugeben wird, daß man, wenn man überhaupt zu einer befriedigenden Überschau über die Erscheinungswelt kommen will, solche Hypothesen nicht recht entbehren kann. Dies charakterisiert ungefähr das eine. Also, ich konnte ja nur in kurzen Strichen andeuten, was demjenigen entgegentritt, der sich heute nun wirklich forschend in das naturwissenschaftliche Gebiet hineinbegibt.

Das zweite ist aber vielleicht heute noch wichtiger. Es ist dies, daß man ja heute angesichts der Exaktheit, die man in der Naturwissenschaft einmal angenommen hat, nicht mehr wird auskommen können – selbst in den beschreibenden Naturwissenschaften nicht mehr – ohne eine gewisse mathematische Grundbildung. Es ist ja in der Naturanschauung der neuesten Zeit eine Definition aufgetreten, die sich allerdings etwas paradox, etwas extrem ausnimmt, die aber zeigt, von welchem Sinne man eigentlich beseelt ist in diesem naturwissenschaftlichen Denken. Es ist die Definition aufgekommen: Seiend ist dasjenige, was man messen kann. – Durch eine solche Definition wird darauf hingewiesen, wie sehr sich der naturwissenschaftlich Denkende heute in seinem Elemente fühlt, wenn er sich angeeignet hat die Kunst, die in der Geometrie und in der von der Geometrie ausgehenden exakten Messung liegt, in der Arithmetik und in den anderen Zweigen der Mathematik. Diese mathematische Schulung ist sozusagen etwas, was heute als eine Grundbedingung mitgebracht werden muß für ein ersprießliches wissenschaftliches Forschen.

Nun kommt für das, was ich heute über Anthroposophie sagen will, weniger in Betracht, was man als einzelne Ergebnisse des naturwissenschaftlichen Forschens durch Messen, Zählen und so weiter erreichen kann, sondern es kommt in Betracht jene eigentümliche Seelenverfassung, in die der Forscher kommt, wenn er – ausgerüstet mit dem durchschaubaren Gewebe arithmetischer, geometrischer oder algebraischer Vorstellungen, Vorstellungen aus der Welt der Differential- oder Intergralrechnung oder selbst der synthetischen Geometrie und so weiter –, wenn er, ausgerüstet mit dem ganzen Gewebe dieser Vorstellungen, die ja durchaus in der menschlichen Persönlichkeit selbst erzeugte Vorstellungen sind, herantritt an die äußere Erscheinungswelt und dann findet: Mit dem, was du im Grunde genommen aus deinem eigenen inneren Wesen heraus gewonnen hast, was du in Formeln, in Gebilde, was du in Gestalt gebracht hast aus deinem inneren Wesen heraus, damit kannst du eintauchen in das, was dir die Sinne darbieten. – Und er fühlt: Mit dem, was du gewissermaßen aus dir heraus gesponnen hast, kannst du umfassen und durchweben all das, was dir als ein ganz Fremdes entgegentritt aus der äußeren Tatsachenwelt. – Dieses Zusammenfließen des Mathematischen, das in voller Überschaubarkeit, mit freier, über alles sich hinziehender innerer Willensbetätigung als Gebilde, als Formeln gewonnen wird, dieses Zusammenfließen des Mathematischen mit dem, was uns äußerlich entgegentritt, uns gewissermaßen von außen zufällt, das macht die besondere Seelenstimmung desjenigen aus, der eben im Sinne heutiger exakter Naturforschung an die Natur herangeht.

Nun möchte ich, meine sehr verehrten Anwesenden, gerade auf das aufmerksam machen, was man auf diese Weise beim Mathematisieren lernt, das heißt beim Ausbilden algebraischer oder sonstiger Formeln oder geometrischer Gebilde. Ich möchte hinweisen darauf, daß es ja dem Menschen durchaus möglich ist, gewissermaßen mit nach rückwärts gerichtetem Blicke sich selber zu beobachten, wie er sich verhält in diesem Mathematisieren, wie er in diesem Mathematisieren zu einer zunächst allerdings formellen Gewißheit kommt von der inneren Wahrheit dieser Formeln und Gebilde. Das kann er auf der einen Seite tun, und er gelangt dadurch zu einer Art von Einsicht in jenen psychologischen Prozeß, der sich da abspielt, indem man mathematisiert. Gewiß, in dem Heraufkommen der Naturwissenschaft hat man sich, ich möchte sagen zufriedengegeben mit der Anwendung des Mathematischen. Man hat wenig hingeschaut auf diesen psychologischen Prozeß. Aber gerade wenn man zur Natur kommen will, wenn man nun weiterkommen will vom bloßen naturwissenschaftlichen Forschen aus, so wird es schon notwendig sein, wirklich streng hinzuschauen auf die eigentlich in der Seele vorgehenden Prozesse, auf das, was vorgeht, indem man das Mathematische ausbildet. Denn warum? Wenn man wiederum denjenigen Prozeß betrachtet, der sich abspielt in der Beobachtung oder in der geregelten experimentierenden Beobachtung, wenn man mit dem Mathematischen das Äußere durchdringt – dadurch, daß man diesen naturwissenschaftlichen Forschungsprozeß sozusagen an der eigenen Persönlichkeit beobachtet, kommt man dazu, nicht nur naturwissenschaftlich zu forschen, sondern sich auch in bewußter Weise erziehen zu können zu jener Art, die Wahrheit zu ergreifen, wie sie eben ergriffen werden kann durch solches Forschen. Nun, meine sehr verehrten Anwesenden, sehen Sie, von solchen Studien – zuerst von einer solchen naturwissenschaftlichen Forschungsweise und von einer solchen Anschauung der Forschertätigkeit, der inneren Forschertätigkeit – ist im Grunde genommen dasjenige ausgegangen, was in Wahrheit Anthroposophie, wie sie hier gemeint ist, genannt werden kann. Und an dieser Anschauung, dieser inneren Anschauung, soll auch all das gemessen werden, was als Anthroposophie auftritt.

Ich gestehe es frei und offen, meine sehr verehrten Anwesenden: Es liegt im Menschen ein ursprüngliches Wahrheitsgefühl, so daß zahlreiche Persönlichkeiten, die, wenn sie von dem hören, was auf dem Gebiete der Anthroposophie als Ergebnis auftritt, bis zu einem gewissen Grade innerlich überzeugt werden. Allein, so wahr dies geschieht durch ein gewisses elementares Wahrheitsgefühl, so wahr ist es doch auf der anderen Seite, daß urteilsfähig und – wenn ich das Wort bilden darf – «forschungsfähig» auf anthroposophischem Gebiete nur derjenige ist, der die eben angedeutete Schulung und Selbstbeobachtung aus naturwissenschaftlichem Forschen heraus durchgemacht hat. Es ist ja so leicht, durch das Ansprechende der anthroposophischen Resultate in einen gewissen Dilettantismus zu verfallen, der wiederum Dilettanten anzieht. Allein, dieser Dilettantismus liegt eben durchaus nicht am Ursprunge desjenigen, was als Anthroposophie ja in der Gegenwart vor die Welt hintreten soll, sondern diese Anthroposophie sieht darauf, daß ihr jeder Dilettantismus durchaus fernbleibt und daß sie gewissermaßen über ihre Ergebnisse, namentlich über die Art, wie sie zu ihren Ergebnissen gelangt, vor der strengsten wissenschaftlichen Gesinnung der heutigen Zeit Rechenschaft ablegen kann. Deshalb nenne ich das, was in der Anthroposophie auftritt, zunächst nicht irgendeinen Glaubensinhalt, sondern etwas, was sich durchaus neben die Wissenschaft der Gegenwart – und diese durchdringend – hinstellen kann. Der Geist, der sich geschult hat an dem, was man heute von der Wissenschaft fordert, der der heute anerkannten Wissenschaft zugrunde liegt, ist derselbe wissenschaftliche Geist, der auch der Anthroposophie zugrunde liegt.

Aber gerade dann, meine sehr verehrten Anwesenden, wenn man mit diesem wissenschaftlichen Geiste durchdrungen ist, wenn man von dem bloßen mathematisierenden Sich-Ergehen in den äußeren Tatsachen zurückschaut auf das lebendige Forschen, auf das, was da wird, wenn man in der Seele – die äußeren Tatsachen hinter sich lassend – diese Wissenschaft gewissermaßen weiterträgt, gerade dann, wenn man auf das zurückblickt, was einem als Mensch von dieser Wissenschaft bleibt, dann tritt einem zunächst ein Problem wie ein großes Zentralproblem entgegen, das in seiner ganzen gigantischen Größe eigentlich nur derjenige fühlen kann, der sich gerade an der Wissenschaftlichkeit heranerzogen hat: Das ist das Problem der menschlichen Freiheit.

Naturwissenschaft und die von ihr abhängige Philosophie – die heute abhängige Philosophie –, sie können gar nicht anders als zunächst ausgehen von dem, was so in die Dinge verwoben ist, daß wir von Notwendigkeit sprechen müssen. Es ist unmöglich, daß wir mit dem Geiste, der heute in der Naturwissenschaft waltet, von etwas anderem ausgehen als von der Notwendigkeit. Und es ist geradezu das Ideal der Wissenschaft, das, was uns in der Außenwelt entgegentritt, als ein System innerlich notwendig zusammenhängender Wesenheiten und Tatsachen zu durchschauen. Man kommt, indem man sich so naturwissenschaftlich forschend ergeht, gerade nicht an das heran, was einem in der inneren Tatsache der menschlichen Freiheit entgegentritt als ein unmittelbares Erlebnis. Man kommt an das eben nicht heran. Und so steht man vor der bedeutungsvollen Frage, die einen wie an einen Erkenntnisabgrund heranführt: Freiheit als unmittelbares Erlebnis ist dir doch gegeben! Warum kannst du dann, indem du gewissermaßen dein mathematisierendes Erkenntnisnetz ausspannst über die naturwissenschaftlichen Tatsachen und dir auf diese Weise ein Weltbild entwirfst, nicht herankommen an das, was doch eben nicht hinweggeleugnet werden kann als ein unmittelbares Erlebnis: die Freiheit!

Wenn ich hier Persönliches einflechten darf, so möchte ich darauf hinweisen, daß mir selbst gerade aus meinen geisteswissenschaftlichen Forschungen schon in den achtziger Jahren des vorigen Jahrhunderts entgegengetreten ist auf der einen Seite die naturwissenschaftliche Notwendigkeit, deren Bedeutung für die objektive Forschung zunächst gar nicht im mindesten geleugnet, sondern voll anerkannt werden soll, und auf der anderen Seite das Problem der Freiheit. Und ich habe versucht, in meiner 1893 erschienenen «Philosophie der Freiheit» mich so mit der Philosophie auseinanderzusetzen, wie das ein naturwissenschaftlich denkender Mensch der damaligen Gegenwart tun mußte.

Nun, hätten wir heute schon eine ausgebildete, unseren wissenschaftlichen Bedürfnissen entsprechende Psychologie oder Seelenlehre – wir haben sie ja nicht –, wäre es leichter, über das zu sprechen, worüber ich in diesem Augenblicke zu sprechen habe. Mit der Seelenlehre ist es ja in der neuesten Zeit eigentümlich gegangen. Ich muß da immer wiederum, wenn ich das Schicksal der Psychologie, der Seelenlehre, charakterisieren will, hinweisen auf einen ausgezeichneten Denker der neuesten Zeit, der ja hier vor einem Jahre auf dem Zürichberg gestorben ist, auf Franz Brentano.

Franz Brentano war im Beginne der zweiten Hälfte des 19. Jahrhunderts ganz drinnen im naturwissenschaftlichen Denken, und er hat, als er zuerst in Würzburg seine Thesen formte für seine Privatdozentur, unter seinen Thesen als Hauptthese diese, daß in der Seelenkunde keine andere Methode angewandt werden darf als diejenige, die in der äußeren Wissenschaft angewandt wird. 1874 hat dann Franz Brentano den ersten Band seiner «Psychologie auf empirischer Grundlage» veröffentlicht, und er hat versprochen, als dieser Band der «Psychologie» im Frühling des genannten Jahres erschienen ist, im Herbst den zweiten Band zu liefern und rasch hintereinander in den folgenden Jahren die nächsten vier Bände. Franz Brentano ist mittlerweile gestorben – es ist keine Fortsetzung des ersten Bandes erschienen!

Wer diesen ersten Band der Brentanoschen Seelenlehre unbefangen liest, der versteht, ich möchte sagen aus der Art und Weise, wie diese Seelenlehre auftritt, durchaus, warum eine solche Fortsetzung nicht erschienen ist. Franz Brentano sagt ja in diesem seinem ersten Band frank und frei, daß man, wenn man dabei stehenbliebe, wo er stehenblieb, sich zuerst würde eingestehen müssen, eigentlich nichts zu wissen. Wenn man das Verbinden der Vorstellungen betrachtet und ihre Beziehungen zum Gedächtnis, die Vergesellschaftung der Vorstellungen, wie man das gewöhnlich nennt und so weiter, wenn man darauf die bloß naturwissenschaftlichen Methode anwendet, dann ist das kein Ersatz für eine solche Psychologie, wie sie Plato und Aristoteles sich erhofft hatten. Das wäre kein Ersatz für eine Psychologie, die sich auch befassen kann mit dem, was im Menschen als das Ewige zu bezeichnen ist, oder – wie sich Franz Brentano ausdrückt – die sich befassen kann mit dem vom Menschen, was bleibt, wenn das zeitliche Leben als Leib von ihm abfällt. Franz Brentano wollte dieses Problem, welches man im populären Sinne das Unsterblichkeitsproblem nennen kann, im naturwissenschaftlich-psychologischen Sinne lösen. Darum hat er gerungen. Er wollte – das möchte ich bestimmt sagen – nicht in jenes Gebiet eintreten, das ich hier als Anthroposophie bezeichnen muß; das erschien ihm nicht wissenschaftlich genug. Daher konnte er aber auch, weil er ein ehrlicher Forscher war, einfach nicht weiterschreiben. Ehrlichkeit auf dem Gebiet der Seelenlehre zu verbinden mit wissenschaftlichem Forschergeiste ist nur möglich, wenn man in der Lage ist, auf dem Wege jene Fortsetzung des naturwissenschaftlichen Denkens zu entwickeln, welches eben die anthroposophische Geisteswissenschaft fordert.

Ich möchte sagen, es ist ein lebendiger Beweis, dieses Nicht-zu-Ende-Kommen Franz Brentanos mit seiner Psychologie, es ist ein lebendiger Beweis dafür, daß wir eben heute keine eigentliche Psychologie haben. Hätten wir eine Psychologie, eine eigentliche Psychologie, so würde man gewisse Dinge schon anders anschauen können, als sie heute gewöhnlich angeschaut werden. Und da möchte ich vor allen Dingen auf eines hinweisen. Wenn wir uns naturwissenschaftlich ergehen, die naturwissenschaftlichen Tatsachen in Gesetze bringen, diese Gesetze dann unserem Intellekt einverleiben, so daß wir gewissermaßen das in unserer Person mit forttragen, was sich uns, indem wir äußerlich beobachten und experimentieren, ergeben hat, so bemerken wir: Je mehr wir uns von den äußeren Tatsachen entfernen, je mehr wir gewissermaßen bloß innerlich arbeiten mit dem Verstande, der sich so vorzüglich erweist, wenn Experiment und Beobachtung ihm Führer sind, je mehr wir mit diesem Verstande weiterarbeiten, je mehr wir – mit anderen Worten – ins hypothetische Gebiet hineinkommen, in dasjenige Gebiet, wo man durch den Verstand etwas ausgestalten will, was hinter diesen Erscheinungen steht, desto deutlicher fühlt man: Man kommt in ein Gebiet hinein, dem gegenüber man sich auf die Dauer nicht befriedigt erklären kann. Je mehr man, ich möchte sagen frei sich ergehend zunächst in demjenigen Denken, das man ganz gut im naturwissenschaftlichen Forschen anwenden kann, je mehr man sich ergeht in diesem Denken, in diesem Bilden von Gedankenhypothesen, desto mehr kommt man zu etwas Unbefriedigendem. Und dieses Unbefriedigende zeigt sich im Grunde genommen im ganzen Verlauf der wissenschaftlichen Entwicklung.

Es zeigt sich dadurch, daß wir sehen, wie die mannigfaltigsten Hypothesen aufgestellt worden sind – Hypothesen über das Licht, über die Elektrizitätserscheinungen, über die Schwerkraft und so weiter –, wir sehen, wie diese Hypothesen immer wiederum durch andere abgelöst werden. Und wer sich nicht durchaus auf den Standpunkt stellen will, daß wir es heute «so herrlich weit gebracht» haben, der muß aus diesen Empfindungen, die er gegenüber diesem Aufbauen von Hypothesen haben kann, doch sagen: Die Hypothesen, die in der letzten Zeit ausgebildet worden sind, werden wiederum durch andere abgelöst werden. – Wir sind da gewissermaßen mitten drin, die alte Lichthypothese durch eine andere – von den elektrischen Erscheinungen hergenommene – zu ersetzen. Und wir müssen uns sagen: Wir kommen eben in ein Gebiet hinein, wo wir uns Hypothesen bilden aufgrund dessen, was sich der Verstand gegenüber der sinnlichen Außenwelt aus der äußeren Beobachtung und durch das äußere Experimentieren an Naturgesetzen erringen kann. Wir kommen in ein Gebiet hinein, wo dieser Verstand gewissermaßen an ein Flüssiges gerät, an ein Etwas, das in uns durchaus nicht das Gefühl hervorrufen kann, daß wir mit diesen Verstandesgebilden, die wir da hypothetisch ausbilden und die doch, wenn sie einen Wert haben sollen, diesen Wert nur dann haben, wenn sie auf irgend etwas Reales, auf irgend etwas Seiendes hinweisen, eigentlich doch nicht herankommen können an ein Seiendes.

Und wer nun in wirklicher innerer Empirie, also ausgerüstet mit unbefangener Beobachtung der inneren Seelentatsachen, namentlich des Willens, dasjenige Element in der Seele betrachtet, das die Tatsache der Freiheit einschließt, der findet dies in einem wunderbaren Einklang mit der Unmöglichkeit, zu Hypothesen zu kommen, in welchen noch dieselbe Notwendigkeit steckt, die wir haben, wenn wir mit unserem Denken die Naturerscheinungen klassifizieren und systematisieren. Man empfindet dann: Kommt man mit diesem Denken heran an das Seelenleben und will im Seelenleben nur Hypothesen ausbilden, so schwimmt man gleichsam in einer Flüssigkeit. Man stößt im Seelenleben an nichts Festes. Und das stimmt wunderbar damit überein, daß im Seelenleben derjenige Impuls wurzelt, der sich betätigen kann, ohne daß eine Notwendigkeit in ihm waltet, der sich also frei bewegen kann.

Ich möchte sagen, durch äußere naturwissenschaftliche Forschungen kommen wir zu einer Region unseres Seelenlebens, die uns zeigt: Wenn wir dahinein das Gebiet der Notwendigkeit fortsetzen wollen, so versagt das auch theoretisch; es befriedigt uns auch theoretisch nicht. Wir stoßen auf etwas in unserem Seelenleben, wo Freiheit wurzelt, wo Freiheit durchaus erlebt werden kann. Und wir werden dieses Gebiet der Freiheit nur dann richtig abgrenzen können von dem übrigen Gebiete der uns überschaubaren Welt, wenn wir sehen, daß wir gerade nicht, solange wir in der Notwendigkeit der überschaubaren Welt wandeln, mit dieser Notwendigkeit herankommen können an das, was innerlich erlebt wird, wenn wir im Gebiete der Freiheit sind. Gerade eine Psychologie, meine ich, die der heutigen wissenschaftlichen Exaktheit gewachsen ist, würde hinweisen auf die besondere Art von innerer Befriedigung, die man hat bei dem Hypothesenspiel und bei dem Zusammenklang mit dem, was man nun innerlich, seelisch erlebt, indem man die Tatsache der inneren Freiheit erlebt.

Ich mache ausdrücklich darauf aufmerksam: Ich spreche hier nicht von irgendwelchen Methoden oder irgendwelchen Theorien über die Freiheit, sondern von der Tatsache der Freiheit, die wir einfach auffinden, indem wir uns unbefangen in unser Seelenleben selber vertiefen. Und dann, wenn wir dazu in der Lage sind, wenn wir so, mit echtem naturwissenschaftlichem Geist ausgerüstet, gewissermaßen gegen uns zugehend – nicht nach außen hingehend, sondern gegen uns zugehend – an die Grenze kommen, wo man mit wissenschaftlichem Denken noch ausreicht und wo wir übergehen können zu dem, was in uns erlebbar ist als Freiheit, dann kommen wir heran an die Möglichkeit, die Berechtigung der Anthroposophie zu empfinden. Denn Anthroposophie muß zunächst, indem sie ihren wissenschaftlichen Charakter darlegt, ausgehen von diesem Erlebnis des Nicht-Herankommens an die Freiheit mit dem, was äußerlich zu solch großen theoretischen und praktischen Triumphen geführt hat – mit der Naturwissenschaft.

Nun steht man in diesem Freiheitserlebnis. Steht man aber darinnen nicht mit abstrakten Begriffen, sondern steht man eben innerlich davor, wie vor einer intimer erlebten inneren Tatsache, dann weiß man auch, indem man gewissermaßen die Seele innerlich erlebt, durchströmt, durchpulst mit dem, was als Freiheit erlebt wird: Man kann da zwar nicht hinein mit den Gedanken, die uns die äußeren Naturgesetze geben, aber wir stehen, wenn wir als Mensch uns nun wirklich in das Leben hineinstellen wollen, wenn wir zum Beispiel Ideale haben, wenn wir bekannt sind mit den wahren Anforderungen des Lebens, um da oder dort zuzugreifen im Leben – wir stehen in dieser Sphäre der Freiheit nicht gedankenlos drinnen. Wir stehen drinnen in der Sphäre der Freiheit, indem wir ein freies Denken entwickeln, und wir können kennenlernen das sich im Elemente der Freiheit bewegende Denken, das freie Denken, das zunächst nur eine innere Seelentätigkeit ist, das nicht zum Führer hat äußere Beobachtung, nicht zum Führer hat äußeres Experiment. Das ist als fortschreitender innerer Impuls gewissermaßen selbstschöpferisch in der Seele angelegt. Dieses Denken habe ich in meiner «Philosophie der Freiheit» das reine Denken genannt.

Dieses Denken bildet gewissermaßen den Inhalt des Bewußtseins, wenn wir dieses Bewußtsein so geschult haben, wie ich es eben jetzt angedeutet habe. Dann aber, wenn wir uns in diesem Denken bewegen, können wir uns erinnern an den Seinsbegriff, an den Begriff der Wirklichkeit, den wir uns angeeignet haben an der äußeren Welt, insbesondere an der wissenschaftlich durchforschten äußeren Welt, wie sie uns die Naturwissenschaft gibt. Nehmen wir auf der einen Seite diesen Realitätsbegriff – er braucht zunächst nicht ein besonders klarer zu sein, er kann einfach die Vorstellung sein, die sich in uns festsetzt im unmittelbaren äußeren und auch im wissenschaftlichen Verkehre mit der Außenwelt –, nehmen wir diesen Begriff, diese Vorstellung von der Realität auf der einen Seite, und nehmen wir dasjenige, was wir bewußt erleben, indem wir im freien Denken uns betätigen, dann tritt in unserer Seele etwas auf – ja, ich könnte es Grundgesetz nennen, ich könnte es Erlebnis nennen –, es tritt etwas auf, zu dem man sich innerlich vor sich selbst bekennen muß, indem man sich sagt: Ich denke, im Denken bin ich aber nicht, das heißt, ich bin nicht so, wie ich das Sein an der äußeren Welt kennengelernt habe. Und der bedeutungsvolle Satz tritt vor uns hin: Ich denke, also bin ich nicht.

Das hat man zunächst für sein Bewußtsein zu gewinnen, meine sehr verehrten Anwesenden. Und deshalb ist es so schwierig, der Gegenwart auseinanderzusetzen, welches eigentlich der Ausgangspunkt ist für die Wissenschaftlichkeit der Anthroposophie, weil ja, wie vielleicht die meisten von Ihnen wissen, die neuere Philosophie noch immer mehr oder weniger bewußt oder unbewußt ausgeht von dem Satze des Descartes: Cogito ergo sum – ich denke, also bin ich. Man geht also aus von dem großen Irrtum, daß man im Denken irgend etwas erfaßt von einer Realität, von einer solchen Realität, wie man sie sich zunächst als Realität vorstellungsgemäß ausgebildet hat. Gestehen muß man sich zunächst: Was auftritt, indem ich denke, denke ich in Freiheit. Das ist das Erlebnis der Nicht-Realität, das ist ein Erlebnis, das zu gleicher Zeit ein Denkerlebnis und ein Willenserlebnis, ein reines Willenserlebnis, ein Begehrenserlebnis ist.

Meine sehr verehrten Anwesenden, dieses Erlebnis ist von einer ungeheuren Bedeutung für das Seelenleben. Es ist so, daß man sich eigentlich lange meditierend ergehen sollte in diesem Erlebnis, bis wir gewissermaßen unser Ich ausgehöhlt empfinden, wenn wir uns vor uns selbst gestehen: Ich denke, und in diesem Denken lebt mein Ich. Es ist so, wie wenn ich hinschaue auf eine farbige Wand, in deren Mitte ein schwarzer Kreis ist. Da ist Dunkelheit, da ist kein Licht. Ich sehe dennoch den schwarzen Kreis. Ich sehe innerhalb des Lichtes den schwarzen Kreis. Wenn ich zum Selbstbewußtsein komme im gewöhnlichen Leben und mir im Selbstbewußtsein gestehe: Indem ich denke, blicke ich nicht in eine Realität, ich blicke, wenn ich mich so ausdrücken darf, in den schwarzen Kreis hinein; in das Nicht-Licht blicke ich hinein, das die Dunkelheit ist. Ich glaube, daß ich eigentlich mich erblicke, weil innerhalb meines Bewußtseinsinhaltes das Ich ausgespart ist. Eben weil innerhalb meines Bewußtseinsinhaltes ein Nichts ist und ich dieses Nicht-Sein in dem Sein erblicke, deshalb halte ich mich zunächst in dem gewöhnlichen Denken für ein Ich. Dieses ist eine fundamentale Tatsache der Psychologie und Philosophie. Daß allerdings vielleicht noch mancherlei Wasser den Rhein hinunterrinnen wird, bevor die Philosophen sich einlassen auf diese Analyse, die dazu notwendig ist, um – nun, ich kann die Sache hier nur andeuten, ich kann nur hinweisen auf das, was da ist. Es kann noch manches in ganz langen psychologisch-philosophischen Darlegungen auseinandergesetzt werden, bis endlich eine solche Analyse gemacht wird.

Sehen Sie, meine sehr verehrten Anwesenden, ist man einmal darauf gekommen, daß man eigentlich in dem «Ich denke» zunächst in das Leere der Innenwelt blickt, ist man darauf gekommen, daß sich da etwas betätigt von dem, was willensartiger Natur ist, dann ist man an dem rechten Ausgangspunkte dessen, was nun an innerlichem methodisch-anthroposophischem Forschen auftreten kann. Und diese innerlichen methodisch-anthroposophischen Forschungen bestehen darin: Ausgehend von dem, was man an der Natur des Denkens in der Freiheitssphäre innerlich erlebt hat, was man dann erforscht hat an dem «Ich denke, also bin ich nicht» im Sinne des Seins der Wesen außen, indem man das hat auf sich wirken lassen, indem man, ich möchte sagen dieses Atom des Willensseins innerlich erfaßt hat, kann man dann in der Seelenstimmung sein, von der jene Meditation ausgeht, die man braucht, um zu einer wirklichen inneren Anschauung zu kommen.

Mögen die Menschen das, was da als anthroposophische Methode auftritt, verketzern und in einer gewissen Weise vor der Menschheit dadurch entstellen, daß sie es so darstellen, als ob es im schlechten Sinne irgend etwas Minderwertiges wäre, wie man das oftmals so «minderwertig» nennt auf dem Gebiete der Experimente, des Pragmatismus und so weiter – auf all den Gebieten des mannigfaltigen Aberglaubens mögen die Menschen, wie gesagt, all das entstellen, was der Geistesforscher sich da ausbildet, indem er von einem feststehenden philosophischen Untergrund ausgeht – das, was da an Methode, an meditativen Methoden entwickelt wird, das, meine sehr verehrten Anwesenden, ist nichts anderes als eine Fortbildung derjenigen inneren Seelenkräfte, die wir haben, wenn wir mathematisieren, und deren

Anwendung in der äußeren Naturforschung so große, so bedeutsame Resultate zeitigte. Hat man das gelernt, was im Mathematisieren in der Seele als Tätigkeit da ist, hat man sich in diese eigentümliche, wissenschaftlich gebildete Schaffensform hineingelebt, dann kann man sie weiter ausbilden, indem man gewissermaßen das nachbildet, was in unserem Gedächtnis auftritt, so daß wir an diesem Gedächtnis zunächst eine Art Leitimpuls für unser Leben haben. Wir haben diese Leitimpulse für unser Leben deshalb als Leitimpulse, weil ja das, was von einem bestimmten Punkte des Erlebens in unserer Kindheit als äußere Erlebnisse aufgetreten sind, sich verwandelt in innere Erlebnisse. Wir können gewissermaßen immer aus den unergründlichen Seelentiefen Partien dessen, was wir erlebt haben, in Bildern heraufholen. Wir können aber auch unterscheiden zwischen dem lebendigen Drinnenstehen im Erlebnisse, wie wir es etwa vor zehn Jahren gehabt haben, und dem Heraufholen dessen, was damals erlebt worden ist. Und seien die Bilder noch so lebendig – das Wesentliche in diesem Gedächtnisleben ist doch, daß wir das, was wir vorübergehend erleben, vorstellungsgemäß zu einem Dauernden in uns machen, allerdings zu einem solchen Dauernden, daß wir zunächst nicht bestimmen können, was da unten im Seelenleben – oder vielleicht auch im organischen Leben – vor sich geht. Wir können aber wieder bestimmen, was wir vor uns haben, wenn wir aus diesen Tiefen dasjenige im Bilde heraufholen, was wir erlebt haben.

Leben wir uns nun ein in die Art und Weise, wie wir ein Gedächtnisbild haben, wie wir recht anschaulich ein

Gedächtnisbild in uns haben, wenn wir uns durch längere Zeit an etwas erinnern, was wir erlebt haben, so lernen wir an diesem «Haben» eines Gedächtnisbildes das, was zur Meditation, zur grundlegenden Meditation der anthroposophischen Forschungsmethode notwendig ist. Da ist notwendig, daß wir eine leicht überschaubare Vorstellung in den Mittelpunkt unseres Bewußtseins stellen, und es ist ganz gleichgültig, ob sie sich auf irgend etwas Äußerliches bezieht oder ob sie nur innerlich geformt ist, meinetwillen selbst aus der Phantasie heraus. Es kommt auf den Wahrheitsgehalt der Vorstellung zunächst nicht an, es kommt aber darauf an, daß wir sie leicht überschauen können. Das alles habe ich beschrieben in Bezug auf diese anthroposophische Forschungsmethode in meinen Büchern «Wie erlangt man Erkenntnisse der höheren Welten?», in der «Geheimwissenschaft» und in anderen Büchern; da habe ich beschrieben die Art und Weise, wie man sich genau so, wie man das im Mathematisieren macht, hineinbegibt in diese Form der meditativen Vorstellung, in diese Art der meditativen Vorstellung in der Seele.

Da werden Sie es dann absurd finden, wenn jemand diese über das Mathematisieren noch hinausgehende, durch und durch von Willen durchzogene Seelentätigkeit mit irgend etwas Halluzinatorischem oder mit irgend etwas Unterbewußtem vergleicht. Das ist ja gerade der Grund, warum so viel gegeben wird auf eine mathematische Vorbereitung für die Anthroposophie, weil man dadurch erkennen lernt, wie man freie Hand hat im Hervorbringen von Vorstellungen und dem Festhalten der Vorstellungen im Bewußtsein. Und wer da sagt, das, was Anthroposophie bezwecke an innerem Willen, könne Halluzination sein, der geht – entweder absichtlich oder weil er nicht kann – nicht ein auf die ganze Art und Weise, wie nun dieses meditative Leben eigentlich besorgt wird, wie darauf gehalten wird, daß man zunächst, um ja nicht irgendwie Reminiszenzen aus dem Unterbewußtsein heraufzuholen, leicht überschaubare Vorstellungen in sein Bewußtsein hineinversetzt. Dadurch aber übt man eine Tätigkeit aus – durch innere Kraft, mit Anstrengung des Willens –, die man sonst nur anhand der äußeren Tatsachen ausübt, denn sonst geht man anhand der äußeren Tatsachen und Erlebnisse weiter und läßt anhand dieser äußeren Tatsachen und Erlebnisse das Vorstellungsleben verlaufen. Jetzt aber macht man sich von jenen äußeren Tatsachen und Erlebnissen frei – ich kann hier nur das Prinzipielle andeuten, das Genauere finden Sie in den genannten Büchern –, jetzt kommt es darauf an, die Vorstellungen durch inneren Willen festzuhalten und so dauernd eine Seelentätigkeit hervorzurufen, die sich sonst nur an äußeren Tatsachen entzündet und im Inneren des Menschen, gebunden an das äußere Dasein, verläuft. Dadurch aber, daß man ein solches Meditieren immer weiter und weiter ausbildet, dadurch, daß man jahrelang sich darin übt, Vorstellungen, die leicht überschaubar sind, zu dauernden zu machen, dadurch, daß man auf diese Weise kennenlernt jene Seelentätigkeit, die das über das gewöhnliche Sein hinausgehobene Denken losreißt von dem Leiblichen, dadurch erhebt man sich zu dem, was ich in den genannten Büchern dargestellt habe als imaginatives Erkennen.

Keine phantasievollen Vorstellungen, keine phantastischen Vorstellungen! Imaginatives Erkennen ist ein Erfülltsein des Bewußtseins mit Bildern, die in derselben Weise in der Seele anwesend sind wie die mathematischen Gestaltungen und Formeln. Und in diesem freien Handhaben der übersinnlichen Wirklichkeit, die man von jeder [physischen] Realität ebenso unterscheidet, wie man das Dreieck, welches man mit der Kreide auf die Tafel aufgezeichnet hat, als ein bloßes Symbolum mit vollem inneren Bewußtsein [von dem rein geistigen Begriff des Dreiecks] unterscheidet. Indem man in diesem imaginativen Leben der Seele nun selber etwas verharren kann, kommt man dazu, tatsächlich das Seelenleben kennenzulernen als etwas, was sich losreißen kann vom Leibe. Wir sind im gewöhnlichen Leben so – das lernt man erst dann recht erkennen, wenn man solche Übungen macht –, daß unser Leben gebunden ist an das Nervensystem und an den sonstigen Organismus. Wir sehen, daß, unabhängig vom Organismus, das Seelisch-Geistige in sich selber verläuft, und daß sich das Seelisch-Geistige mit Bildern erfüllen kann. Dadurch erst lernt man das meditative Leben kennen. Diese Bilder sind durchaus so wie die Gedächtnisbilder – nicht wie die Halluzinationen. Es ist nicht wahr, daß man mit so etwas wie Halluzinationen oder Visionen erfüllt ist, wenn man anthroposophisch forscht, sondern man lernt gerade an dem Dasein des Gedächtniswesens das Neuartige, die neue Art des Inhaltes kennen, in welcher die Bilder des imaginativen Erkennens oder imaginativen Bewußtseins auftreten. Aber man weiß auch, daß man jetzt nicht mehr sagen kann, wenn diese Bilder auftreten: Ich imaginiere, also bin ich nicht – wie man es beim Denken sagen kann.

Jetzt begegne ich, indem ich zum Imaginieren aufsteige, in einer merkwürdigen Weise dem, was ich zuerst in der Außenwelt kennengelernt habe – ich begegne der Notwendigkeit. Ich kann im Imaginieren meine Bilder bilden, aber ich kann sie nicht gegenüber einer neuen Welt, die jetzt auftritt, in einer beliebigen Weise hin- und herwürfeln. Ich sehe mich nach und nach gedrängt, diese Bilder, die da bei mir auftreten im imaginativen Leben, auf eine neue Welt, die ich da kennenlerne, auf eine geistige Welt zu beziehen. Ich lerne erkennen: Ich muß dieses Bild, das ich zunächst vorbereitet habe, als eine Frage irgendeiner Tatsache der geistigen Welt gegenüberstellen und komme durch dieses Bild, das ich mir ja aufgebaut habe, in einen Zusammenhang mit dieser Welt hinein. Ich gelange durch die bewußt hergestellten Bilder des Imaginierens an eine geistige Welt heran, wie ich durch die Bilder, die meine Augen erzeugen, oder die Tonbilder, die meine Ohren herstellen, zum Wechselverkehr mit der sinnlichen Außenwelt komme. Diese letzteren Bilder, die ja erzeugt werden in Auge und Ohr, werden ohne meine Willkür erzeugt. Was in der Imagination als Bildwelt erzeugt wird, das wird allerdings nach einer solch eingehenden Schulung erlangt, wie ich es eben in den genannten Büchern «Wie erlangt man Erkenntnisse der höheren Welten?» und so weiter dargestellt habe. Aber man erlangt dadurch eine Möglichkeit, der geistigen Welt etwas entgegenzuhalten an innerer Betätigung, genauso wie unsere Sinne in der Augentätigkeit, in der Ohrentätigkeit der äußeren, natürlichen Welt etwas entgegenhalten können, damit wir von ihr Bilder erhalten. Was uns also die geistigen Welterkenntnisse erschließen soll, das muß erst in uns entwickelt werden, das muß erst aus den Tiefen der Seele heraufgeholt werden. Und das geschieht in der ersten Stufe des übersinnlichen Erkennens, in dem imaginativen Bewußtsein. Aber es ist bedeutsam, daß wir da eben hineinkommen in eine Art von Notwendigkeit. Und wir lernen jetzt erst um so mehr dasjenige erkennen, was eigentlich Freiheit ist.

Sehen Sie, wer halluziniert oder Visionen hat, der erzeugt aus seinem Leibe heraus Bilder. Er folgt nur einer inneren Notwendigkeit, einer inneren Nötigung. Wer in der Phantasie lebt, erzeugt aus seiner Seele heraus Bilder. Er ist sich mehr oder weniger bewußt, wie er diese Bilder erzeugt. Und wenn er ein gesund veranlagter Mensch ist und kein Wahnsinniger, dann weiß er, daß er in einer unwirklichen Phantasiewelt lebt. Was man im imaginativen Bewußtsein erzeugt, von dem weiß man – weil das gewöhnliche, normale Bewußtsein, das Bewußtsein, das sich in Freiheit erlebt, vorhanden bleibt –, daß man im imaginativen Bewußtsein die Bilder selber gestaltet, wie man in der Mathematik die Formel selber gestaltet, durch die man die Wirklichkeit begreift. Aber man weiß auch, daß man, wenn man hineinkommt in die geistige Welt, durch diese Bilder eine geistige Welt ergreift. Man sieht also, daß man als Mensch mit dem gewöhnlichen äußeren Bewußtsein diesen Vorgang begreifen kann. Wir haben in dem gewöhnlichen Leben und in der gewöhnlichen Wissenschaft die Möglichkeit, uns die Freiheit zu erringen – und das, weil man sich ja mit dem bloß bildlichen Vorstellen, das nicht in der Realität ist, sagen muß: Ich denke, also bin ich nicht – cogito ergo non sum. Wenn man mit diesem Denken seine Freiheit ausbildet und wiederum zurückblickt in die geistige Welt, so blickt man zurück in eine Welt, in der jene Notwendigkeit herrscht, die man zuerst an der Außenwelt kennengelernt hat. In der Außenwelt geht man von der Notwendigkeit der Tatsachen aus. Man rückt auf in ein Denken, wo gewissermaßen die Freiheit zurückstößt die Sicherheit des inneren Denkens.

Man geht aus von diesem freien Denken zum Imaginieren, das aber auch Anspruch darauf macht, ein Sein zu haben, und kommt so wieder in eine Welt der Notwendigkeit. Man kommt allerdings auf eine innere Weise wieder in diese Notwendigkeit hinein. Man lernt auf diese Art vor allen Dingen dasjenige wirklich durchschauen, von dem so vielfach gesprochen wird, was einem aber eigentlich immer in einer gewissen nebulosen, schlecht mystischen Weise entgegentritt. Lernt man nämlich dieses imaginative Bewußtsein erkennen, von dem ich gesprochen habe, dann ist Selbstbeobachtung überhaupt erst möglich. Ich möchte sagen, dasjenige, was früher vom Ich aus Stützpunkt war, wenn man ins Nicht-Ich sah, das beginnt sich etwas zu erhellen. Da dringt Wille hinein und beginnt etwas zu erfassen. Und man fühlt sich auch wieder in einer Welt der Notwendigkeit. So gelangt man zum Selbstbewußtsein.

Setzt man seine Übungen fort, so kommt man namentlich zu einer solchen Übung, wo man die Bilder ebenso, wie man sie heraufkommen fühlt, wiederum verschwinden machen kann. Und das muß man, sonst bleibt man eben nicht Herr darüber, sondern man wird Visionär und nicht Geistesforscher. Kommt man dazu, die Bilder wieder aus dem Bewußtsein tilgen zu können, kommt man zur völligen inneren Willensbetätigung in dieser Bilderwelt, so daß man das Bild auch wiederum austilgen kann, dessen Werden man in der Seele erlebt hat, tritt ein, was ich die zweite Stufe – das inspirierte Bewußtsein – genannt habe. Bitte stoßen Sie sich nicht an dem Ausdruck – man muß ja Ausdrücke als technische Hilfsmittel gebrauchen. Er wurde eben gebraucht im analogen Sinne, in Anlehnung an alte Ausdrücke, aber es ist durchaus eine neue Tatsache, eine selbsterforschte Tatsache damit gemeint; das neue, das inspirierte Bewußtsein ist damit gemeint. Und mit diesem steht man jetzt drinnen in der geistigen Realität. Und steht man in der geistigen Realität so drinnen, daß man sie wie um sich hat, wirklich jetzt um sich hat eine Welt von geistigen Wesenheiten, dann erblickt man auch die eigene Seele in ihrer wahren Wesenheit. Dann wird einem das, was die Anthroposophie schildert als wiederholte Erdenleben, eine unmittelbare Tatsache. Und man schaut immer mehr die Seele, wie sie von Leben zu Leben geht, mit dem dazwischen befindlichen Leben zwischen dem Tode und einer neuen Geburt – man sieht diesen Gang der Seele. Man hat das Vorstellen gewissermaßen erweitert, so daß es sich im Grunde genommen, nach innen gerichtet, umgekehrt bewegen kann, wie sich sonst das gedächtnismäßige Vorstellen bewegt.

Fragen wir uns: Wie bewegt sich das gedächtnismäßige Vorstellen? – Wie gesagt, da haben wir zuerst das Erlebnis: Wir sind mit der Außenwelt im Zusammenhange; wir leben uns mit unserem ganzen Menschen hinein in irgendein Ereignis der Außenwelt. Das spricht zu unseren Willensimpulsen, also besser gesagt, das spricht zu unserem Gefühl; das spricht auch zu unseren Vorstellungen. Wir leben mit unserem ganzen Menschen darinnen. Wir strengen uns vielleicht sogar physisch an, indem wir das Erlebnis haben. Kurz, mit dem ganzen Menschen leben wir darinnen. Dadurch taucht diese Seele, indem wir unsere Vorstellungen haben, in die Tiefe hinunter, und im Bilde können wir es wiederum hervorholen. Wir können sagen: Im gewöhnlichen Erleben schreiten wir vor vom äußeren Erlebnis zum gewöhnlichen Gedächtnis dadurch, daß die äußeren Bilder eine gewisse innere Metamorphose durchmachen. Im Meditieren, welches in anthroposophischer Forschung vorliegt, gehen wir den umgekehrten Weg. Wir lernen zuerst das Bild haben, das nicht an ein äußeres Erlebnis, nicht an unterbewußte Reminiszenzen anknüpfen darf, und lernen fortschreiten – jetzt nicht zu einem äußeren Erlebnis, sondern zu einem übersinnlichen Erlebnis, auch zu denjenigen Erlebnissen, die da liegen vor unserer Geburt beziehungsweise vor unserer Empfängnis. Wir lernen auf diese Weise die Präexistenz der Seele, das geistige Sein der Seele, kennen, wie wir sonst nur das kennenlernen, was uns die äußeren Erlebnisse gebracht haben bis zu einem gewissen Punkte in unserer Kindheit. Es ist das umgekehrte Erlebnis, das uns aber zu geistigem Erleben führt, wo wir vom Bilde ausgehen und zu dem Erlebnis aufsteigen. Und wenn wir zu gleicher Zeit eine gewisse Selbstzucht üben, namentlich eine solche Selbstzucht, die immer mehr und mehr sich hineinlebt in äußeres Handeln aus dem heraus, was wir im gewöhnlichen Leben als das Liebesgefühl kennen, dann lernen wir in objektiver Weise erkennen, wo wir aus den Aufgaben, die uns die Außenwelt gibt, in Liebe unsere Tätigkeit entwickeln können. Lernen wir dieses Leben kennen in der Außenwelt, dann wird auch das Fortschreiten vom Bild zur Wirklichkeit nach langer Übung allmählich so sein, daß wir von dem imaginativen durch das inspirierte zu dem intuitiven Bewußtsein vorschreiten, das heißt wir lernen, in der inneren Objektivität, in der inneren Notwendigkeit der geistigen Welt drinnenstehen.

Sehen Sie, meine sehr verehrten Anwesenden, in der Naturforschung geht man von der Notwendigkeit aus. Man geht gewissermaßen so an den Menschen heran, daß man im Denken nur insofern etwas beitragen kann, als man das, was man äußerlich naturwissenschaftlich erforscht hat, innerlich bewahrt und sich sagen kann, um im rechten Sinne Mensch zu sein: Du trägst etwas in dir, das mit dem Wesen der ganzen Welt zusammenhängt. – Aber man kommt, indem man den Versuch macht, mit jenem Denken an den Menschen heranzukommen, das ganz außerordentlich gut anzuwenden ist draußen in der Naturforschung, im äußeren Leben, in ein Gebiet – ich habe das charakterisiert, lesen Sie es nach in meiner «Philosophie der Freiheit» –, wo man nicht mehr weiterkann. Die Hypothesen werden unsicher.

Aber wenn man das ausbildet, was auf dem Gebiete der Freiheit erlebt werden kann, dringt man auf einem umgekehrten Wege ein in die Objektivität des Geistes. Und da kann einem so recht zu Hilfe kommen, wenn man im Goetheschen Sinne – wie das in seinen naturwissenschaftlichen Schriften ausgeführt ist – das Denken nicht dazu verwendet, Hypothesen auszuspinnen, sondern nur die Phänomene zusammenzustellen.

Wenn man Phänomene zusammenstellt, lernt man erkennen, wie man heranzutreten hat an diese Welt. Man kommt so nicht zum Gebiet der Atome – nicht zu Atomen, nicht zu Elektronen und so weiter, die bis zu einem gewissen Grade berechtigt sind, soweit eben die äußere Erscheinung in Betracht kommt. Man kommt auf diese physikalisch-naturwissenschaftliche Betrachtungs- und Forschungsart eben nur an die äußeren Erscheinungen heran. Wenn man diese dagegen rein als Phänomene darstellt, dann kann man so zu dem hinter dem Phänomen Stehenden vordringen – zu dem wir selbst in unserem ewigen Wesenskern gehören –, daß man in das Imaginative, Inspirative, Intuitive aufsteigt. Und dadurch, meine sehr verehrten Anwesenden, gelangt man im Grunde genommen auch dazu, eine gewisse Selbsterkenntnis zu gewinnen, das zu realisieren, was man in der Selbstbeobachtung fordert. Man lernt, indem man das imaginative Bewußtsein entwickelt, in sich hineinzuschauen.

Worauf beruht denn das Gedächtnis? Es beruht gewissermaßen darauf, daß wir das, was wir an der Außenwelt erleben, auffangen im Bilde – nicht so, wie es zum Beispiel in den ersten Tagen unserer Kindheit der Fall ist – da ist es in die Organisation hinunterversetzt –, sondern so, daß es sich spiegelt, daß es gewissermaßen an unserer Organisation eine Spiegelwand hat und daß wir es auffangen, indem wir uns erinnern, in dem Gedächtnisbilde des Erlebnisses. Indem wir so das Gedächtnis entwikkeln, das wir brauchen zum gesunden sozialen und wissenschaftlichen Leben, überwinden wir auf der anderen Seite durch anthroposophische Forschung die Bindung an die physische Organisation. Allerdings muß dabei immer das gewöhnliche Bewußtsein dasein; nicht wie beim Halluzinieren darf es sein, sondern wer zum imaginativen Bewußtsein aufsteigt, der ist immer zu gleicher Zeit ein vernünftiger Mensch, der hat daneben immer das gewöhnliche Bewußtsein. Das ist es eben, was das imaginative Vorstellen, das inspirierte Vorstellen durchaus vom Halluzinieren unterscheidet. In dem, was der Körper hervorbringt, leben Halluzinationen, leben Visionen, so daß wir es, wenn wir aus dem Körper heraus körperliche Bilder entwickeln, mit Visionen, Halluzinationen zu tun haben. Wenn wir aus der Seele heraus Bilder komponieren, haben wir es mit Phantasiegestaltungen zu tun; wenn wir aus dem Geiste heraus, den wir ergreifen, indem wir uns frei vom Leib, rein geistig-seelisch betätigen lernen, Bilder komponieren, die wir uns vorstellen, dann ist das eine geistige Realität. Also, der Körper ist es, der die Bilder hervorbringt, indem er zu Halluzinationen und Visionen kommt. Die Seele komponiert Bilder, indem sie zu Phantasien, nicht zu visionären Bildern, gelangt. Der Geist in uns komponiert Bilder, indem er herantritt an die geistigen Realitäten.

Wenn wir aber in uns den Blick zurückrichten, so sehen wir jetzt gewissermaßen durch den Spiegel hindurch, so wie wir, wenn wir einen realen Spiegel hätten und ihn durchstoßen oder etwas von dem Belag wegnehmen würden, durch den Spiegel hindurchsehen könnten. Und da tritt uns im Inneren nicht das entgegen, wovon die nebulosen Mystiker schwätzen; da tritt uns etwas ganz anderes entgegen, denn die Seele hat mancherlei erlebt, bis sie sich da in dem Innern mit irgendeiner Gottheit zu vereinen glaubt. Sie sprechen von den göttlichen Manifestationen im Ich. Sie sprechen von irgend etwas, was sie da erträumen. Wer aber mit wirklicher Geisteswissenschaft in sein Inneres eindringt, kommt zu etwas ganz anderem. Er kommt dazu, gerade dasjenige materiell zu sehen, was ihm sonst seelisch gegeben ist. Sonst ist ihm seelisch gegeben sein Denken, sein Fühlen, sein Wollen, sein Wünschen, seine Begehrungen; jetzt sieht er durch alles das hindurch, was er doch mehr oder weniger mit dem Gedächtnis zusammenhängend empfindet, und er sieht in die eigentliche innere Gesetzmäßigkeit seines Organismus hinein. Er lernt seinen Organismus kennen. Er wird nicht faseln und schwafeln von dem, wovon nebulose Mystiker faseln und schwafeln, sondern er redet von der eigentlichen Natur der Leber, der Lunge, des Magens, die er durch inneres Schauen kennenlernt. Er kann sein inneres Schauen hinzufügen zu dem, was die gewissenhafte äußerlich-physikalische Anatomie gibt. Da sehen Sie die Möglichkeit, zu einer wirklichen Wissenschaft der Pathologie aufzusteigen. Da sehen Sie, wie diejenige Geisteswissenschaft, die sich nicht zu nebuloser, zu faseliger Mystik hinwendet, sondern die von exakten Methoden ausgeht, wirklich sich hineinbegeben kann in das ganze Gebiet der Wissenschaften. Ja, man lernt noch viel mehr kennen. Vor allen Dingen erkennt man, daß selbst bei den ja selbstverständlich so großartig klingenden Mystikern, selbst bei der heiligen Therese oder bei Mechthild von Magdeburg, daß da eben im Grunde genommen körperlich abnorme Zustände mitspielen. Man lernt erkennen, wie abnorme, sagen wir Leber-, Milzfunktionen und so weiter dasein können, aus denen aufsteigen aus einem unvollkommenen, unharmonischen Funktionieren diejenigen Bilder, die wir in der Mystik sonst so bewundern.

Meine sehr verehrten Anwesenden! Erkenntnis ist eine Sache, der gegenüber man nicht zurechtkommt mit Lebensvorurteilen, und wären sie noch so schön. Ich glaube, für den, der sich unbefangen in die Erkenntnis einleben kann, gibt es ein tieferes Hineinschauen in die Untergründe des Daseins, denn er weiß, wie der menschliche Organismus «auskocht» solch Schönes, wie es einem entgegentritt in den edelsten Gestalten, nämlich in einer heiligen Therese oder eben der Mechthild von Magdeburg, wenn sie sich mystisch schwärmend in Nebel ergehen und von allerlei träumen, was da aus dem Inneren rein seelisch-geistig aufsteigen soll. Das ist das Merkwürdige: daß wir durch Selbstbeobachtung zu der Materialität des menschlichen Organismus vorwärtsschreiten. Das wird immer mehr unterscheiden die exakte Anthroposophie von allem Faseln und Schwafeln von innerer Mystik, nämlich daß sie nicht ins Nebulose hineinführt, sondern in Wirklichkeiten. Sie lehrt das, was nicht durch die äußere Anatomie entwickelt werden kann, denn was man aus der äußeren Physiologie und Anatomie kennenlernen kann, ist nur die eine Seite; sie zeigt in dieser Weise, daß die Seele präexistent ist. Sie zeigt, wie diese Seele aus ihrem umfassenderen Sein herunterwirkt, um das, was im Mutterleibe geformt wird, aus dem Geistigen heraus zu gestalten. So entsteht aus der geistigen Welt heraus das Reale. Wir tauchen unter in das Gebiet der Wirklichkeit, indem wir meditativ vorwärtsdringen.

Indem wir in der Naturwissenschaft von der Außenwelt an den Menschen herantreten und indem die geisteswissenschaftlich-anthroposophische, die volle Menschenerkenntnis gegen das Naturgebiet hin geht, ergibt sich uns das, was den Menschen erleben läßt jenen Zusammenklang von Geist und Materie, den er erleben muß, wenn er voll im entsprechenden Sinne Mensch sein will.

Er kommt an den Punkt, wo er aus einem inneren Drange heraus – eigentlich vom inneren Fühlen und Wollen aus – unmittelbar hinüberschreitet zum Erkennen. Es geht daraus hervor, daß wir ohne dieses Erkennen uns immer genötigt sehen, zu appellieren an eine atomistische Welt, und daß wir so nicht wirklich an das Innere des Materiellen herankommen. Lernen wir immer mehr das Materielle erkennen, dann lernen wir auch die Natur des Geistigen äußerlich erkennen. Wir lernen wirklich, jene Brücke zu schlagen, welche uns erkennend führt vom Geist zur Materie, von der Materie zum Geist. Wir brauchen nicht zu glauben, daß es damit möglich sei, auf einmal alle Weltenrätsel zu lösen. Schwachmütige Naturen mögen vielleicht sagen: Das Leben des heutigen Menschen muß ein tragisches sein, kommt er doch unweigerlich an Grenzen des Erkennens, die ihn die Weltenrätsel als unlösbar erscheinen lassen. – So ist es nicht. Wenn wir in dieser Weise aufsteigen und das geistige Leben kennenlernen, wie es wirklich ist, wie es gewissermaßen blitzartig in uns hineinschießt und wie auf der anderen Seite die materielle Welt uns wieder entgegentritt, wenn wir mit wirklichem Erkenntnisvermögen der Welt entgegentreten, dann lernen wir im Grunde genommen, indem wir aufsteigen zu einer solchen Erkenntnis, nicht etwas erleben, was uns von vornherein ins Faulbett trägt gegenüber dem Erkennen, sondern wir lernen den Kampf erkennen, in den wir hineinverwoben sind als Menschen. Der Mensch sieht, wie er draußen lebt in den Kämpfen geistiger Welten und Wesenheiten, wie er durch die sittliche Welt, die religiöse Welt an diesem Kampf teilnimmt, wie er das soziale Leben herausholt aus diesem Kampf. Er lernt etwas kennen, was die innere Seelenverfassung nicht sozusagen veroberflächlicht im Lösen der Weltenrätsel, was sie im Gegenteil vertieft.

Und das, meine sehr verehrten Anwesenden, will im Grunde genommen Anthroposophie. Sie ist der Weg, der Naturwissenschaft entgegenzukommen. Wer vom naturwissenschaftlichen Standpunkte aus oder – an die Naturwissenschaft anschließend – vom philosophischen Standpunkte aus Anthroposophie bekämpfen will, kämpft gegen Windmühlen, denn auf all das, was von Naturwissenschaft in berechtigter Weise vorgebracht wird, geht Anthroposophie ein; da kann sie dem, was durch eine solche Naturwissenschaft und eine solche Philosophie errungen werden kann, durch volle Erkenntnis nur entgegenkommen. Man hat diese volle Erkenntnis aber nicht gewollt. Durch lange Zeiten hindurch hat es das neuere Geistesleben, das neuere Zivilisationsleben zu dem gebracht, was da bekannt geworden ist in der letzten Zeit als Agnostizismus. Immer wieder und wieder haben diejenigen Denker, die nicht zu einer Fortbildung des Denkens kommen wollten, die sich nicht in die Welt des Imaginativen, Inspirierten und Intuitiven begeben wollten, von einem Ignorabimus geredet und damit etwas vor die Menschen so hingestellt – was eben bezeichnend ist –, daß es als ein Nicht-Erkennbares, Nicht-Durchschaubares gelten muß. Weil aber der Mensch immerfort weiß, ich bin Geist, ich bin Seele, so müßte er eigentlich in der Lage sein, den geistigen Ursprung zu unterscheiden von der nebulosen Mystik und dergleichen. Von alledem, was im wahrsten Sinne des Wortes Aberglaube ist auf den verschiedenen Gebieten des Lebens, von alledem liegt die Ursache nicht in der nach Klarheit trachtenden, nach exakter Naturwissenschaft trachtenden Anthroposophie, sondern der Ursprung von dem liegt bei dem Ignorabimus, in dem Agnostizismus. Diese schufen den «faseligen» Mystizismus. Gerade das Ignorabimus führt zum Agnostizismus, weil der Mensch den Geist immerfort suchen muß. Vom Ignorabimus und vom Agnostizismus gehen alle nebulosen Bewegungen aus.

Anthroposophie will nicht Nebel, Anthroposophie will Licht sein, Anthroposophie will die Fortsetzung desjenigen Lichtes sein, das sie selber als ein die Menschheit forttragendes, wirklich geistiges Licht auch anerkennt in der modernen Naturwissenschaft. So sieht sie selber die Beziehungen zwischen moderner Naturwissenschaft, moderner Philosophie und ihr selbst als Anthroposophie.

DISPUTATIONSABEND ZU NATURWISSENSCHAFTLICHEN FRAGEN

anläßlich des Anthroposophischen Hochschulkurses in Zürich

Zürich, 4. Juni 1921

Jakob Hugentobler eröffnet den Disputationsabend.

Ein Student: Ein junger, begeisterter Mensch möchte Astronomie studieren, möchte erfahren, was Kepler, Newton und alle jene Männer bis zu Einstein hervorgebracht haben. Was sich da auf diesem Gebiet abspielt, darüber möchte er ein klares Bild bekommen. Dieser Mensch möchte sachlich in die Dinge eindringen. Er wird auf das Gebiet der Mathematik gewiesen, muß sich entweder die Mühe machen, in die sehr komplizierten Bewußtseinzustände der höheren Mathematik einzudringen, sich durchzuringen bis zu dem, was ein Gauß oder Beyer hervorgebracht haben, oder er bleibt auf halbem Wege stehen. Ein Mensch der Gegenwart kann alles durchgearbeitet haben, kann Plato, Feuerbach, Averroes durchgelesen haben, und dennoch fehlen ihm gewisse seelische Dispositionen, die ihm eine gewisse Erkenntnis zugänglich machen könnten. Er wird sich sagen müssen, er habe von jenen geistigen Welten, die in der Anthroposophie erwähnt werden, noch nichts erfahren. Wenn man ihm sagt, in einer bestimmten Richtung hin müsse er sich vorbereiten, wird er entweder angeregt oder auch nicht, indem vom erkenntnistheoretischen, vom rein psychologischen Standpunkte die mannigfaltigsten Variationen und Gesetzmäßigkeiten des Lebens vorkommen können. Er meint, er habe kein Recht, dieses oder jenes anzuzweifeln. Er möchte niemanden der Anwesenden verletzen, aber eine ästhetische Lebensanschauung sei doch nicht geeignet, etwas Wesentliches wahrzunehmen. Ein Mensch, der sich durch Not und so weiter durchringen muß, steht der ganzen Bewegung viel näher als jene, die zum Zeitvertreib, weil sie nichts anderes zu tun haben, sich an die Dinge hingeben.

Rudolf Steiner: Ich möchte zu dem, was der Herr Vorredner vorgebracht hat, ein paar Bemerkungen machen. Es ist eben mit Recht betont worden, daß Not und Leid tatsächlich den Weg führen, der in die Welt hineingehen soll, welche durch Anthroposophie gekennzeichnet ist.

Nun, gerade an diese letzte Bemerkung möchte ich zunächst anknüpfen. Ich habe oftmals im Verlauf meiner Vorträge eine ähnliche Bemerkung gemacht, nur immer, ich möchte sagen herausgeholt aus irgendeinem Zusammenhange. Ich habe nämlich oftmals gesagt: Der Mensch verlebt sein Dasein in Wechselzuständen von Freude und Lust, von Schmerz, Not und Leid. Wenn man zu einer gewissen höheren Erkenntnis – in aller Bescheidenheit – glaubt gekommen zu sein, dann muß man sich allerdings immer noch sagen, daß man – vielleicht aus einem sehr begreiflichen Untergrunde heraus – das gar zu breit betone, was man an Freude, was man an Lust im Leben durchgemacht hat und wofür man den Weltenmächten ja dankbar ist. Erkenntnis verdankt man aber dem eigentlich nicht. Erkenntnis verdankt man eigentlich nur der Summe der Schmerzen, die man durchgemacht hat. Und wenn man im wahren Sinne von Erkenntnis spricht, so ist das schon etwas, was aus der Summe der Schmerzen hervorgeht.

Allerdings ist es aber durchaus so, daß man im äußeren Leben die mannigfaltigsten Schmerzen und Nöte durchmachen kann – Nöte, die einen niederdrücken, die einem zuweilen, ich möchte sagen das seelische Atmen nehmen können. Aber es gibt eben auch dasjenige, was wirkliche Schmerzen der Weltanschauung sind – solche Schmerzen, von denen, ich möchte sagen, ohne jemanden verletzen zu wollen –, vielleicht ein großer Teil der Menschen doch nicht allzuviel weiß. Jene Erfahrungen, die man auf dem Erkenntniswege machen kann, die sind schon solcher Art, daß sie manchmal mehr nehmen können als bloß das seelische Atmen, und es war eigentlich nicht umsonst, daß in älteren Zeiten auf von uns nicht mehr gangbaren Wegen die alten – ich möchte sie so nennen, wie sie sich selbst nannten –, die alten Initiierten, das heißt die alten Erkennenden, ausgebildet worden sind. Es war durchaus so, daß sie durch Schmerzen, durch Leiden geführt worden sind, weil man es für die richtige Vorbereitung zu der Erkenntnis braucht. Und tatsächlich ergeben sich ja aus all der Aussichtslosigkeit, die gerade auf dem Erkenntniswege eintritt, Schmerzen und Nöte, die der Mensch vielleicht – bei einer verhältnismäßigen Gleichgültigkeit im Ausleben – in seinem Innern abmachen kann.

Nun, es ist dann aber trotzdem notwendig, daß der Mensch sich in einer von der Zeit geforderten Weise ins Dasein hineinstellt. Es ist schon in früheren Vorträgen hier in Zürich im Laufe der letzten Jahre öfter betont worden, daß das Zeitleid, die Zeitnot, doch letzten Endes zusammenhängt mit dem, was von Menschen auch auf dem Erkenntnisgebiete in der neueren Zeit unterlassen worden ist. Gerade diese Erkenntnisse, die ja die höchsten Triumphe gefeiert haben in der neuesten Zeit und aus denen alles mögliche Technische hervorgehen kann und hervorgegangen ist und auch noch viel mehr hervorgehen wird, diese Erkenntnisse waren aber, weil sie sich nur bewegen wollten im Gebiete der Notwendigkeiten, nicht im Gebiete der Freiheit, von der ich heute andeutend sprach, nicht geeignet, soziologisches und soziales Denken zu erzeugen.

Das ist die große Zeitaufgabe, vor der wir stehen: Wir müssen in die Lage kommen, nicht nur über die Natur denken zu können, die uns durch ihr festes Gefüge von Notwendigkeiten Anleitung dazu gibt, sondern wir müssen in die Lage kommen, auch freie Gedanken zu denken, die Kraft haben, weil sie nun wiederum in die Notwendigkeiten untertauchen, denn ohne solche freien Gedanken kommen wir in der neuen Zivilisation in den Niedergang hinein. Wir können nicht soziale Ideen finden, wenn wir nur einen solchen erkenntnistheoretischen Unterbau haben, wie wir ihn in der neueren Zeit haben. Es ist ganz richtig, daß der Mensch in gewisse komplizierte Bewußtseinsentwicklungen hineinkommt, wenn er die mathematisch-naturalistischen Bestrebungen von Kepler, Galilei, Kopernikus, Newton bis zu Einstein verfolgt. Aber wir dürfen nicht vergessen, daß durch all dieses, trotzdem zum Beispiel bereits durch Gauß das Mathematische über das Mathematische hinaus getrieben worden ist, zunächst nur einseitige Wege eröffnet worden sind und daß in alledem nicht jene Ausgangspunkte zu Ideen liegen, die sich mit der sozialen Not befassen können – ebensowenig eigentlich durch die erkenntnistheoretischen Positionen, die meinetwillen von Descartes bis zu Mach und Avenarius heraufgehen. Es doch noch ein durch und durch anderer Weg, der eröffnet wird durch das, was anthroposophische Geisteswissenschaft will! Und sie hängt schon innig zusammen mit dem, was bedeutungsvoll ist als diejenige Art von Erkenntnis, die gerade die großen Triumphe in der Naturwissenschaft gebracht hat, die aber durchaus, wie ich heute zu zeigen versuchte, hineinmündet in das, was anthroposophisches Forschen, anthroposophisches Anschauen ist.

Es ist richtig, was der verehrte Herr Vorredner sagte in bezug auf die ästhetische Weltauffassung. Aber vielleicht muß man doch dieses Wort «ästhetische Weltauffassung» noch ein wenig mehr zeitgeschichtlich betrachten. Wenn man das Denken, das sich aus den naturwissenschaftlichen Bestrebungen heraus entwickelt hat, betrachtet, so muß man ja eben sagen, es senke keine Wurzeln hinein in die sozialen Notwendigkeiten, es dringe nicht bis zu den geistigen Untergründen des Daseins. Daraus hat sich eine gewisse Stimmung ergeben, die insbesondere im letzten Drittel des 19. Jahrhunderts und im ersten Jahrzehnt des 20. Jahrhunderts außerordentlich tief gegangen ist. Wer beobachtet hat, wie die Menschen angefangen haben, sich für gewisse höhere Fragen zu interessieren, konnte sehen: Mit einem bestimmten Interesse haben die Menschen in weitesten Kreisen angefangen, sich für höhere Fragen zu interessieren. Ich will nur darauf hinweisen, wie weitverbreitet die Diskussionen waren, die sich zum Beispiel angeschlossen haben an Björnsons «Über unsere Kraft» und so weiter; es könnten viele Beispiele nach dieser Richtung hin angeführt werden. Man kann schon sagen, daß ein gewisses Interesse für die übersinnliche Welt gerade in diesem Zeitalter Platz gegriffen hat.

Aber wie? Am liebsten haben die Leute die Dinge entgegengenommen, wenn sie ihnen – ja, man kann sagen – in ästhetischer Form gebracht worden sind, wenn sie sich nicht mit ihrer Erkenntnis – wenn ich mich so ausdrücken darf – zu engagieren brauchten, wenn sie so hineinkommen konnten wie im Drama, in der Novelle und sie sich sagen konnten: Na ja, man kann sich auch einmal mit der Phantasie auf so etwas einlassen. – Aber sie fühlten sich nicht irgendwie veranlaßt, die Dinge mit den Realitäten in Einklang zu bringen. Man war froh, wenn man die Dinge nicht mit den Realitäten in Einklang zu bringen hatte! Man hatte ein gewisses Sensationsbedürfnis dafür, sogar sehr weitgehend. Dieses Bedürfnis dafür entwickelte sich am Ende des 19. Jahrhunderts, Anfang des 20. Jahrhunderts, aber man wollte nur ja nicht, daß so etwas in irgendeine Beziehung gebracht werde zu dem realen Leben. Dieses Fliehen vor dem realen Leben, das ist etwas, was immer mehr und mehr heraufgekommen ist – dieses Nichtverbinden, dieses Nicht-ganz-ernst-Nehmen dessen, wofür man sich eigentlich interessiert, wofür man aber nur ein gewisses Sensationsbedürfnis hat. Das ist es, was vor allen Dingen von der Menschheit, ich möchte sagen, genommen werden muß, wenn die Zivilisation fortgehen soll, wenn man nicht etwa in solche Zustände hineinkommen will, wie sie Oswald Spengler schildert in seinem «Untergang des Abendlandes»; das *muß* kommen. Es ist im Grunde genommen doch eigentlich nur ein Fliehen vor den schmerzlichen Seiten des Daseins, in einer gewissen Beziehung ein Hinweg-Setzen über die schmerzliche Seite des Daseins.

Es ist ja, möchte ich sagen, eine ungemein tragische Erscheinung, was gerade im letzten Drittel des 19. Jahrhunderts aufgetaucht ist in Friedrich Nietzsche. Man braucht gar nicht einzugehen auf dasjenige, was Friedrich Nietzsche sagt oder was er bedeutet, man braucht bloß auf sein Leben einzugehen. Bedenken Sie, meine sehr verehrten Anwesenden, was diese Seele an Leid durchgemacht hat in der Aufeinanderfolge von drei Entwicklungsstadien, und bringen Sie das in Zusammenhang mit der ganzen Zeitgeschichte!

Sehen Sie, da wuchs Nietzsche heraus aus einem richtigen Philologenleben, nur daß er nicht etwa wie andere Philologen aus einem gewissen äußerlichen Pflichtgefühl sich der Philologie widmete, sondern daß er das Einschnürende dieser philologischen Methode früh empfand. Und aus diesem Zusammenschnürenden wählte er sich dann dasjenige aus, was zunächst in den sechziger Jahren noch, auch noch im Beginne der siebziger Jahre, sogar bis weit in die siebziger Jahre hinein, in den Kreisen, in denen Nietzsche lebte, blühend war. Er lebte sich in das hinein, was von Schopenhauer ausgegangen war und was in weiten Kreisen doch nichts anderes war als ein pessimistisches Sprechen, ein Sprechen über das Elend, um sich wiederum über das Elend des Lebens in einer gewissen Weise hinweg zu betäuben. Und Nietzsche litt an alledem. Und es war eigentlich nur eine Sehnsucht, diese Stimmung des Unideellen der Zeitentwicklung mit einer gewissen Erkenntnisart innerlich zu überwinden. Nietzsche litt also etwa bis zum Jahre 1866 an dem, was damals unmittelbar gelehrte Zeitbildung war. Er wollte zunächst dieser gelehrten Zeitbildung etwas entgegensetzen in seiner «Geburt der Tragödie aus dem Geiste der Musik», in seinen «Unzeitgemäßen Betrachtungen». Die Dinge sind aus tiefem Schmerze heraus geschrieben.

Aber ungefähr im Jahr 1876 war er soweit, daß er sich sagen mußte: Das ist doch auch wieder ein Hinwegtäuschen, man muß noch viel tiefer in die menschliche Natur hinein. Und da kam er dann dazu sich zu sagen, eigentlich gibt sich der Mensch vielen Gedanken hin – vielem, was Unwahrhaftigkeit ist. Und nun wollte er zunächst durch Erkenntnis überwinden die Unwahrhaftigkeit. Nicht wahr, die Menschen haben sich ja aus alten Zeiten Ideale bewahrt. Nietzsche glaubte in der ersten Zeit seines Wirkens auch noch an diese Ideale, aber zuletzt sah er die Instinkte hinter den Idealen. Und so schrieb er so etwas wie «Menschliches, Allzumenschliches». Es war wiederum eine zweite Form der Zeitentwicklung, an der er litt, um endlich dann zur dritten zu kommen, wo er das Problem sozusagen am tiefsten in seiner Seele durchlitt, wo er das Hervorgehen des Menschlichen aus dem untergeordneten Naturwesen auf seiner Seele lasten fühlte. Weil er nicht imstande war, bis zum Geiste vorzudringen, blieb ihm das Problem stehen: Der Mensch ist nur ein Übergang vom Wurm zum Übermenschen. Und so konnte er dann in seinem «Zarathustra» diesen Seelengang des Menschen nur lyrisch ausdrücken, in seiner großen Konzeption über die «Wiederkunft des Gleichen» so etwas nur von ferne zu ahnen, was vertreten werden soll durch Anthroposophie als die wiederholten Erdenleben und auch als die aufeinander folgenden Metamorphosen des Weltensystems. Er war diejenige Persönlichkeit, die am tiefsten litt unter der Bildung in der neueren Zeit und die zerbrochen ist an der Bildung der neueren Zeit.

Nietzsche hat zweifellos – für mich ist es zweifellos! – den Beweis geliefert, daß man von der Seele aus den Leib zerbrechen kann, denn es ist immerhin charakteristisch, daß ein ausgezeichneter Psychiater über den Krankheitsfall Nietzsches nur das Urteil abzugeben wußte, daß es sich um einen atypischen Fall von Paralyse handele. Und was nun später aus den gewöhnlichen medizinischen Schematismen heraus gefabelt wurde über Nietzsches Krankheit, das ist doch alles für denjenigen, der so recht hineinschaut in das, was da gelitten worden ist, was da unter der Spannung gelitten worden ist, zu einem Erfassen des Übersinnlichen zu kommen – es ist für den, der das unbefangen anschauen kann, ganz zweifellos, daß diese Spannung den Leib zerbrechen konnte. Ich möchte sagen, es ist ja unmittelbar zu fassen, wie dieser Organismus wirklich von der Seele aus zerstört worden ist. Und damit stimmen auch die äußeren Symptome überein.

Denken Sie einmal an diese tragische Situation, wie sie sich da ergab. Ich will sie schildern. Nietzsche hat zusammen mit dem späteren Erforscher des indischen Altertums, der indischen Philosophie, mit Paul Deussen zusammen am Gymnasium in Schulpforta in Thüringen studiert, und sie waren sehr befreundet. Als Nietzsche in den neunziger Jahren schon ziemlich krank war, besuchte

Deussen ihn einmal. Deussen stand also vor Nietzsche und sprach mit ihm; Nietzsche nahm nicht teil an dem, was jener sagte. Dann fing Deussen an, von alten Zeiten zu sprechen, erzählte allerlei von alten Zeiten. Da sagte Nietzsche: Ja, wissen Sie, da kann ich Ihnen sagen, da hat auch ein Mensch teilgenommen, den Sie gar nicht kennen; der gute, liebe Deussen hat ja da teilgenommen. – Das sagte er zu Deussen selber, der da vor ihm stand! Was er in seiner Jugend erlebt hatte, das war in Nietzsche gegenwärtig, ausgelöscht war aber das, was in seiner Umgebung um ihn herum wirkte in der unmittelbaren Gegenwart.

Ich führe diese eine Szene an – sie könnte durch viele vermehrt werden –, um auf etwas hinzuweisen. Was sich da natürlich pathologisch auslebte, das ist eigentlich schon sehr früh bei Nietzsche nachzuweisen. Ich habe einmal vor zwanzig Jahren eine Abhandlung geschrieben, «Das Psychopathologische in Nietzsches Schriften», und konnte zurückgehen bis in seine frühesten Schriften, die genial, großartig sind, in denen man aber nachweisen kann, daß die Dissoziation der Ideen schon vorhanden war. Aber das sind Ideen gewesen, welche durchaus hervorgingen aus dem Auseinandersplitternden der Zeitbildung für denjenigen, der aus dem Zentrum des menschlichen Wesens heraus diese Zeitbildung in einen Einklang bringen wollte mit dem Übersinnlichen. Und man möchte sagen: Gerade an einer solchen Persönlichkeit, die zerbrochen ist an der Zeitbildung – denn das ist das eigentliche Problem Nietzsches –, sieht man, was Ringen, innerliches Ringen mit den inneren Nöten und Leiden bedeutet. Und eigentlich liegt in der Überwindung solcher Leiden der Weg zur Erkenntnis.

Und er war schon schwer zu gehen in der alten Zeit, weil eben die ästhetische Weltanschauung – die ja gewiß auf ihrem Gebiete außerordentlich berechtigt ist, die es aber durchaus nicht ernst nehmen möchte mit der Realität desjenigen, wofür sie einen gewissen Sinn, eine gewisse Sensationslust hat –, weil diese ästhetische Weltanschauung sich so sehr verbreitet hatte in der Zeit, in der man auf der einen Seite durchaus bereit war, sich durchzuringen von Newton bis Einstein, von Descartes bis Mach oder Avenarius. Aber für unsere Zeit ist es nun einmal notwendig geworden, sich durchzuringen zu dem anderen – was eben versucht wird durch den anthroposophischen Weg –, sich durchzuringen zu dem, wozu sich eben doch jeder Mensch durchringen kann. Wenn man sagt, es könne sich nicht jeder Mensch dazu durchringen, so kann das doch eigentlich nur «cum grano salis» gesagt werden, denn schließlich ringt sich auch nicht jeder Mensch zur höheren Mathematik durch. Und ich glaube, daß derjenige, der sich nicht bloß zur höheren Mathematik durchringt, sondern zu einem gewissen inneren Verständnis zum Beispiel des Übergangs von der gewöhnlichen Geometrie und Mathematik zur synthetischen Geometrie, in bezug auf seine Seelensituation auf ebenso gutem Wege ist, auch in die imaginative Erkenntnis hineinzufinden, genauso wie man den Weg finden muß in die Funktionentheorie hinein.

Und es würde auf diesem Wege viel schneller gegangen werden können, wenn eben nicht die Vorurteile der Zeit dem immer so sehr entgegenarbeiteten. So ist der Glaube, es bedürfe ganz besonderer Geistesanlagen, um anthroposophisch vorwärtszukommen, eigentlich viel mehr verbreitet, als er sein sollte. Denn die Wahrheit ist doch diese, daß jeder Mensch, ebensogut wie er auf dem anderen wissenschaftlichen Wege weiterkommen kann, auch auf diesem Wege weiterkommen kann. Und das möchte ich betonen aus dem Grunde, weil es durchaus richtig ist: Not und Elend führen den Menschen heran an die Pforte in die Erkenntnis hinein, aber es handelt sich doch darum, daß man nicht nur, ich möchte sagen eine gewisse innere Stimmung findet, sondern die wirkliche geistige Welt. Nur durch die Erkenntnis der wirklichen geistigen Welt kommt man dann auch dazu, in sozialer Beziehung dasjenige dem materiellen Leben zuführen zu können, was gerade in der heutigen Zeit notwendig ist – sofern man Verständnis findet, denn darum handelt es sich natürlich vor allen Dingen. Daher muß man auf der einen Seite Verständnis haben für die Bedeutung der Schmerzen und des Leides, auf der anderen Seite muß man aber auch Verständnis erringen für das Umsetzen geistiger Erkenntnisse ins Konkrete.

Meine sehr verehrten Anwesenden, von dem allgemeinen Reden von einem Geistigen im pantheistischen Sinne haben wir eigentlich genug – das führt in Wirklichkeit nicht weiter. Derjenige, der nur im allgemeinen von einer geistigen Welt redet und diese erkenntnistheoretisch begründen will, der gleicht einem Menschen, der über eine Wiese geht und sagt: Ach was, das interessiert mich ja nicht, wenn die Leute sagen, das hier wäre eine Herbstzeitlose, das da wäre eine Lilie, das da wäre eine Tulpe und so weiter, das alles interessiert mich nicht, denn alles ist einheitliches Leben, alles sind Pflanzen. – So möchten die Leute, die mehr pantheistische Gedanken haben, immer sagen: Geist, Geist, Geist! – Man kann schon zufrieden sein, wenn man den Geist anerkennt. Man kann eine gewisse innere Wollust befriedigen mit diesem Pantheismus in dem, was ich «moderne Mystik» nenne. Aber das, was die Welt heute braucht, das ist konkretes Wissen über die übersinnlichen Welten. Und das ist es, was der Anthroposophie heute noch am meisten übelgenommen wird: daß sie dieses konkrete Wissen anstrebt. Und man möchte ihr daher anhängen, daß sie ebenso verfährt wie andere mystische Richtungen. Aber wer dieser Anthroposophie nähertreten will, wird schon sehen, daß sie – wenn auch in Welten, die man sich zunächst erschließen muß – wirklich Wege wandelt, die sich nun durchaus so darstellen, daß Anthroposophie Rechenschaft ablegen kann vor der strengsten Wissenschaft.

Das nur im Anschluß an die sehr interessanten Bemerkungen des Herrn Vorredners.

Ein anderer Redner: Als ich zum erstenmal von Geisteswissenschaft hörte, habe ich die Sache als großes Ganzes, möchte ich sagen, ernst genommen. Heute im Vortrag hatte man das Gefühl, einfach einen naturwissenschaftlichen Vortrag zu hören. Zu einem solchen naturwissenschaftlichen Vortrag hätte ein Naturwissenschaftler kommen können, aber ich bin Maler oder Musiker und muß auf meinem Gebiet produktiv arbeiten. Es hätte einer kommen können, der sich sagt: Ich will mir Kenntnisse in Naturwissenschaft in höherem naturwissenschaftlichen Sinne aneignen. Meine Frage ist nun: Muß denn Anthroposophie nicht in einem viel umfassenderen Sinn verstanden werden?

Nun möchte ich gerne noch wissen, wie man sich praktisch zur Anthroposophie verhalten soll. Genügt es, wenn man irgendeinen Beruf hat, irgendeine Mission hat, genügt es, wenn man sich diese Kenntnisse aneignet? Oder ist es notwendig, daß man diesen Weg, wie man in die geistigen Welten hineinkommt und den Herr Dr. Steiner beschrieben hat, selbst beschreitet? Ich möchte fragen, wie man sich dazu verhalten soll.

Rudolf Steiner: Darf ich nur die Vorbemerkung machen: Im letzten Vortrage, der hier angekündigt ist, werde ich ja über den Bau in Dornach sprechen – nicht nur äußerlich über den Bau, sondern so, daß es gerade für einen Maler oder Bildhauer sicher sehr interessant sein wird, wie es aber auch für alle Menschen von Interesse sein kann.

Es ist schon so – was man sich anthroposophisch aneignen kann, möchte ich vergleichen mit dem Hinaufsteigen auf einen hohen Berg. Man kann von den verschiedensten Punkten unten ausgehen, und man kommt immer auf den Gipfel hinauf. So kann man auch in seiner Entwicklung von den verschiedensten Punkten ausgehen. Und man tut es selbst dann immer noch gern, wenn man schon von einem Punkte ausgegangen ist. Wir haben ja diesen Dornacher Bau deshalb gebaut, weil wir einmal etwas hinstellen wollten, auch künstlerisch, was der Ausdruck dieser anthroposophischen Weltanschauung ist, so wie die Nußschale der Ausdruck der Nuß selber ist. Wer einen gewissen Sinn hat für Morphologisches, der wird sich sagen: Eigentlich kann die Nuß keine andere Schale haben, als sie hat. Es sind dieselben Formkräfte in der Schale enthalten wie in dem genießbaren Teil der Nuß selber.

Nun, wenn in unserem Goetheanum in Dornach anthroposophische Weltanschauung vertreten wird, so ist das für mich die eigentliche Nuß, das andere ist die Schale. Es mußte also aus demselben Impuls heraus gebaut werden, aus dem darinnen gesprochen wird und so weiter. Es ist schon so, daß man von den verschiedensten Punkten ausgehen kann. Man kann zum Beispiel die Dinge, die Herr Dr. Kolisko heute ausgeführt hat über den dreigliedrigen Menschen, weiterverfolgen. Das Eigentümliche dabei ist: Wenn Sie die Sache weiterverfolgen – man kann ja in einem Vortrage, wie Dr. Kolisko gesagt hat, die Dinge immer nur andeuten –, so werden Sie sehen, daß Sie im Grunde genommen zuletzt in eine ganz andere Seelenverfassung übergehen als die, von der Sie ausgegangen sind. Es sind die Prinzipien, die da auseinandergesetzt werden, so real im Leben drinnen wurzelnd, daß sie den Menschen nicht nur im logischen Fortgang zu allerlei Konklusionen führen, sondern daß sie tatsächlich real in seiner Seele arbeiten. Und man bekommt, wenn man diese Dinge ausführt – die also reale Prinzipien sind –, reale Kräfte in der Seele lebendig gemacht. Und man bekommt so zuletzt eine Anschauung von der menschlichen Gestalt. Es verwandelt sich ganz von selbst dasjenige, was anfangs wie eine Theorie erscheint, in plastische Anschauung der menschlichen Gestalt, und man lernt die menschliche Gestalt von innen heraus kennen und begreifen. So wurde versucht, in der Plastik am Goetheanum in Dornach zu arbeiten, um die menschliche Gestalt von innen heraus zu begreifen.

Ja, das geht noch weiter! So wurde versucht, auch das Material zu behandeln. Dabei gehen einem erst die Prinzipien der räumlichen Gestaltung auf. Es ist zum Beispiel im besonderen Maße interessant, wenn man durch die Arbeit mit der Hand darauf kommt, zu sehen, welch großer Unterschied besteht beim Arbeiten an einem menschlichen Haupte, zum Beispiel beim Herausarbeiten eines Auges, zwischen einem Material wie Ton oder Marmor oder einem Material wie Holz. Man wird sich klar darüber: Im Holze mußt du schaben, und es kommt darauf an, daß du ins Konkave hinein arbeitest. Dasjenige, was in Ton gearbeitet wird, muß ins Konvexe gearbeitet werden; es muß immer der Blick darauf gerichtet werden, ins Konvexe zu arbeiten, wenn man in festem Material arbeitet. Dagegen handelt es sich bei dem weichen Holz darum, daß man die Dinge herausschabt.

Auf diese Weise verwandelt sich einem, möchte ich sagen, ganz von selber das, was zuerst theoretisch aussieht, in ein gewisses künstlerisches Gestalten, in ein Sich-Hineinleben in diejenigen formenden Kräfte, von denen man sagen möchte: Sie sind die formenden Kräfte der Natur selber. Und das ist der innere Übergang zwischen dem, was wir als Ausgangspunkt haben, und dem, wozu wir zuletzt kommen, zum Beispiel auch der Übergang zum Künstlerischen. Das ist das Eigentümliche, daß Anthroposophie nicht stehenbleibt bei einer bestimmten Seelensituation, sondern eben durchaus in andere Seelensituationen hineinführt. Und es ist so, daß man im Begreifen des Menschen zunächst den Übergang findet von der Anatomie und Physiologie aus, die abstrakt arbeiten oder höchstens sinnlich anschaulich, in die inneren Gestaltungskräfte des Menschen. Wissenschaft wird künstlerische Anschauung. Dieser Übergang ist durchaus da. Und dann tritt einem dieses Große entgegen, daß man das Gefühl bekommen kann: Die Natur selber ist nicht nur im metaphorischen Sinne, sondern eigentlich im echten, wahren Sinne eine Künstlerin.

Nun, man findet sich so in das Künstlerische hinein. Gut, sagen die Leute, die Erkenntnistheoretiker – Erkenntnis, das muß logisch vor sich gehen! Erkenntnis darf nicht irgendwie anschaulich in irgendeinem Sinne arbeiten wie dem hier gemeinten, sondern Erkenntnis muß ausgehen von Konklusionen – man muß sozusagen am Leitfaden der Logik fortschreiten. Schön, aber das ist doch nur eine subjektive Forderung. Wenn die Natur nun nicht nach dem Sinne schafft, wie wir es ihr da vorschreiben, dann entgeht uns ja durch unsere Logik gerade dasjenige, was der tiefere Sinn der Natur ist. Und so kommen wir der Natur nur dadurch nahe, daß wir uns mit völliger Unbefangenheit auch in diese Metamorphose der Seelensituation hineinbegeben. Das ist das eine.

Das andere ist zum Beispiel der Übergang zum Praktischen. Sehen Sie, ich habe diese «Kernpunkte der Sozialen Frage» geschrieben, und sie werden ja in der heutigen Zeit viel gelesen. Aber mit dem Verständnis ist es noch nicht weit gediehen, sonst würden die Leute sich sagen müssen: Das Buch ist eigentlich gar nicht zum Lesen – verzeihen Sie, wenn ich so etwas Paradoxes sage –, sondern das Buch ist dazu geschrieben, daß man das tut, was darinnen steht, daß man es in irgendeiner Weise tut, jeder individuell nach seiner Situation. Das Buch ist eigentlich nur aus der Anschauung heraus geschrieben, ganz praktisch geschrieben. Man muß sich ja natürlich durch Worte und Sätze ausdrücken, aber das ist ja nur, um darauf hinzuweisen, was eigentlich gemeint ist. Und da ist wiederum der Übergang dazu in der unmittelbaren Praxis.

Und das ist nun das, was Anthroposophie eigentlich sein will: Anthroposophie führt in die praktischsten Gebiete des Lebens ebenso naturgemäß hinein, wie sie hineinführt in das Künstlerische. Sie führt hinein in die Geschicklichkeit. Und man kommt zuletzt eigentlich zu Dingen, die natürlich mancher recht anfechtbar findet. Ich habe in meinen Vorträgen öfter gesagt – weil man gewisse Wahrheiten glaubt anders ausdrücken zu müssen –, ich könne mir nicht vorstellen, daß einer ein guter Philosoph ist, der nicht auch ein guter Chemiker oder Kartoffelleser ist, wenn es darauf ankommt. Es ist eigentlich nicht möglich, daß man etwas «logisiert» über Begriff und Ideen, wenn man nicht auch Holz hacken kann, wenn es darauf ankommt, oder auch vielleicht, wenn es nicht darauf ankommt. Ich glaube, daß man zum Beispiel beim Holzhacken oder beim Kartoffelausgraben, wenn man mit seiner ganzen vollen Persönlichkeit dabei ist, es vielleicht gescheiter macht oder mindestens gerade soviel Logik lernt wie manchmal in den logischen Kollegien. Sie mögen das paradox finden, aber es ist so. Und das möchte vor allem Anthroposophie wiederum geltend machen: daß in allem ein Einheitliches, ein konkret Einheitliches ist.

Daher möchte ich Ihre Frage – ganz positiv – dahingehend beantworten: Wenn Sie sich umsehen in dem, was nun heute schon vorliegt bei uns auf den verschiedensten Gebieten, werden Sie bestimmt irgendwo Anknüpfungspunkte finden. Und von da ausgehend, kommen sie überall hin. Anthroposophie will eben nicht einseitig sein, sondern man kann am verkehrten Ende anfangen, und durch das, was man als Mensch anstrebt, kommt man doch in das Richtige hinein, auch wenn man sich anfangs sagt, das geht einen ja eigentlich nichts an. Die Hauptsache ist der Wille – wenn es überhaupt einen Sinn haben soll anzufangen –, nun auch weiterzufahren. Und da ist das Fenster, um gerade zu meiner Sache zu kommen. Und deshalb, weil Anthroposophie fern aller Pedanterie ist, sollte Anthroposophie eigentlich so aufgefaßt werden, daß man bei ihr anfangen kann, wo man will, und man wird zu einem Ziele kommen. Man kann mehr von solchen Betrachtungen ausgehen, wie sie in dem Buche «Wie erlangt man Erkenntnisse der höheren Welten?» gegeben sind, und wenn man weit genug geht, kommt man auch von da aus auf jedes Gebiet. Oder aber, Sie können mehr vom wissenschaftlichen Gesichtspunkt ausgehen, wie zum Beispiel gerade im Vortrag von Dr. Kolisko ausgeführt, können damit anfangen und kommen von da aus auf dasjenige, was Sie nötig haben.

Der vorherige Redner erklärt, er meine etwas ganz Bestimmtes. Daß man von allen Punkten zum Gipfel kommen könne, findet er sehr logisch. Man könne ein Beispiel aus Künstlerkreisen nehmen. Es könne einer ein Plastiker oder ein Maler sein: Aus beiden könne das entspringen, was man heute schon an tiefer Kunst habe, zum Beispiel den Expressionismus, Futurismus. Er habe doch gefunden, daß kein universeller Mensch wie zum Beispiel Goethe hervorkomme, auch wenn man sich hineinarbeite und in dem lebe, was der Anthroposoph oder der eigentliche Rosenkreuzer hat: das Hinaufsteigen in die Devachan-Ebene. Er frage sich, ob es notwendig ist, gerade diesen einen Weg zu gehen, sich durch diese Räume hinaufzuarbeiten – rein seelisch, intellektuell – oder ob man auch von einer anderen philosophischen Seite ausgehen könne.

Rudolf Steiner: Wenn man gerade die Beispiele nimmt, die Sie angeführt haben – Expressionismus, Futurismus und so weiter –, so möchte ich sagen, das kann einem ja heute manchmal so entgegentreten, daß man es ein bißchen recht kindlich, recht paradox und so weiter findet. Dennoch möchte ich aber durchaus meinen, daß in alledem ein – ich will nicht sagen immer ein gesunder, aber doch ein berechtigter – Impuls steckt zu einer Umkehr ins Geistige hinein von der mehr materialistischen Weltempfindung aus. Ich will jetzt nicht bloß vom theoretischen Materialismus sprechen, sondern von der materialistischen Weltempfindung aus. Und von diesem Gesichtspunkt aus kann ich dennoch in den vielen Versuchen, die ja – gemessen an Goethes vielseitiger Genialität – sehr einseitig scheinen mögen, dennoch nur Dinge finden, die Zukunft haben. Man muß sich nur Zeit lassen. Die Dinge haben, wie ich meine, Zukunft. Sehen Sie, ich muß die Sache so ansehen: Nehmen Sie einen heutigen Expressionisten; er wird, wenn er ein Maler ist, ein Bild vielleicht so hinmalen, daß Sie nicht wissen werden, ob es ein Haus oder ein Baumstumpf ist oder ob es ein Elefant oder so etwas Ähnliches sein soll. Aber das ist ja auch im Grunde genommen nie eine Frage des Künstlerischen, wenn ich mich paradox aussprechen soll. Es ist ja auch wirklich keine künstlerische Frage, was es darstellen soll – wenigstens nicht die erste Frage –, sondern es ist die Frage, warum man es mit dieser Farbe auf diesem Untergrund zu tun hat und so weiter. Und da kommt man schon zum Beispiel in Fragen hinein, wo man sieht: Da ist etwas, was selbstverständlich nicht so universell ist wie bei Goethe, was aber doch Zukunft hat. Vielleicht darf ich Sie auf folgendes aufmerksam machen.

Wenn ich diese persönlich Bemerkung machen darf: Ich habe mich seit vierzig Jahren gründlich mit Goethe befaßt, mein erstes schriftstellerisches Bemühen war auf Goethe gerichtet, und seitdem habe ich dieses Gebiet nicht wieder verlassen. Nun, sehen Sie, mich haben zu einer ganz bestimmten Zeit ganz bestimmte Goethe-Probleme zu interessieren begonnen. Das sind diejenigen Probleme, wo Goethe mit etwas nicht fertiggeworden ist, und er ist eigentlich mit vielem nicht fertiggeworden. Denken Sie an die «Pandora», denken Sie an «Die natürliche Tochter» und so weiter oder so etwas wie die «Nausikaa». Also, da gibt es vieles, womit Goethe eigentlich nicht fertiggeworden ist. Goethe war eine innerlich ehrliche Natur, und nicht fertig zu werden, bedeutete für ihn eigentlich immer, sich hindurchzuwinden bis zu einem gewissen Punkte, wo er dann die Sachen stehenlassen mußte. Er fand nicht durch; er konnte nicht durchbrechen! Es ist sehr interessant zu sehen, wie er mit der «Pandora» zum Beispiel bis zu einem gewissen Punkte kam. Nachher kamen bloß noch die Skizzen. Er hatte die Pandora weiterdichten wollen, das ausführen wollen, was wir ja angedeutet finden in den Skizzen. Man kann sagen, er hätte es ja stehenlassen und später dann die Skizze ausarbeiten können. Aber so hätte es nicht gehen können, denn hätte er es acht Tage später geschrieben, so wäre es nämlich wieder etwas ganz anderes geworden. Und es liegt kein Grund vor zu sagen, Goethe hätte nach einer solchen Skizze arbeiten sollen; er hätte das Ganze doch wieder umgeändert. Ja, er gelangte an den Punkt, wo er eben nicht weiterkam, und man sieht ganz gut ein, warum das so war.

Es war eben durchaus aus dem Grunde so, weil Goethe sehr weit kam in der Betrachtung einer gewissen äußerlichen Metamorphose. Es ist schon etwas Grandioses, wenn man sieht, wie Goethe auf der «Italienischen Reise» diesen Metamorphosegedanken ausbildet, wie er ihn da überträgt auf den Menschen. Aber er kann nicht eigentlich hinein in die Gestaltung des Geistigen. Und warum nicht? Warum kann er da nicht hinein, wo das Geistige am Materiellen selber gestaltet? Es liegt zum Beispiel durchaus in der geraden Richtung von Goethes Metamorphosegedanken – ich scheue mich ja nie, diese Dinge auch auszusprechen, sie gehören nun einmal zu dem, was ich nicht nur meine Überzeugung, sondern auch Erkenntnis nenne, möge das aufgefaßt werden, wie es wolle –, es liegt in der geraden Linie dieses Gedankens, darauf zu kommen, daß die Formkräfte, welche heute dem menschlichen Haupte zugrunde liegen, die metamorphosierten Formkräfte des Organismus – abgesehen vom Haupte – aus einem früheren Erdenleben sind. So versteht sich diese ganze merkwürdige Gestalt des Schädels im Verhältnis zu dem übrigen Organismus des Menschen aus einer sehr weitumfassenden Metamorphose heraus. Aber Goethe konnte eben nicht bis ins Geistige durchbrechen! Und das zeigt sich auch darinnen, daß er stehenbleiben mußte da, wo er hätte geistig werden sollen. Er war ganz ehrlich – er blieb da stehen. Nehmen Sie selbst den zweiten Teil des «Faust»: Er ist ja einfach nicht ganz fertig! Es *ist* so, daß er einfach nicht ganz fertig ist, denn die letzten Szenen sind so, daß Goethe genommen hat die katholisierenden Begriffe und da die Sache hineingezwängt hat. Es ist dadurch etwas Grandioses geworden, aber doch etwas äußerlich Herbeigezogenes. Und wenn man diesen Schluß mit gewissen anderen Dingen vergleicht, sieht man, welche Kraft Goethe da angewendet hat, um fertigzuwerden.

Und ich sagte gerade, daß in diesem anfechtbarsten, abstrakten Endstadium gerade dieses Moment liegt, wo man zum Durchbruch ins Geistige kommt. Mögen es die Menschen noch so wenig können, aber es ist ein Anfang, und deshalb ist es berechtigt, diese Dinge zu sagen. Und so meine ich, kann man schon sagen: Es handelt sich heute wirklich darum, daß die Menschen von den verschiedensten Punkten aus, die ihnen heute naheliegen, etwas machen könnten, wenn sie ehrlich zu sich selber sind. Ich glaube zum Beispiel, daß der natürlichste Weg der wäre, daß die Menschen von den Dingen, in denen sie gerade drinnenstehen, ausgingen und sich dann zu etwas Produktivem zusammenfänden. Die Menschen sollten von den Gebieten ausgehen, in denen sie gerade drinnen sind; sie finden sich dann schon zusammen. Es ist gar nicht so schlimm, daß man sich anfangs nicht versteht – ab einem gewissen Punkte versteht man sich dann schon. Da handelt es sich auch zum Beispiel darum, daß die richtigen Augenblicke abgepaßt werden und so weiter, und die werden vom Schicksal schon abgepaßt. Aber ich kann nicht finden – ich habe ja auch in dieser

Beziehung manches erlebt –, daß dieses abstrakte Hinaufturnen – verzeihen Sie, wenn ich mich etwas deutlich ausdrücke –, dieses Hinaufturnen von «Plan» zu «Plan» nun für den Menschen etwas besonders Aussichtsvolles ist. Das ist doch wirklich in den meisten Fällen etwas, was nicht aus einer vollständigen inneren Ehrlichkeit entspringt. Gewiß, man kann auf diesem Wege auch etwas erreichen, aber man wird in der Regel weltfremd dabei. Und das ist ja das, was eigentlich in unserer Zeit, in dem heutigen schweren Zeitalter, am wenigsten gebraucht werden kann. Nicht wahr, ich meine es nicht frivol, aber es ist doch so. Ich möchte es so ausdrücken: Dieses Hinaufturnen von «Plan» zu «Plan», in das mischt sich so viel Koketterie, so viel innere Unwahrhaftigkeit, daß ich doch glaube, daß wir bestrebt sein müßten, daß ein jeder von dem Punkte ausgeht, auf dem er fest steht, und dann werden sich ja die Menschen auch finden. In gewisser Weise hat sich das ja praktisch bewährt.

Sehen Sie, da ist manch einer unter uns Künstler oder Mediziner, wie zum Beispiel Dr. Kolisko, ein anderer ist Philologe – vielleicht werden Sie ja auch einen solchen hier hören im Verlauf dieses Kurses – oder Mathematiker, und wieder ein anderer ist ein völliger Praktiker. Wir haben Praktiker unter uns, die einfach bestrebt sind, möglichst praktische Einrichtungen zu treffen, in denen der anthroposophische Geist lebt. Herr Kommerzienrat Molt sitzt heute unter uns; er hat sich vor allen Dingen nach dieser Richtung hin bemüht. Nicht wahr, es handelt sich heute tatsächlich um ein Zeitproblem, und darum ist es notwendig, von dem Punkte auszugehen, wo man heute steht, und dann die Verständigung zu suchen. Das ist etwas, was sich doch schon als praktisch herausgestellt hat und worin ich etwas Aussichtsvolles sehe, während ich in einem weltabgewandten Streben, in die höheren Welten hinaufzugehen, doch nichts sehen kann, was wirklich ehrlich ist. Es ist durchaus richtig, daß man die Welt nur durchschauen kann, wenn man das anstrebt, aber es ist auch wirklich so, daß man sagen muß: Viel sicherer erreicht das höhere Schauen derjenige, der von irgendeinem bestimmten Lebensgebiet ausgeht. Er erreicht es vor allen Dingen viel konkreter. Er kann dann etwas sagen über die höheren Welten; er weiß, wie es in den höheren Welten aussieht. Es kommt ihm zugute, wenn er von einem bestimmten Lebensgebiete ausgeht, während das weltfremde Hinaufgehen doch nicht eigentlich zu etwas Rechtem führt, wenigstens nicht für die Menschheit – für den einzelnen kann es ja zu etwas führen. Das ist eben gesprochen aus dem heraus, was dem Gang der Zeit entspricht. Ich werde ganz gewiß nicht gegen das Höherentwickeln der übersinnlichen Erkenntnisfähigkeiten sein – ich habe ja selber beschrieben, wie es sein soll. Aber ich meine, daß der Mensch dabei nicht vernachlässigen darf das Gebiet des Lebens, in dem er drinnensteht. Das ist überall so.

Ein Diskussionsredner: Herr Heisler hat in seinem Vortrage darüber gesprochen, daß sich Dr. Steiner anmaße, Einblicke zu tun in die höheren Welten, und da hat er womöglich noch Goethe als Beleg gebraucht. Ich muß vorausschicken und sagen, daß ich von den Schriften Steiners noch nichts gelesen habe. Ich möchte nun fragen, ob man, wenn man Kunde hätte von Verstorbenen – zum

Beispiel, ob sie Qualen haben –, dadurch nicht auch einen gewissen Beweis hätte für die Existenz Gottes. Wer sich mit Nietzsche befaßt hat und dem vielleicht der Glaube an einen Gott für lange Zeit genommen worden ist, der würde es vielleicht von innen heraus leichter haben, wenn er durch die Art von Herrn Dr. Steiner, über Gott zu sprechen, seinen Glauben wiederbekommen könnte. Es wurde ja von verschiedenen Seiten dieses okkulte Gebiet wieder aufgegriffen, zum Beispiel von Schrenck-Notzing in München und so weiter.

Rudolf Steiner: Ich konnte ja heute im Vortrag nur einiges andeuten, aber ich will dazu folgendes sagen. Sehen Sie, heute leben wir in einem Zeitalter, in dem sich manche bestreben, geradezu einen Abgrund aufzureißen zwischen Wissen und Glauben. Die einen sehen etwas Gesundes nur in einer Wissenschaft, die sich auf das rein Tatsächliche, auf das Registrieren, das Systematisieren, das Durchdringen mit Gesetzen, also das rein Tatsächliche, beziehen. Dagegen glauben andere auf dem Gebiete der Religion, nur dadurch bestehen zu können, daß sie Glauben fordern.

Nun, dies ist dennoch nur das Charakteristikon eines vorübergehenden Zeitalters. Geradeso wie man in früheren Zeiten die Seele des Menschen in die mannigfaltigsten Seelenkräfte aufgegliedert hat, so zerspaltet man sie heute in ein Gebiet des Wissens und in ein Gebiet des Glaubens. Aber wenn die Seele mit sich selber ganz aufrichtig ist, so kann sie eigentlich diese Spaltung nicht ertragen. Man kommt darauf, um was es sich da handelt, wenn man den Grund für diese Spaltung einsieht. Sehen

Sie, Sie können ja heute noch immer zu einer verhältnismäßig großen Zahl von Menschen aus dem Glauben heraus reden über das Leben nach dem Tode oder über die göttliche Weltlehre. Sie können das, indem Sie in keiner Weise appellieren – und dieses Appellieren geschieht in den Religionsbekenntnissen ja am allerwenigsten – an jene inneren Überzeugungskräfte, die zum Beweise führen. Sie appellieren doch, indem Sie vom Leben nach dem Tode sprechen, an des Menschen Wünsche, an des Menschen Furchtzustände und so weiter. Ganz anders wird die Sache, wenn Sie über das sprechen, worüber ich ja heute auch gesprochen habe: über die Präexistenz, über das menschliche Leben, das seelisch-geistige Leben des Menschen vor der Geburt oder sagen wir vor der Empfängnis. Das tut man wiederum durch Anthroposophie im umfänglichsten Sinne. Wir sprechen mehr von dem Vorgeburtlichen, also von dem Leben vor der Empfängnis, das heißt von dem präexistenten Leben, was ja das Leben nach dem Tode als eine Selbstverständlichkeit ergibt.

Wir sprechen mehr von diesem präexistenten Leben aus dem Grunde, weil dahin der Egoismus der Menschen weniger greift. Den Menschen ist es aus ihrem Egoismus heraus durchaus nicht gleichgültig, ob sie nach dem Tode weiterleben oder nicht; aus ihrem Egoismus heraus interessieren sie sich aber viel weniger dafür, ob sie schon gelebt haben, bevor sie hier auf die Erde heruntergestiegen sind. Eröffnet man aber die Erkenntnisquellen für dieses jenseitige Leben, in dem wir waren, bevor wir auf die Erde kamen, dann ergibt sich das andere ja. Sie werden es, wenn Sie auf meine Schriften eingehen, dort eingehend beschrieben finden. Das wird von uns mehr oder weniger als selbstverständlich betrachtet. Aber zu gleicher Zeit tritt etwas anderes ein. Man kann aus einem gewissen Glauben heraus über das Leben post mortem sprechen, aber, wie gesagt, es kommt dem Egoismus entgegen und geschieht aus einem egoistischen Wissen. Indem Sie über das präexistente Leben sprechen, wird der Mensch auf dem Wege des Wissens zugleich in die geistig-übersinnliche Welt hineingeführt. Und daher wird, wenn man sich wiederum hinwendet zu dem präexistenten Leben, dieser der menschlichen Seele eigentlich verderbliche Abgrund zwischen Glauben und Wissen überwunden.

Sehen Sie, wir haben in älteren Weltanschauungen ja durchaus aus einem gewissen instinktiven Wissen heraus – das wir nicht wieder anstreben können, wir müssen bewußtes Wissen anstreben – eine Kenntnis dieser Dinge. Ich muß immer wieder betonen, daß Anthroposophie in einer intensiven Weise von dem präexistenten Leben, sogar von den wiederholten Erdenleben spricht. Und als Lessing in seiner «Erziehung des Menschengeschlechts» das – die Anschauung von den wiederholten Erdenleben – aufnahm, da sagte er: Diese Anschauung von den wiederholten Erdenleben ist in den allerältesten Zeiten aufgetreten – soll sie deshalb weniger wertvoll sein, weil sie in allerältesten Zeiten aufgetreten ist, ehe sie dem Menschen durch alle möglichen Schulen verdorben worden ist? – Sehen Sie, diejenigen, die heute Literaturforscher oder dergleichen sind, die nehmen das ja auch so – nun, sagen wir ästhetisch. Sie achten es nicht sehr, sie möchten es nicht als Realitäten ansehen. Deshalb sagen sie: Lessing ist ein großer Mann, aber die «Erziehung des Menschengeschlechts» war ein Machwerk des Alters. Lessing war ein großer Mann. Aber liest man zwischen den Zeilen, dann verhält es sich so, daß er sich an die Idee der wiederholten Erdenleben eigentlich immer gehalten hat. Und es ist schon so, daß das Wissen von den übersinnlichen Welten und auch das Wissen von dem konkreten Inhalt des Geistigen, der geistigen Weltregierung überhaupt, dadurch herangebildet wird, daß man sich mit dem vorgeburtlichen Leben beschäftigt, nicht bloß mit dem Leben post mortem. Aber das ist in der neueren Zeitentwicklung allmählich ganz abhanden gekommen. Wir können das an einer Äußerlichkeit merken.

Sehen Sie, wir haben ein Wort, das heißt «unsterblich». Wir reden, wenn wir in der richtigen Weise dazu vorbereitet werden, von der «Unsterblichkeit». Wir verwenden das Wort «Unsterblichkeit», aber wir reden nicht von einem Worte, das «Ungeborenheit, Ungeborensein» heißt. Denn so wahr wir nach dem Tode weiterleben und unsterblich sind, so wahr sind wir ungeboren. Und wir müßten ein eigenes Wort haben für das Ungeborensein, ein ebenso natürliches Wort wie «Unsterblichkeit». Das haben wir aber nicht. Weil die Menschen in der Zivilisation ganz davon abgekommen sind, das Unsterbliche zu verstehen, wird es erst wieder verstanden, wenn man ebenso auf das Ungeborensein hinblicken kann wie auf das Unsterblichsein, denn geradeso wie an dem einen Pol des Lebens die Seele, wenn der Tod eintritt, entlassen wird und in die geistige Welt aufsteigt, so ist die Geburt respektive die Konzeption der andere Pol, durch den die Seele wieder hereinkommt in die physische Welt. Und so wenig wie die Seele stirbt, so wenig wird sie geboren. Zum eigentlichen Wissen schließt sich der Glaube erst auf, wenn man nun wirklich auf dieses präexistente Leben kommt. Das ist das, was weiterführt. Dieses übersinnliche Leben muß sich wieder mit dem Präexistenten beschäftigen, es muß auf den Weg hinüberleiten, der wirklich zum Ziel führt.

Was die Bemerkung betrifft, daß Anthroposophie anmaßend sein soll – ja, das kommt darauf an, nicht wahr, wie man die Sache auffaßt. Nun, die katholische Kirche fand es bis 1827 höchst unangemessen zuzugeben, daß einmal ein Kopernikus aufgetreten ist und gesagt hat, daß sich die Erde um die Sonne bewege. Also erst 1827 haben die Katholiken die Erlaubnis bekommen, daran zu glauben. Heute bekommt man von der offiziellen Wissenschaft her noch nicht die Erlaubnis, an die wiederholten Erdenleben zu glauben, wie man damals nicht glauben durfte an die Bewegung der Erde um die Sonne. Wir können es ja abwarten, bis uns diese Leute erlauben, an jene Dinge zu glauben und uns zu halten, die uns gerade durch Anthroposophie gegeben werden. So lange müssen wir zunächst den Vorwurf der Anmaßung schon ertragen, denn so geht es eben einmal in der Welt.

Frage: Wie urteilt Anthroposophie über die Impfung als Schutzmittel gegen Epidemien?

Rudolf Steiner: Diese Frage paßt inhaltlich einigermaßen schlecht zu dem, was vorhin gesagt worden ist. Aber ich will versuchen, doch einiges zu sagen. Es ist nämlich so: Selbstverständlich darf man ja, wie heute schon ausgeführt wurde, keineswegs glauben, daß die Anthroposophie gegen berechtigte Erfolge, die man in den neueren naturwissenschaftlichen Gebieten und der Medizin erzielt hat, polemisiere. Es kann in manchen Fällen gezeigt werden, daß ein solcher Erfolg, wie er erzielt werden soll durch die Impfung – also zum Beispiel durch die Blatternimpfung –, ja auch tatsächlich erreicht worden ist. Es besteht immerhin die Tatsache, daß die Infektionskrankheiten weitgehend eingeschränkt worden sind durch die mehr äußerlichen, mehr hygienischen Maßregeln, die ja notwendig geworden sind, und durch die Schutzimpfung. Allerdings waren zahlreiche Impfungen nicht so, daß man sagen könnte, sie hätten einen ähnlichen Erfolg gehabt für andere Krankheiten. Aber man muß doch durchaus die Wirksamkeit dieses Prinzips zugestehen.

Auf der anderen Seite ist diese Frage aber doch etwas, was man mehr psychologisch betrachten kann. Es gibt heute sehr zahlreiche Impfgegner. Diese Impfgegner sind eigentlich Parteien, denen man auf einem rationalen Wege in ihrer Psychologie nicht beikommen kann. Es sind Leute, die aus einem inneren Widerstreben heraus gegen die Art, wie da versucht wird zu wirken, handeln. Und sie können aus ihrer Erkenntnis heraus nicht sagen, daß die Impfmethoden wirkungslos sind, denn es liegen ja Wirkungen vor. Und wer sich wehrt, wehrt sich aus einem gewissen Unbewußten heraus gegen diese Methode der Impfung.

Anthroposophie muß von tieferen Gesichtspunkten ausgehen. Wenn man das Krankheitswesen zusammendenkt mit dem, was Ihnen heute hier ausgeführt worden ist, namentlich über die wiederholten Erdenleben, wenn man davon überzeugt ist, daß es wiederholte Erdenleben gibt, dann muß man ja auch das, was der Mensch erlebt im jetzigen Leben an Krankheitsfällen, zusammenbringen mit dem, was er erlebt hat in einem vorigen Erdenleben. Wenn man das erst einsehen wird, wenn man den Willen hat, das einzusehen, ganz unbeschadet dessen, was etwa in der Epidemiologie gesagt wird, in der Infektionswissenschaft, ganz unbeschadet dessen, muß man wissen, daß ein gewisser Zusammenhang besteht zwischen dem, was der Mensch durchgemacht hat in einem früheren Erdenleben, und dem, was geschieht, wenn er sich jetzt aussetzt einer bestimmten Infektion. Man sagt, etwas geschieht durch Zufall. Aber es wird nicht zugegeben, daß aus dem Unterbewußten heraus der Mensch dorthin getrieben wird, wo er dann mit der Infektionsgeschichte in Berührung kommt. Unbeschadet von manchem, was er dadurch erleben kann, kann man noch zu manch anderen Anschauungen kommen von dem, was mit einer Krankheit zusammenhängt.

Wenn eingesehen wird, daß gewisse Krankheiten etwas mit den Seeleneigentümlichkeiten des Menschen zu tun haben, in gewisser Beziehung eine Überwindung dessen sind, was der Mensch in einem vorigen Erdenleben nicht hat erreichen können und daß diese physischen Krankheitsprozesse, die man aushalten muß, ein Augleich sind – der Krankheitsprozeß ist auch mit seelischen Erscheinungen verknüpft –, dann kann man auch verstehen, warum aus einem gewissen Unbewußten, Instinktiven heraus manche einen Widerwillen haben gegen dieses Heilelixier. Sie sagen sich eigentlich unbewußt, daß bei dem, was da als Krankheit vorhanden ist, parallel gehen müßte mit der äußeren Heilung auch eine innere seelische Weiterentwicklung zum Geiste hinauf. Und wenn die Impfung, die man anwendet, es ermöglicht, daß die Dinge ganz so gelingen, wie man es sich vorstellt, müßte man dennoch sagen: Auch wenn man es durch entsprechende Verfahren fertigbringt, daß alle Epidemien erlöschen, daß man die Krankheiten einschränkt, so fragt es sich aber doch, ob nicht auch noch etwas anderes notwendig ist, was diesem Prozeß sozusagen dadurch entgegenkommen muß, daß zu gleicher Zeit eine innere seelische Entwicklung zum Geistigen hin erfolgt. Das müßten die Menschen einsehen, daß ein solches Verfahren möglich ist. Man kann alles anerkennen, was die Wissenschaft sagt, nur muß man sich über die Notwendigkeit klar sein, daß gegenüber dem, was als äußeres Heilverfahren vorhanden ist, noch etwas dasein muß, was die Seele auf innerem Wege vorwärtsbringt und was auf frühere geistige Zusammenhänge hinweist, auf frühere Leben. Anthroposophie wird nie etwas einzuwenden haben gegen das, was die Naturwissenschaft bringt.

Frage: Wie kann man selbst eine Imagination bilden? Woher kann man ihren Inhalt nehmen, wenn nicht an eine sinnliche oder eine gedächtnismäßige Vorstellung angeknüpft werden soll?

Rudolf Steiner: Das beruht auf einem Mißverständnis! Ich sagte, das, was zur Meditation benützt werden soll und was dann zur Imagination führt, soll überschaubar sein, man soll es vollständig überschauen, damit nicht Reminiszenzen auftreten, damit nicht das Unterbewußte sich am entsprechenden Seelenprozeß beteiligt. Sehen

Sie, wenn Sie zum Beispiel irgendein Erlebnis nehmen aus der zurückliegenden Zeit und meditieren dann, so leben in dem Bilde eines solchen Erlebnisses viele Elemente, die Sie mehr oder weniger unberücksichtigt gelassen haben. Diese Elemente tauchen aus dem Unterbewußtsein auf, und damit bewegen Sie sich nicht vollständig in dem, was Sie sich vorgenommen haben. Es kommt auf das Überschaubare an. Zum Beispiel kann man darüber meditieren, daß man sich einen Kreis mit einem eingeschriebenen Dreieck vor die Seele ruft. Es kommt darauf an, daß die Seele ihre Übungen macht an einem solchen Überschaubaren. Es können auch qualitative Dinge sein. Wenn man solche überschaubaren Dinge in der Seele ruhen läßt, um darüber die Meditation zu verrichten, dann entwickelt sich nicht die Gefahr, daß aus dem Unterbewußten Reminiszenzen heraufsteigen. Es kommt nicht darauf an, daß man etwas sinnlich Vorstellbares oder Gedächtnismäßiges nicht verwendet zur Meditation – man kann beides gebrauchen, aber es muß überschaubar sein, es darf nicht ein solches sein, das dann in der Folge allerlei bewußte oder unbewußte Prozesse hervorruft. Auf das Überschaubare kommt es an, nicht darauf, daß man sich irgend etwas Beliebiges vorstellt, das viele Dinge umfaßt.

Wenn jemand zum Beispiel über den Begriff «Stadt» meditiert, da hat er soviel durchgemacht im Leben, da hat sich in dem Begriff «Stadt» soviel angehäuft, daß er jetzt nicht wissen kann, was da alles auftaucht. Ein Beispiel, das auch in der Literatur verzeichnet ist: Ein gelehrter Naturforscher geht über die Straße in der Stadt und kommt an ein Schaufenster. Er bleibt stehen, sieht in das Schaufenster hinein und erblickt da das Titelblatt einer Abhandlung über die Regenwürmer – etwas, was ihn ganz gewiß interessieren muß, nicht wahr. Aber während er da hinguckt und das Buch über die Anatomie der Regenwürmer sieht, muß er plötzlich lächeln. Ein Naturforscher, der plötzlich lächeln muß, während er ein Buch über Regenwürmer anschaut! Es kommt ihm selbst ganz unwahrscheinlich vor, daß er dabei lächeln muß, und er will doch darauf kommen, wie das geschah. Da wendet er sich weg, richtig weg, macht die Augen zu und versucht nun, im Dunkeln darauf zu kommen. Und siehe da, er hört in der Entfernung die Töne einer Drehorgel. Er hat sie gar nicht berücksichtigt, weder unbewußt, wo er da gegangen ist, noch bewußt, als er das Buch angeschaut hat. Aber die Töne sind doch an sein Ohr gedrungen; sie lebten in einer gewissen Beziehung in ihm und brachten ihn sogar zum Lächeln, ganz unbewußt. Also, er hört nun die Töne der Drehorgel, und er findet, es ist dieselbe Melodie, bei der er tanzen gelernt hat einst vor dreißig Jahren. Er hat niemals wieder daran gedacht, an dieses wichtige Ereignis, daß er bei dieser Melodie das Tanzen gelernt hat. Dieses Ereignis hat aber doch so in seiner Seele gelebt, daß er jetzt lächeln mußte – selbst als Naturforscher. Also, im Unterbewußten des Menschen sitzt sehr vieles. Und ich kann Ihnen sagen: Es gibt Mystiker, welche Engel vernehmen – was durchaus auch Realität sein kann –, aber bei manchem Mystiker, der irgendwo etwas in der Engelwelt zu vernehmen vermeint, ist es doch so – weil diese Dinge nicht nur als Reminiszenz im Unterbewussten verbleiben, sondern auch Metamorphosen durchmachen –, daß solche vermeintlichen

Engel manchmal umgewandelte Drehorgeltöne sind! Und manches, was einem als bedeutsame Offenbarung vorkommt – es sind bloß die umgewandelten Drehorgeltöne.

Das ist es, was man vor allen Dingen wissen muß. Die anthroposophische Methode ist eine absolut sichere Methode. Je mehr man in die geistige Welt hinaufgeht, desto mehr wehrt man sich gegenüber all dem, was einem, weil es aus den Dingen herauskommt, alles mögliche Beirrende und Absurde bringen kann. Also, es handelt sich nicht darum, daß man über Dinge meditiert, die man nicht überschauen kann, sondern über solche Dinge, die zusammengesetzt sind von jemanden, der solche Dinge versteht, oder von einem selber gewählt sind als Dinge, die man überschauen kann. Es kommt darauf an, wie man ein Dreieck anschaut, von dem man weiß, es hat drei Seiten, es hat drei Winkel von zusammen 180 Grad – man kann das anschauen, da kann nicht viel aus dem Unterbewußten dabei heraufkommen. So überschaubar müssen die Meditationen sein, daß man nicht aus dem Willkürlichen in das Unwillkürliche hinunterkommt, ins Unbewußte, daß nicht ein bloß Gedächtnismäßiges auftritt oder irgend etwas, was einmal eine Sinnesempfindung war, so wie die fernen Töne einer Drehorgel, sondern es muß etwas im Bewußtsein präsent sein, was so überschaubar ist wie eine mathematische Vorstellung. Daran kann man das imaginative Erkennen üben. Selbstverständlich muß man sich ja alles, was sich aus dem Gedächtnis heraus bildet, materialistisch vorstellen. Es kommt nicht darauf an, daß es aus dem Gedächtnis heraus gebildet ist, aber überschaut muß die Sache werden.

Ein Diskussionsredner: Dr. Kolisko hat heute etwas erwähnt, was mich außerordentlich interessiert. Als er von den drei Zentren sprach, erwähnte er gewissermaßen, daß der Kopf alles aufzehrt, was aus den unteren Organen als vitale Lebenskraft aufströmt. Die unteren Organe schaffen also immer etwas Lebendiges, was der Kopf gewissermaßen wieder auffrißt. Ich möchte wissen, wie Anthroposophie über den eigentlichen physischen Körper denkt.

Dr. Steiner hat heute bei Nietzsche erwähnt, daß der physische Körper die Seele zerbrochen habe, also die Seele nicht stark genug gewesen sei, um den Körper überwinden zu können. Vom allgemeinen Standpunkt aus, ohne den physischen Körper zu haben, von einer Richtung aus habe ich darüber etwas gehört – ich habe die Methode von Dr. Hanish kennengelernt. Was nützt es mir, wenn ich höhere Welten kenne und Zahnschmerzen habe? Wenn ich mir nicht helfen kann, wenn ich Zahnschmerzen habe, was hilft es mir dann, wenn ich von der geistigen Welt etwas weiß? Muß man dem physischen Körper beikommen von der materiellen oder von der geistigen Seite her?

Eugen Kolisko: Man muß sich erst klar werden über das Wesen des Menschen. Dann erst kann man verstehen, worin Gesundheit und Krankheit des Menschen eigentlich bestehen. Wenn man sagt: Was ist es mir nütze, wenn ich etwas vom Weltzusammenhange weiß und trotzdem Zahnschmerzen habe und allen möglichen Krankheiten ausgeliefert bin –, da muß man doch feststellen, daß das eine sehr einseitige Betrachtungsart ist. Auf die kann ganz besonders angewendet werden, was vorhin gesagt wurde: Daß das menschliche Egoistische in einem außerordentlich starken Maße vorhanden ist, wenn man sagt, ich will nichts zu tun haben mit dem Geistigen, weil ich dadurch nicht von meinen Zahnschmerzen erlöst werde. Erkenntnis ist etwas, was man durchmachen muß, was einen einfach treibt, nicht loszulassen, womit man eben einfach fortfahren muß – auch im Überwinden des Zahnschmerzes fortfahren muß.

Also, einen solchen Gesichtspunkt, der doch ganz von einer Art materialistisch-egoistischem Streben durchpulst ist – selbst wenn er etwa auch von übersinnlichen Welten sprechen sollte –, den kann man eben nicht anerkennen. Aber wichtig ist, daß wir eben zuerst das Wesen des Menschen erfassen müssen, um hinauszukommen aus dem bloß materialistischen Vorstellen über die Pflege des Körpers, denn man kann den Körper nicht pflegen, man kann auch nicht therapeutisch wirken, wenn man nicht eine Einsicht in den ganzen Zusammenhang der Kräfte hat, die das Wesen des menschlichen Körpers ausmachen.

Rudolf Steiner: Ich möchte mir erlauben, dazu noch ein paar ergänzende Bemerkungen zu machen und sie mit Beispielen zu illustrieren. Sie kennen ja wahrscheinlich alle ein sehr häufig gebrauchtes Sprichwort, das sagt: Es gibt sehr viele, unzählige Krankheiten, aber nur eine Gesundheit. – Ich glaube, nichts Falscheres zu kennen als ein solches Sprichwort. In der Tat: Es gibt unzählige Krankheiten, aber es gibt auch unzählige Gesundheiten; jeder Mensch, und sei er noch so gesund, hat eben seine eigene Gesundheit, und solch ein Schwadronieren geht unter keinen Umständen. Es ist durchaus richtig zu sagen, selbst von dem allergeistigsten Standpunkte aus: daß der Mensch in jeder Weise auf die Gesundheit seines Organismus sehen muß. Ich selber bin durch meine geistige Forschung dazu gekommen, zum Beispiel das Vorstellungsleben so zu betrachten, daß ich einen radikalen Irrtum darin sehe, wenn jemand glaubt, daß die Gehirntätigkeit als solche irgendwie die Grundlage sein könnte für die Geistestätigkeit. Ich sehe darin einen Fehler, den ich durch folgendes Beispiel charakterisieren möchte:

Nehmen Sie an, Sie haben eine Straße, die gerade durch Regen weich gemacht worden ist. Es gehen Menschen darüber; Fußtritte haben Spuren eingegraben. Und nun würde jemand kommen und sagen: Ja, diese Straße ist konfiguriert, Sie sehen alle möglichen Linien und so weiter. Das muß durch Kräfte bewirkt werden, die von unten heraufkommen, das wird bewirkt von etwas, was drinnen ist, unter der Erde. – Wenn Sie so etwas hören, da werden Sie leicht sagen: Das ist ein Unsinn, die Fußtritte sind von außen eingraviert und nicht von unten herauf. So führt auch mich Geistesforschung selbstverständlich dahin, in den Gehirnkonfigurationen, überhaupt in den Nervenkonfigurationen, die die Herren Physiologen nachweisen, etwas durchaus Richtiges zu sehen, aber sie sind etwas, was durch das Seelen- und Geistesleben eingraviert wird und darinnen als Abdruck zu spüren ist. Aber zu gleicher Zeit handelt es sich dann darum, daß dieses ganze Körpersein zwischen Geburt und Tod der feste Boden ist, auf dem sich das Bewußtsein entwickelt; die Widerlage muß eben dasein. Man könnte sonst das Vorstellungsleben nicht so entwickeln; damit es sich zurückspiegeln kann, muß es die Widerlage haben. Der Spiegel braucht einen Boden. Also, selbst von dem allergeistigsten Standpunkte aus ist die physische Organisation des Menschen so gesund wie möglich zu gestalten. Aber nun handelt es sich darum, daß man wirkliche Ansichten entwickelt über die gesunde physische Konstitution – und nur das ist auch gemeint, wenn man sich eine umfassendere Art und Weise des Anschauens durch die Geisteswissenschaft angeeignet hat. Ein paar Beispiele dafür – wirklich nicht um zu renommieren, sondern nur um anzudeuten, was eben Grundlage meiner durch geistige Erkenntnis fundierten Lebensauffassung ist.

Ich bekam vor vielleicht 36 Jahren, als ich in eine Familie empfohlen war zum Privaterzieher, einen Knaben zur Betreuung. Unter den vier Knaben der Familie war einer – er war dazumal etwa elf Jahre alt –, der war ein Unglückswurm nach der Ansicht aller – selbstverständlich auch nach der von Vorurteilen angekränkelten Ansicht der Familie. Man war unglücklich über den Buben, denn, als er mit elf Jahren eine Prüfung machen sollte in der Schule, konnte er nichts anderes machen als ein riesiges Loch, das er in sein Papier hineinradiert hatte. Und so waren die Kenntnisse in allen Fächern bei diesem elfjährigen Jungen. Die Mutter war furchtbar unglücklich, der Vater etwas skeptisch. Der Hausarzt, der einer der ausgezeichnetsten praktischen Mediziner war, die ich je kennengelernt habe – er war wirklich ein ganz ausgezeichneter Mann –, hatte den Knaben bereits aufgegeben. Nun, ich kam zur Erziehung der drei anderen Buben ins Haus. Ich sah mir den Knaben an und sagte zur Mutter, die als letzte von der ganzen Familie, einzig und allein aus ihrem mütterlichen Herzen heraus, noch Verständnis hatte, ich könne ihr nichts versprechen, aber ich wolle alle meine Kräfte, soweit ich sie hätte, anwenden, um aus dem Knaben doch noch etwas Ordentliches zu machen. – Er ist aber aufgegeben vom Hausarzt, sagten die anderen Familienmitglieder und sahen mich als jemanden an, bei dem man sich fragen müsse, ob man ihm noch die anderen drei Buben übergeben könne – nach dieser Ansicht über den vierten Buben! Aber die Mutter hat es dann durchgesetzt – es war schon etwas durchzusetzen, bis ich den Buben zur Erziehung bekam. Ich sagte, ich müsse absolut freie Hand haben, müsse alles tun und lassen können, was ich für gut finde. Der Bub war im höchsten Grade ein Hydrozephalus. Er war wirklich sehr schlecht dran.

Nun, ich habe im Grunde genommen methodisch nur eine geistige Hygiene angewendet. Ich habe tatsächlich eigentlich nur das angewendet, was ich nennen möchte Ökonomie im Beibringen von Begriffen, von Geschicklichkeit und so weiter. Ich habe es mir ausbedungen, daß der Junge so viel Klavier hören durfte, wie ich gerade bestimmte und so weiter, daß er andere Dinge in dem Maße haben durfte, wie ich es wollte. Ich darf sagen, ich habe manchmal drei Stunden studiert, um mich eine Viertelstunde mit dem Jungen beschäftigen zu können! Aber durch eine solche geistig-pädagogische Hygiene konnte der Junge in zwei Jahren so weit gebracht werden, daß er ins Gymnasium übergehen konnte. Der Kopf war wirklich kleiner geworden. Nun, Sie mögen sagen, es wäre ja vielleicht auch so gut geworden. – Aber wahrlich, darum handelt es sich nicht, daß es von selbst hätte gut werden können; der Junge war wirklich durch und durch hydrozephal; vorher wollte und wollte sein Kopf nicht kleiner werden. Wenn er trotzdem am Leben geblieben wäre, so wäre er ganz gewiß nicht nach zwei Jahren ins Gymnasium gegangen – nach den Erfolgen, die man bisher bei ihm gehabt hatte. Es handelte sich wirklich darum, daß man in einer intensiven zweijährigen Arbeit – gerade in dieser individuellen Pflege, in dem hygienischen Eingehen auf diesen Organismus, der ganz in Unordnung war und den man zu behandeln hatte – den Knaben so weit bringen konnte. Also, es handelte sich nicht um allgemeine Regeln – trotzdem die allgemeine Sache ganz richtig sein kann –, sondern um eine intime Kenntnis der menschlichen Wesenheit überhaupt.

Was den Ausspruch betrifft, nur ein gesunder Körper könne der Ausdruck einer gesunden Seele sein – wenn man diesen Ausspruch ins wirkliche Leben übersetzen wollte, so würde das ganz und gar nicht stimmen. Ein anderes Beispiel: Ein bedeutender Arzt kam eines Tages zu mir und sagte, er hätte jetzt einen besonderen Fall, der ihn sehr interessiere. Ein Patient sei zu ihm gekommen, der einmal hingefallen sei – es war vor einiger Zeit – und das Nasenbein gebrochen habe, so daß jetzt die Nase dadurch etwas verengt sei. Er möchte ihn operieren, aber er hätte ganz gerne, wenn wir uns darüber noch unterhalten könnten. Mit einer gewissen tieferen Erkenntnis der menschlichen Natur sieht man die Dinge eben doch anders an, als man sie notwendigerweise sieht von einem bloß äußeren Anschauen der Gesundheit. Ich konnte nichts anderes sagen, als dem Arzt den Rat geben: Operieren Sie es nicht, denn das ist ein Glücksfall, wie er selten gelingt, denn der Mann bekommt jetzt gerade so viel Luft, wie er es in seiner Lunge vertragen kann. Er hat gerade jene Breite des Nasenkanals, den er braucht für seinen besonderen Fall, für seine Konstitution. Gerade das müßte man ihm lassen. Schließlich hat es sich ja gezeigt: Der Mann befindet sich eigentlich wohl mit der kleinen Verengung. So könnte man noch vieles anführen. Der allgemeine Grundsatz ist ganz richtig: Man muß auf einen gesunden Körper hinarbeiten, aber doch immer auf recht verschiedene Art.

Es kann schon einen merkwürdigen Eindruck machen – ich habe es öfter auch bei Naturheilkundigen beobachtet, die einem immer kommen und sagen: Ja, dieser Mensch hat etwas, da ist etwas Unregelmäßiges in der Herzbewegung, das muß man kurieren. – In solchen Fällen muß man sich nämlich oftmals sagen, wenn man nähere Einsicht nimmt: Lassen Sie es doch sein! Lassen Sie dem Mann seinen Herzfehler, das ist vielleicht gerade so für ihn das Richtige; wollen Sie ihn kurieren, so wird er erst recht krank. – Weil die Leute eine ganz bestimmte Schablone vor sich haben, wird oftmals viel Unnötiges nach dieser Richtung hin gemacht. Man sieht doch vielfach, daß die Menschen allgemeine Methoden anwenden, die auch nicht viel anders sind – wenigstens in bezug auf das Logische der Sache, das Tatsachen-Logische der Sache –, als es sich zum Beispiel einmal bei einer Dame verhielt, die Gesundbeterin war. Eine furchtbare Sache! Sie sagte alle möglichen Dinge, die man sich einbilden müsse; man werde dann stark und gesund, wenn man an sie glaube. Man werde abgehärtet, sagte sie. Aber ich habe niemals eine Person gesehen, die so jämmerlich dreingesehen hat wie diese Gesundbeterin, die sehr darauf gesehen hat, daß nicht das geringste Lüftchen sei, denn jeder noch so kleine Zugwind hat bei ihr die furchtbarsten Zustände hervorgerufen.

Nicht wahr, das sind schon manchmal Dinge, die durchaus in ihrer Wirklichkeit angesehen werden müssen und nicht bloß von einem gewissen, ich möchte sagen Schablonenstandpunkt aus zu betrachten sind. Es ist ja durchaus richtig auf der anderen Seite, daß man nach der körperlichen Gesundheit so viel als möglich hinarbeiten muß; aber das Durchschauen dessen, was gesund ist, muß aus den geistigen Erkenntnissen hervorgehen. Der Mensch muß nicht so sehr nur auf seine Gesundheit selber achten, vielmehr muß er auch wissen: Ich bin eigentlich ein Glied des Kosmos. Und nicht wahr, die Luft, die jetzt in mir ist, die war vor kurzer Zeit draußen, im Kosmos. – Und so ist es auch in bezug auf alles andere. Als ein Glied des Kosmos – als das muß tatsächlich der Mensch hinschauen auf die Welt.

Man kann ja solch allgemeine Dinge in dieser Art nur interpretieren, und ich möchte mit diesen Ausführungen auch nur darauf hingedeutet haben.

Jakob Hugentobler spricht seinen Dank aus und schließt die Veranstaltung.

TEIL III

ANTHROPOSOPHIE UND WISSENSCHAFT

Basel, 2. November 1921

Meine sehr verehrten Anwesenden! Anthroposophie, wie sie gepflegt werden soll im Goetheanum in Dornach, findet heute noch die mannigfaltigsten Gegner – Gegner, die mit ihren Anschauungen auf dem Boden des Kirchlich-Theologischen stehen, sogar von künstlerischer Seite her hat sich manche Gegnerschaft gezeigt, namentlich auch Gegnerschaften, die nicht immer von durchaus sachlichen Ausgangspunkten ausgehen und aus den verschiedensten Parteirichtungen und aus den verschiedensten Gebieten des sozialen Lebens heraus kommen. Mit all diesen Gegnerschaften werde ich mich, meine sehr verehrten Anwesenden, heute nicht befassen, sondern dasjenige, was ich mir heute zur Aufgabe setzen möchte, soll einzig und allein sein eine Art von Behandlung der Mißverständnisse und Gegnerschaften, die der anthroposophischen Forschung von wissenschaftlicher Seite entgegengebracht werden. Denn es ist meine Überzeugung, daß, obgleich es durchaus notwendig erscheint, sich gegen die verschiedenen anderen Gegnerschaften zu wenden, diese von selbst nach und nach verschwinden, wenn die Auseinandersetzung zwischen Anthroposophie und Wissenschaft einmal in diejenigen Formen gebracht sein wird, welche notwendig sind, damit gegenwärtige offizielle Wissenschaft und Anthroposophie sich wirklich verstehen können. Augenblicklich ist ja die Lage so, daß durchaus gerade von wissenschaftlicher Seite her der anthroposophischen Forschung die größten Mißverständnisse entgegengebracht werden.

Einleitend möchte ich aber betonen, daß die von mir vertretene anthroposophische Forschungsmethode – denn nur so möchte ich sie eigentlich nennen – durchaus auf wissenschaftlichem Boden stehen will und daß sie alle ihre Auseinandersetzungen so einrichten möchte, daß dieser wissenschaftliche Boden mit Ausschluß jeder Art von Dilettantismus und so weiter möglich werde. Der Ausgangspunkt für die anthroposophische Forschungsmethode ist ja ein solcher, daß den wissenschaftlichen Anforderungen und der ganzen wissenschaftlichen Gesinnung der neueren Zeit dabei Rechnung getragen worden ist. Anthroposophie stellt sich eben durchaus nicht von sich aus in irgendeine wirkliche Gegnerschaft zu der heutigen Wissenschaft, sondern sie möchte im Gegenteil das aufgreifen, was seit drei bis vier Jahrhunderten, insbesondere aber im 19. Jahrhundert und bis heute im Laufe der neueren Zivilisationsentwicklung heraufgekommen ist an wissenschaftlicher Gewissenhaftigkeit, an exakten wissenschaftlichen Methoden, wie sie sich namentlich auf dem Boden der Naturwissenschaft ergeben haben. Obzwar sie überall hinausgehen muß über die Ergebnisse und auch über das Gebiet der eigentlichen Naturwissenschaft, so wie sie heute gewöhnlich gemeint wird, möchte sie das, was zugrunde liegt als wissenschaftliche Disziplinierung, als wissenschaftliche Methoden, durchaus auch in die innere Erziehung zur anthroposophischen Methode aufnehmen. Ich werde heute nicht einen grundlegenden Vortrag halten können, sondern werde nur gewisse Punkte berühren, um dann gewissermaßen einige Verbindungslinien zu den heute wissenschaftlich anerkannten Gebieten hinüberziehen zu können.

Was zunächst von der Anthroposophie in Anspruch genommen wird, sind ja besondere Erkenntnismethoden – Erkenntnismethoden, welche abweichen von dem, was heute allgemein als gewöhnliche Erkenntnismethoden gilt, was aber doch ganz organisch aus diesen herauswächst. Man nimmt eben heute durchaus an, daß man wissenschaftlich nur forschen kann, wenn man sich auf den Boden einer Erkenntnis stellt, wie sie sich nun einmal im gewöhnlichen Leben ergibt, nachdem man eine heute normale Schulerziehung durchgemacht hat und sich dann experimentierend, beobachtend und im materialistischen Sinne denkend an die verschiedenen Gebiete des äußeren Naturdaseins mit Einschluß des Menschen heranbegibt.

Auf diesem Boden kann Anthroposophie eben nicht stehen, sondern sie geht davon aus, daß es möglich ist, daß man geradeso, wie man von der frühesten Kindheit an die seelischen Fähigkeiten erst heranbildet bis zu dem, was man heute normale Seelenverfassung nennt oder was man als solche ansieht, weitere Erkenntnisfähigkeiten dadurch ausbildet, daß man von dieser sogenannten normalen Seelenverfassung aus sein Seelenleben – wenn ich mich des Ausdrucks bedienen darf – nun frei, selbständig in die Hand nimmt. Und durch diese Erkenntnisfähigkeiten ist man dann in der Lage, tiefere Einblicke in das Natur- und Menschendasein, in die Welterscheinungen zu gewinnen, als das ohne solche besonders entwickelten Fähigkeiten möglich ist. Solche Fähigkeiten werden nun nicht etwa in einer willkürlichen Handhabung des

Seelenlebens entwickelt, sondern sie werden in ganz systematischer Weise entwickelt, nur daß man es nicht zu tun hat mit einer Ausbildung gewisser äußerer Handhabungen, mit der Anwendung der von der gewöhnlichen Logik anerkannten Denkgesetzmäßigkeiten, sondern mit der Entwicklung des intimen Seelenlebens selbst.

Nur andeuten kann ich die Methoden, die da zur Entwicklung solcher übersinnlichen Seelenfähigkeiten angewendet werden. Ich habe in meinen verschiedenen Büchern, namentlich in meinem Buche «Wie erlangt man Erkenntnisse der höheren Welten?» und im zweiten Teile meiner «Geheimwissenschaft», ausführliche Schilderungen gegeben, wie da der Mensch vorgehen kann, um aus den tiefen Untergründen des Seelenlebens heraus zu solchen Fähigkeiten zu kommen, durch die man eben – wenn ich mich trivial ausdrücken darf – mehr zu sehen vermag, als man mit dem gewöhnlichen, intellektuellen Denken, mit dem Experimentieren und Beobachten erforschen kann.

Die erste Stufe einer solchen Erkenntnis habe ich genannt das imaginative Erkennen. Mit diesem imaginativen Erkennen ist nun nicht etwa gemeint, daß man entwickeln soll die Fähigkeit, sich Einbildungen, Phantasmen in die Seele hereinzuzüchten, sondern es ist gemeint gegenüber dem gewöhnlichen abstrakten Erkennen ein bildhaftes Erkennen, das man eben einfach braucht, um die wirklichen Geheimnisse des Daseins zu erforschen. Dieses bildhafte Erkennen, es wird – wie gesagt, ich kann nur das Prinzipielle andeuten –, so erlangt, daß man in langer Seelenarbeit – allerdings, es hängt von den individuellen Fähigkeiten ab, der eine braucht lange, der andere nur kurze Zeit –, versucht, ein Meditatives bis zur Steigerung der inneren Seelenfähigkeiten anzuwenden. Dieses meditative Leben besteht darin, daß man zum Beispiel – wie gesagt, das weitere ist geschildert in den genannten Büchern –, leicht überschaubare Vorstellungen, Vorstellungen also, die man entweder im Augenblicke bildet, so daß man sie in allen ihren Einzelheiten überschauen kann, oder die man sich von irgend jemandem, der kundig ist in solchen Dingen, geben läßt, daß man solche Vorstellungen mit aller Kraft anwesend sein läßt im gewöhnlichen Bewußtsein, daß man also gewissermaßen alle Seelenfähigkeiten konzentriert auf solche leicht überschaubaren Vorstellungen.

Was wird dadurch erreicht? Nun, ich möchte das, was dadurch erreicht wird, durch einen Vergleich ausdrücken. Wenn jemand die Muskeln seines Armes fortwährend anwendet, namentlich wenn er sie anwendet in einer ganz bestimmten, systematischen Weise, dann werden ihm Kräfte für diese Muskeln zuwachsen. Wenn jemand in einer solchen Weise die Seelenfähigkeiten anwendet, daß er sie konzentriert auf ein selbstzugeteiltes Ziel, auf einen selbst zugeteilten inneren Seeleninhalt, dann werden die Seelenkräfte als solche erstarken, werden erkraften. Und dadurch kommt man in die Lage – wie gesagt, man muß solche Übungen lange machen –, dadurch kommt man in die Lage, innerlich, ohne jetzt Rücksicht zu nehmen auf äußere Sinneseindrücke, eine solche Seelenstärke zu entwickeln, wie sie sonst nur angewendet wird gegenüber den äußeren Sinneseindrücken selbst.

Die äußeren Sinneseindrücke sind konkret, bildhaft. Jeder, der eine gewisse Selbstbesinnung hat, weiß, daß er eine größere Intensität seines Seelenlebens entwickelt, wenn er in den äußeren Sinneseindrücken lebt, als wenn er in abstrakten Vorstellungen oder in Erinnerungen lebt, wenn er also in demjenigen lebt, was ihm bleibt, wenn er seine Wahrnehmungsfähigkeit abwendet von dem äußeren Sinnesleben und sich eben nur auf sein Seelisches als solches beschränkt, so wie es, ich möchte sagen als ein Nachhall, als eine Nachwirkung entsteht durch die lebendigen, gesättigten äußeren Sinneseindrücke. Worauf es ankommt, meine sehr verehrten Anwesenden, das ist eben, daß das innere Seelenleben so verstärkt wird, daß man in dieser inneren Erkraftung etwas haben kann, was man sonst eigentlich im gegenwärtigen Menschenleben zwischen Geburt und Tod nur haben kann, wenn man der Stärke der äußeren Sinneseindrücke hingegeben ist. Man gelangt dadurch zu einem bildhaften Vorstellen, zu einem Vorstellen, das tatsächlich abweicht von dem gewöhnlichen abstrakten Vorstellen – sagen wir, wenn wir wissenschaftlich reden wollen, von jenem Vorstellen, durch das man sich auf Grundlage von Beobachtung und Experiment Naturgesetze zur Anschauung bringt. Man gelangt dazu, innerlich so zu erstarken, daß man nicht nur ein solches Denken, ein solches inneres Seelenleben hat, wie es zum Beispiel im Erfassen der Naturgesetze ist, sondern wie es im Erfassen äußerer Bildlichkeit ist. Man gelangt zu innerer Bildhaftigkeit des Vorstellens. Man gelangt dazu, nicht bloß in Gedanken abstrakter Art zu denken, sondern in inneren Bildern zu leben.

In dem Augenblicke, wo man nun solch ein entwikkeltes inneres Anschauungsvermögen charakterisiert, wird sogleich geltend gemacht: Ja, Anthroposophie will etwas entwickeln, was man eigentlich kennt als untergeordnete Seelenfähigkeiten, als Seelenfähigkeiten, die halb oder ganz – wie man es nun nehmen will – in das Pathologische hinüberspielen. – Und weiter sagt man: Wer in einer solchen Weise sein inneres Anschauungsvermögen erkraftet, so daß ihm die Fähigkeit erwächst, zu inneren Bildern zu kommen, ohne daß er diese Bilder aus der äußeren Sinneswelt aufnimmt, der gibt sich hin einer Fähigkeit, die gleich ist mit der halluzinatorischen Fähigkeit, mit der Fähigkeit, sich allerlei pathologische Phantasmen einzubilden und dergleichen. – Und es ist ja in der Tat von Vertretern der heutigen Wissenschaften immer wieder eingewendet worden, daß man das, was da die Anthroposophie als ihr inneres Schauen in Bildern behauptet, zurückführen müsse auf unterdrückte Nervenkräfte, die dann in dem entsprechenden Momente durch das intensivierte innere Leben aus dem Inneren aufsteigen, so daß man eigentlich in diesen Bildern nichts anderes habe als ein unterdrücktes Nervenleben.

Diejenigen Vertreter der Wissenschaft, die das anthroposophische Schauen in dieser Art verwechseln mit – im trivialen Leben so genannten – Halluzinationen, die haben sich eben doch nicht gründlich beschäftigt mit dem, was eigentlich das anthroposophische Schauen in Wirklichkeit ist. Erstens könnte man ja solchen Einwendungen damit begegnen, daß man aufmerksam macht, wie Anthroposophie überall darauf hält, daß sie in bezug auf das, was die äußere Naturwissenschaft behandelt, genau ebenso streng vorgeht wie diese Naturwissenschaft selbst und zu ihren wichtigsten Vorbereitungen das nimmt, was anerkannte naturwissenschaftliche Methoden sind, daß sie nur von diesen aufsteigt, so daß man also eigentlich nicht davon sprechen dürfte, daß derjenige, der auf dem wahren Boden der Anthroposophie steht, etwa Anzeichen davon an den Tag legen würde, daß er sich einem Schauen hingibt wie irgendein beliebiges Medium oder irgendein beliebiger Phantast. Man wird nicht erleben, daß ein beliebiges Medium oder ein beliebiger Phantast sich streng auf den Boden naturwissenschaftlicher Forschung stellt und diese zum Ausgangspunkte nimmt und das, was dann Schauen werden soll, gerade hervorgehen lassen will aus diesen strengen naturwissenschaftlichen Methoden. Aber davon will ich ja gar nicht einmal reden, sondern ich möchte darauf aufmerksam machen, daß Anthroposophie eine gründlichere, exaktere Denkmethode fordert, als eigentlich gewöhnlich in solchen Einwendungen zutage tritt oder angewendet wird.

Da handelt es sich darum, daß vor allen Dingen solche Einwände doch noch nicht von einer wirklich gründlichen Seelenkunde oder Psychologie ausgehen. Unsere Seelenkunde läßt ja heute noch sehr vieles zu wünschen übrig. Sie ist durchaus nicht angemessen den exakten Methoden der äußeren Naturforschung. Sie ist eigentlich in vieler Beziehung durchaus ein Chaos von altüberlieferten und bis zu bloßen Worten extrahierten Vorstellungen und allerlei Abstraktionen. Sie beruht nicht auf einer wirklichen Beobachtung des Seelenlebens, auf einer exakten Empirie des Seelenlebens. Eine solche exakte psychologische Empirie muß sich ja vor allen Dingen die Frage vorlegen: Wie steht es eigentlich mit demjenigen, was unsere Sinneswahrnehmung ist? Was wirkt denn eigentlich in unserer Sinneswahrnehmung?

In unserem Gesamtseelenleben wirken Vorstellen, Fühlen, Wollen. Aber unser Seelenleben ist nicht so, daß wir anders als in der Abstraktion voneinander trennen können Vorstellen, Fühlen und Wollen, sondern an allem, was unsere Seele irgendwie vermag, sind Vorstellen, Fühlen und Wollen beteiligt. Man kann eigentlich nur sagen: Wenn wir im Vorstellungsleben sind, dann spielen Fühlen und Wollen in das Vorstellungsleben hinein. Wenn wir innerhalb des Vorstellungslebens ein bejahendes oder verneinendes Urteil fällen, dann ist allerdings unser Seelenleben nach außen orientiert, aber die Bejahung oder Verneinung wird durch einen Willensimpuls vollzogen. Es spielt in unser Vorstellungsleben dieser Willensimpuls durchaus hinein. Und nur derjenige kann einen exakten Begriff von dem Seelenleben und seinen verschiedenen Äußerungen bekommen, der sich überall klar ist, welches der Anteil des Fühlens am Wollen ist – oder umgekehrt des Vorstellens am Wollen und so weiter.

Nun ist ja verhältnismäßig leicht einzusehen, daß in unser Vorstellungsleben der Wille hineinspielt. Ich habe eben aufmerksam gemacht auf das Fällen von Urteilen, und derjenige, der das Urteilen wirklich studiert, wird eben schon sehen, wie in das Vorstellen der Wille hineinspielt. Aber auch – und das ist wichtig, meine sehr verehrten Anwesenden – in unser Sinneswahrnehmen spielt der Wille hinein. Und hier muß ich aufmerksam machen auf etwas, was gewöhnlich in der heutigen Psychologie wohl gar nicht gewußt wird, jedenfalls nicht genügend charakterisiert wird. In unser Sinneswahrnehmen, in all unser Sehen, Hören und in die sonstigen Sinneswahrnehmungen spielt durchaus der Wille hinein. Was geht eigentlich in der Sinneswahrnehmung vor sich?

Indem wir wahrnehmen, sind wir ja bei jedem Seelenakt, auch bei all demjenigen, in dem wir uns scheinbar passiv der Außenwelt gegenüberstellen, innerlich aktiv. In dem, was wir durch innerliche Aktivität der äußeren Welt entgegenbringen, uns also irgendeiner Sinneswahrnehmung exponieren, in dem lebt durchaus – allerdings, ich möchte sagen verdünnt, filtriert –, aber es lebt darin der Wille. Und das Wesentliche der Sinneswahrnehmung besteht darinnen, daß dieser Wille – man könnte das durchaus stundenlang im einzelnen ausführen, ich kann es hier nur andeuten –, daß dieser Wille, den wir gewissermaßen von innen nach außen exponieren, zurückgeschlagen wird von den verschiedenen Agenzien. Und wir werden das Wesen des Reizes, das Wesen der Gesamtsinneswahrnehmung nur begreifen, wenn wir dieses Spiel des Willens von innen nach außen und den Gegenschlag der Naturagenzien von außen nach innen ins Auge fassen können, wenn wir gewahr werden, wie in jedem Sinneswahrnehmungsakt ein Zurückschlagen des Willens vorhanden ist und wie alles das, was von der Sinneswahrnehmung an Erinnerungen oder sonstigen Vorstellungen bleibt, eigentlich zurückgenommener Willensimpuls ist. Und so können wir unterscheiden, indem wir uns sinnlich exponieren, dasjenige, was in einer solchen Weise vom Willen aus spielt, von demjenigen, was dann, ausgehend vom ganzen Akt und anschließend an diesen sich fortsetzt in dem Vorstellungsleben.

In dem Vorstellungsleben lebt nun, wie ich schon angedeutet habe, allerdings auch der Wille, aber er lebt so, daß das Innere des Menschen an dieser Willensentfaltung ins Vorstellungsleben hinein einen viel größeren Anteil hat als an der Willensentfaltung in das Sinnenleben hinein. Zunächst bleibt unser Wille vor allen Dingen viel aktiver, viel subjektiver, viel persönlicher im Vorstellen als in der Sinneswahrnehmung. Sehen Sie, sehr verehrte Anwesende, alles das, was ich beschrieben habe in meinem Buche «Wie erlangt man Erkenntnisse der höheren Welten?» zur Ausbildung des übersinnlichen Erkenntnisvermögens, das zielt darauf hin, daß man sich diesen Willen, der in die Sinneswahrnehmungen hineinspielt, der also angewendet werden muß auch von der exaktesten Naturforschung, zum vollen Bewußtsein erhebt. Und man muß nun sein Vorstellungsleben innerlich zunächst so organisieren, daß in diesem Vorstellungsleben nicht der subjektiv willkürliche Wille – wenn ich mich so ausdrükken darf – lebt, wie er sonst im Vorstellen lebt, sondern derselbe objektive Wille, der in der Sinneswahrnehmung lebt. Anthroposophisch orientierte Geisteswissenschaft, wie ich sie meine, geht nicht darauf aus, in einer nebulos-mystischen Weise allerlei aus dem Untergrunde des Seelenlebens heraufzuholen, um etwa einen subjektiven Willen hineinzupressen in das Vorstellungsleben. Dieser subjektive Wille ist im gewöhnlichen Leben schon darinnen, aber er muß gerade durch die Übungen zur Erlangung höherer Erkenntnisse aus dem Vorstellungsleben herausgelöst werden, und es muß derjenige Wille, zu dessen Durchschauen man sich sorgfältig heranerzieht und der gerade in der Sinneswahrnehmung – und nur in der Sinneswahrnehmung – lebt, disziplinierend das Vorstellungsleben durchdringen.

Damit ist – wenn ich mich so ausdrücken darf – etwas Ungeheures erreicht. Damit ist erreicht, daß das gesamte Vorstellungsleben den Charakter annimmt, den sonst nur das Sinneswahrnehmen hat. Das ist etwas, was jeder einzelne als seine persönliche Entdeckung machen muß. Der Mensch weiß, vorstellen kann er sich alles mögliche; da kann der Wille hineinspielen, indem er das Urteil so oder so wendet. Was lebt nicht alles im Vorstellen! Wenn aber der Mensch seine Sinne gebraucht, dann zwingt ihm die Außenwelt die Disziplinierung des Willens auf – in solcher Weise, wie man den Willen bei der Sinneswahrnehmung eben anwenden kann –, und dann ist es unmöglich, die innere Subjektivität in willkürlicher Weise zur Geltung zu bringen. Ich erinnere daran, daß man wohl in der anthropologischen Psychologie schon von einer anderen Seite darauf aufmerksam gemacht hat, wie der Wille in den Sinneswahrnehmungen lebt – ich erinnere nur an die Lokalzeichen Lotzes und so weiter. Nur wenn man aber dazu kommt, diesen in die Objektivität überspringenden Willen nun auch in das Vorstellungsleben hereinzubringen, dann gestaltet man das Vorstellungsleben so, daß es zum imaginativen Erkennen wird, daß es ebenso teilhat an der Objektivität, wie sonst nur das Sinneswahrnehmen an der Objektivität teilhat.

Sehen Sie, meine sehr verehrten Anwesenden, gegenüber dem, was ich jetzt nur in wenigen Strichen andeuten konnte, gegenüber dem, was durchaus im exaktesten Sinne gemeint ist, was aber nicht so gemeint ist, daß man sich allerlei phantastischen Vorstellungen hingibt über innere Seelenentwicklung – wie es bei nebulosen Mystikern auch der Fall ist –, gegenüber dem sind doch all die Einwendungen – auch diejenigen, die heute von offizieller Wissenschaft gemacht werden – für den, der die Sache kennt, im Grunde außerordentlich dilettantisch. Denn gegenüber all dem, was jemals einfließen kann in Halluzinationen, in Träume, in all das, was nur aus der Organisation des Menschen subjektiv aufsteigt, gegenüber dem also, wo der Mensch ohne objektive Orientierung lebt, wo er ganz hingegeben ist nur seinem Inneren, gegenüber dem wird ein Vorstellungsleben entwickelt, das nachgebildet ist dem äußeren Sinnesleben mit seiner Objektivität. Es wird also gewissermaßen die Objektivität der Sinneswahrnehmung ausgedehnt nach innen über das Vorstellungsleben. In alledem, was beim Mediumismus, was irgendwie beim krankhaften Hellsehen vorliegt, wird dagegen das, was zur Bildhaftigkeit, zum halluzinatorischen Leben führt, aus dem Inneren des Menschen heraufgeholt.

Aber das ist ja gar nicht der Fall bei jenen Methoden, die angewendet werden zur anthroposophischen Forschung. Da geht man nicht von innen nach außen, wie es im Grunde bisher noch jede Mystik gemacht hat, sondern da geht man von außen nach innen. Da lernt man nicht an seinem inneren mystischen Gefühl, da lernt man gerade an der äußeren Sinneswahrnehmung, wie man sich objektiv der Welt gegenüber einstellt. Und dann entdeckt man, daß man allerdings, indem man auf diese Weise an der Sinneswahrnehmung gelernt hat, in die Lage kommt, das Vorstellungsleben in einer ebensolchen Weise zu einem Konkreten, zu einem innerlich Gesättigten zu gestalten, wie man es sonst nur bei der Sinneswahrnehmung vor sich hat. Und wenn man zu einem solch innerlich gesättigten Vorstellen kommt, das nun durchaus ebenso wie die Sinneswahrnehmung in etwas Objektives einfließt – also nicht bloß subjektiv orientiert ist –, wenn man zu einem solchen imaginativen Vorstellen, wie ich es nenne, kommt, dann erst ist man in der Lage, aufzusteigen von einer gewissen Stufe der Naturerkenntnis zu einer anderen Stufe, die ich gleich charakterisieren will.

Vorerst aber möchte ich sagen, daß die anthroposophische Geisteswissenschaft, so wie ich sie meine, sich durchaus redlich bemüht hat, zunächst Klarheit zu schaffen nach allen Seiten über die Stellung einer solchen imaginativen Erkenntnis. Und gestatten Sie mir, meine sehr verehrten Anwesenden, daß ich, der ich ja diese anthroposophische Geisteswissenschaft vor allen Dingen zu vertreten habe, eine kleine persönliche Einschaltung mache, die durchaus nicht persönlich gemeint ist, sondern ganz objektiv damit zusammenhängt, wie ich selber dazu gekommen bin, nicht nur solche anthroposophischen Methoden auszubilden, sondern es mir auch wahrhaftig sauer genug habe werden lassen, an solche anthroposophischen Methoden zu glauben, in ihnen eine Erkenntnisberechtigung zu sehen. Denn glauben Sie nicht, meine sehr verehrten Anwesenden, daß derjenige, der es mit diesen Dingen ernst nimmt, unkritisch ist, daß er sich nicht durchaus auseinandersetzen will mit den gründlichsten und exaktesten erkenntniskritischen Methoden der Gegenwart. Wie gesagt, gestatten Sie mir eine persönliche Bemerkung.

Ich war etwa dreizehn Jahre alt, da kam ich über eine Abhandlung, die – so war es ja besonders in den siebziger Jahren des vorigen Jahrhunderts tonangebend –, vor allen

Dingen darauf bedacht war, die äußeren Naturerscheinungen in exakter Weise rechnungsmäßig zu erforschen und eigentlich nur dasjenige gelten zu lassen als Naturgesetzmäßigkeit, was man errechnen kann. Diese Abhandlung bemühte sich, selbst die letzten mystischen Begriffe aus der Naturerkenntnis herauszuwerfen. Als einen solchen mystischen Begriff sah diese Abhandlung die Gravitationskraft, die Anziehungskraft im Sinne Newtons, an. Diese Abhandlung hieß «Die Anziehungskraft betrachtet als eine Wirkung der Bewegung». Und es sollte nicht der mystische Begriff der Anziehung verwendet werden, indem zwei materielle Körper sich irgendwie anziehen durch den Raum hindurch, sondern es wurde in einer außerordentlich exakt-mathematischen Weise versucht, die Anziehung so zu erklären: Die ponderable Materie ist in einem Weltengase drinnen, und dadurch kann eine gewisse Anzahl Stöße zwischen – sagen wir – benachbarten materiellen Körpern berechnet werden. Wenn man nun die Zahl der Stöße, die von innen kommen, vergleicht mit der Zahl der Stöße, die von außen kommen, dann kommt man dabei zu einer reinen, mystikfreien Erklärung der Gravitation.

Ich erwähne das aus dem Grunde, weil für mich diese Abhandlung eben – wie gesagt – in mein dreizehntes Lebensjahr hereingefallen ist. Um diese Abhandlung zu verstehen – Sie können sich denken, daß das für einen dreizehnjährigen Knaben nicht gerade ein Leichtes ist –, mußte ich mich bemühen, mit dreizehn Jahren schon Differential- und Integralrechnungen zu bezwingen, denn nur dadurch kann man diese Vorstellungen wirklich beherrschen. Und ich hatte dabei Gelegenheit, einen

Ausgangspunkt zu gewinnen für alles folgende, was man eigentlich braucht, um mit solchen Vorstellungen, die in einer unbestimmten Gewißheit immer in mir gelebt haben, erkenntniskritisch zurechtzukommen. Man muß wirklich eine Vorstellung darüber gewinnen, wie man in dem ganzen Sinnesbeobachten eigentlich mathematische Gesetze oder auch Gesetze der Phoronomie verwendet, wie man da eigentlich vorgeht, was man von sich selbst der Außenwelt entgegenbringt und so weiter. Kurz, für mich war das der Ausgangspunkt, danach zu forschen, wie weit dieses merkwürdige innere Seelengebiet, das wir Mathematik nennen, eigentlich die äußere Wirklichkeit beherrschen kann.

Heinrich Schramm, der Verfasser dieser Abhandlung – ich halte sie heute noch für außerordentlich bedeutend –, war durchaus davon überzeugt, daß man mit der Mathematik überall hinkann, daß man also einfach vorauszusetzen hat Materie, Raum, Bewegung und daß man dann mit Mathematik überall hinkann. Er war überzeugt, daß man die verschiedensten Eigenarten des Naturwesens in der gewöhnlichen Mechanik, in der Wärmelehre, in der Optik, in dem Gebiete des Magnetismus und der Elektrizität, daß man all diese verschiedenen Erscheinungen mit der Mathematik erfassen kann, daß man zu all diesen verschiedenen Erscheinungen richtig gelangen kann, wenn man die Mathematik nur richtig anwendet. Wenn man also gewissermaßen diese mathematische Forschung auf einen hypothetischen materiellen Vorgang anwendet, springt einem die magnetische Anwendung entgegen, auf einen anderen Vorgang angewendet die elektrische Anwendung – kurz, man erklärt alle Naturerscheinungen als eine Wirkung der Bewegung. Man wird ganz mystikfrei; man beschränkt sich auf das Anschauliche, das man erfassen kann im rein mathematischen Vorstellen. Dieses Ringen, das muß man einmal durchgemacht haben, dieses Ringen mit einer Erkenntnis, die der Außenwelt gegenüber mathematisch vorgeht und nun mathematisch die Sinneswahrnehmungen erfassen will, denn die Außenwelt muß eben doch irgendwie erfaßt werden, auch wenn man noch so mathematisch vorgeht.

Nun ergab sich mir auf diesem Wege aber noch ein anderes. Ich vertiefte mich in das, was man in der Mathematik das Wahrscheinlichkeitsproblem nennt, wo man zu berechnen versucht, welche Wahrscheinlichkeit besteht, daß man – sagen wir zum Beispiel – mit zwei Würfeln einen bestimmten Wurf macht, wo oben die Eins, die Zwei und so weiter liegt, wo man also Wahrscheinlichkeiten ausrechnet. Dieses mathematische Gebiet, diese Wahrscheinlichkeitsrechnung, spielt ja eine sehr große Rolle im Versicherungswesen. Da findet die Wahrscheinlichkeitsrechnung durchaus eine reale Anwendung. Aus der Zahl der Sterbefälle innerhalb einer größeren Anzahl von Menschen berechnet man, welche Wahrscheinlichkeit besteht, daß irgendein – sagen wir – dreißigjähriger Mensch mit sechzig Jahren noch lebt, und danach bemißt man seine Versicherungsfähigkeit und auch seine Versicherungsprämie. Da berechnet man also etwas, wo man sich in einer sehr merkwürdigen Weise mit dem Rechnen in die Wirklichkeit hineinstellt. Daß man sich in die Wirklichkeit hineinstellt mit dem Rechnen, das werden Sie einfach daraus erkennen, daß ja theoretisch eigentlich jeder seine Lebensdauer so berechnen kann, daß es für das Versicherungswesen voll genügt. Ich hätte also zum Beispiel mit dreißig Jahren mich entschließen können, mein Leben zu versichern. Es wäre durchaus zu berechnen gewesen, wie groß meine wahrscheinliche Lebensdauer sein würde, wieviel ich also zu zahlen gehabt hätte. Kein Mensch wird aber glauben, daß er nun, wenn diese wahrscheinliche Lebensdauer abgelaufen ist, wirklich sterben muß.

Wir haben da durchaus ein Gebiet, wo die Mathematik gültig ist für das, was sie will, wo aber das individuelle Leben als solches sich durchaus nicht einfügt in das mathematische Formelwesen, wo das Leben als solches herausfällt aus dem mathematischen Formelwesen. Wir haben auf diese Weise in gewissen Gebieten der Naturwissenschaft eine innere Erkenntnisbefriedigung, wenn wir davon ausgehen, daß das mathematisch Durchschaute adäquat ist dem, was einem äußerlich in der Sinneswelt entgegentritt. Gerade in den Gebieten aber, in denen die Wahrscheinlichkeitsrechnung spielt, liegt durchaus etwas vor, wo wir uns sagen müssen: Für das äußere Leben, für dasjenige, was da vorgeht im äußeren Beobachten, genügt die Mathematik, aber niemals kann einem die Überzeugung beigebracht werden, daß damit auch das innere Leben gemeistert ist.

Ich müßte sehr viel Zwischenglieder erzählen, wenn ich nun zeigen würde, wie ich, von solchen Vorstellungen ausgehend, zu dem Kapitel in meiner «Philosophie der Freiheit» – sie ist 1893 in erster Auflage erschienen – über den Lebenswert, über den Wert des menschlichen Lebens gekommen bin. Da hatte ich es ja vor allen Dingen zu tun mit einer Bekämpfung des Pessimismus als solchem. Dieser Pessimismus beherrschte dazumal noch viel mehr das philosophische Anschauen gewisser Kreise, als das dann später der Fall gewesen ist. Dieser Pessimismus ging ja prinzipiell von Schopenhauer aus, aber systematisch wurde dieser Pessimismus von Eduard von Hartmann begründet. Eduard von Hartmann ging nun mit Bezug auf das Gebiet des ethischen Lebens, des sozial-ethischen Lebens, vom Rechnen aus. Wenn Sie heute seine Rechnungen noch nachschauen – sie sind außerordentlich interessant. Er versucht nun, wirklich zu rechnen, wie man auf der einen Seite positiv ansetzen kann alles das, was dem Menschen im Leben Lust und Freude, Glück bringt und so weiter, und wie man auf der anderen Seite alles negativ ansetzen kann, was dem Menschen Leid, Schmerz, Unglück und so weiter bringt. Und er subtrahiert und bringt tatsächlich plausibel heraus, daß für die meisten Leute die unglücklichen Dinge, die leidvollen Dinge überwiegen, daß also die negativen Positionen überwiegen.

Sie mögen über solche philosophischen «Kleinigkeiten» denken, wie Sie wollen; für denjenigen, der zu den Grundfesten der Erkenntnis vordringen will, sind das eben keine Kleinigkeiten, und sie dürfen es auch nicht bleiben, wenn wir aus der Misere des heutigen Erkenntnislebens herauskommen wollen. Für mich wurde das ein sehr wichtiges Problem, denn ich sagte mir, das fühlt doch der Mensch nicht so, wie es hier die Rechnung ergibt. Das ist doch Unsinn – das sieht man in dem Augenblicke, wo man den Menschen fragt: Wenn du dein Glück und dein Unglück zusammenzählen würdest, so würdest du auf der negativen Seite eine größere Zahl bekommen. Würdest du deshalb dein Leben für verloren halten? Würdest du dich deshalb zum Selbstmord für reif halten, wie es Eduard von Hartmann meint, daß es eigentlich jeder Mensch tun sollte, wenn er vernünftig wäre? Für Eduard von Hartmann sagt die Rechnung ja, aber das Leben sagt niemals ja. Warum nicht?

Nun, ich habe in meiner «Philosophie der Freiheit» gezeigt, daß eben einfach diese Subtraktion, die Eduard von Hartmann ausgeführt hat, nicht ausgeführt wird, sondern daß, wenn man überhaupt eine Rechenoperation anwenden will, man eine ganz andere anwenden muß. Da muß man anwenden einen Bruch oder eine Division. Der Zähler oder Dividend erhält alles Glückliche, alles Lustvolle, alles das, was Befriedigung bringt, und der Nenner oder Divisor erhält alles das, was Leid, Unglück, Schmerz und so weiter bringt. Wenn Sie die Rechnung als Division anwenden, dann müßten Sie einen unendlichen Nenner haben, wenn Sie eine Zahl herauskriegen sollen, die Null als Lebensfazit bedeutet. Haben Sie überhaupt nur eine endliche Zahl von Leid und Schmerz, durch die sie dividieren können, dann kriegen Sie niemals ein Lebensfazit heraus, das Null ist. Der Mensch bringt sich nämlich nicht um infolge einer Subtraktion. Und indem ich zeigte, daß hier eben nicht subtrahiert, sondern höchstens dividiert werden darf oder ein Bruchansatz gemacht werden muß, konnte ich zugleich zeigen, daß man für die Mathematik in einem gewissen Falle genötigt ist, vom Leben auszugehen, daß man also einen Zugang gewinnen muß zum Leben, eine unmittelbare Anschauung des Lebens gewinnen muß, bevor man den mathematischen Ansatz macht.

Hier habe ich die drei Punkte beisammen: auf der einen Seite in der Naturwissenschaft den mathematischen

Ansatz, der in der Wahrscheinlichkeitsrechnung adäquat sein kann dem äußeren Tatbestande, der aber der Wirklichkeit gegenüber dennoch nicht genügt, dann die Wirklichkeit, wie sie erfaßt wird in ihrer wirklichen individuellen Gestaltung, und schließlich die Wirklichkeit selbst, die unmittelbar angeschaut wird als Meisterin für den mathematischen Ansatz. Da hat man die Grenze des mathematisch Möglichen, insofern man von der Mathematik selber ausgeht. Und wenn man auf diese Weise erkennt, daß es eine Notwendigkeit gibt, über das Mathematische hinauszugehen, wenn man mit diesem Problem ringt, dann findet man, wenn man auf der anderen Seite jenes Vorstellen gewonnen hat, von dem ich heute gesprochen habe, daß man nun in der Wirklichkeit diesen Sprung gemacht hat, wo man über das abstrakte Denken hinaus, das in der Mathematik uns am reinsten entgegentritt, in die unmittelbare Wirklichkeit hineingekommen ist.

Und von da aus erst entstand die Möglichkeit – man möchte sagen in einer erkenntnistheoretischen Weise, die Goethe selber noch nicht hat geben können –, die Goethesche Morphologie erstens zu erfassen und zweitens auch zu vertiefen, weiter auszuführen. Denn nun handelt es sich darum, daß man, wenn man jenes imaginative Vorstellen gewonnen hat, in der Tat anfängt zu begreifen, was Goethe eigentlich gemeint hat, als er seine Urpflanze, also eine innerlich-geistig erfaßte Form, die all den verschiedenen äußerlich mannigfaltigen Pflanzengestalten zugrunde liegt, entwickelte. Wenn man diese Urpflanze gefaßt hat, so sagte er, könne man theoretisch in der verschiedensten Weise Pflanzen mit der Möglichkeit des Wachstums erfinden, das heißt, man könne den Naturprozeß innerlich nachschaffen. Man hat einen innerlichen Seelenprozeß, durch den man – dem Naturprozeß voraus – aus der einen Urpflanze die verschiedensten Pflanzenformen hervorgehen lassen kann, innerlich nachschaffen kann, so wie die Natur aus der einen typischen Urpflanze die mannigfaltigsten Pflanzenformen schafft. Da hat Goethe schon den Übergang gewonnen von dem reinen abstrakten Denken zu demjenigen, was ich nun nennen möchte «Denken in Formen». Deshalb kam Goethe auch zu einer wirklichen Morphologie.

Dieses Denken in Formen – vielleicht darf ich es noch so charakterisieren. Was tun wir eigentlich gewöhnlich in der Geometrie? Da haben wir es mit Formen zu tun, speziell in der ebenen Geometrie wie auch in der Stereometrie. Aber eigentlich versuchen wir, die Formen zu beherrschen durch Zahlen, denn das Messen ist ja auch schließlich zurückzuführen auf etwas Zahlenmäßiges. Wir versuchen also, die Formen in die Abstraktion der Zahlen hereinzuzwingen. Aber das Mathematische ist, wie ich es gerade ausgeführt habe, begrenzt. Wir müssen es, wenn wir in die Wirklichkeit hinauskommen wollen, verlassen. Und wir können auch den Übergang finden von dem bloßen Zurückführen der geometrischen Formen auf Zahlen zu dem unmittelbaren Erfassen der geometrischen Form. Hat man in dieser Weise einmal Ernst gemacht mit einem innerlichen Erfassen der Geometrie, dann findet man den Übergang auch zu anderen Formen – zu denjenigen Formen, die Goethe meinte, als er von der Urpflanze sprach, die sich dann innerlich in der verschiedensten Weise zu mannigfaltigsten Pflanzenformen gestaltet. Geradeso wie ein Dreieck den einen Winkel größer, den anderen Winkel kleiner haben kann, so daß die verschieden speziellen Dreiecke entstehen, so entstehen aus der Urpflanze heraus, wenn ihr Gesetz einmal erfaßt ist, die mannigfaltigsten Pflanzengestalten, die man in der Seele also überschauen kann. Ich möchte sagen, Goethe ist auf subjektive Weise zu seiner Morphologie gekommen, hat sie auch nur bis zu einem gewissen Grade ausgebildet. Dasjenige aber, was man auf systematische Weise ausbildet, indem man den Willen, der sonst nur in der Sinneswahrnehmung lebt, hineintreibt in das Vorstellungsleben, was man da ausbildet als imaginatives Vorstellen, das ist ein Denken in Formen.

Und wir kommen dazu, jetzt diejenige Stufe der Naturerkenntnis zu überschauen, wo wir in abstrakten Gedanken erfaßbare Naturgesetze haben – dieses Denken können wir anwenden auf die anorganische, auf die leblose Welt. In dem Augenblicke, wo wir heraufkommen wollen in die organische Welt des Pflanzlichen, brauchen wir ein Denken in Formen. Meine sehr verehrten Anwesenden, man mag noch so sehr wettern gegen dieses Denken in Formen, man mag sagen, eine wirkliche Wissenschaft könne nur in diskursiver Weise fortschreiten, könne nur von einem Gedanken zum anderen, also nach der Methode, die man heute als logische Methode anerkennt, vorwärtskommen, man mag sagen, nur das sei wahre Wissenschaft. Ja, man mag lange dekretieren, das sei wahre Wissenschaft – wenn die Natur sich nicht ergibt dieser Wissenschaft, wenn die Natur, zum Beispiel die Pflanzenwelt, sich nicht hineinformen läßt in diese Wissenschaft, dann haben wir eben eine andere Wissenschaft nötig. Wenn das Denken, das rein diskursiv ist, das

Denken, das rein abstrakt ist, nicht genügt, so haben wir eben das Denken in Formen, in innerer Bildhaftigkeit nötig. Und dieses Denken in innerer Bildhaftigkeit macht uns nach außen hin die Pflanzenwelt erklärlich, das macht uns nach innen hin die Einheit unseres gesamten Lebens zwischen Geburt und Tod erklärlich.

Ich habe oftmals in meinen Büchern und in Vorträgen dargestellt, daß in dem Augenblicke, wo man nun wirklich dieses imaginative Denken ausgebildet hat, es sich ergibt, daß sich das Leben von der Zeit an, wo man gelernt hat, zu sich «ich» zu sagen, wo das Erinnerungsvermögen beginnt, bis zum jetzigen Zeitpunkt wie in einem einzigen Tableau ablaufend zeigt. Ebenso wie man sonst seinen äußeren, physischen Körper als zu sich gehörig betrachtet und ihn in irgendeinem Momente anschaut, ebenso hat man auch sein bisheriges Erdenleben im Zeitverlauf wie in einem Bilderpanorama gleichzeitig vor sich. Das ist die erste Errungenschaft wirklich anthroposophischer Wissenschaft: das innere Leben als ein Tableau zu überschauen bis zur Geburt hin, so daß man nun wirklich diesen Zeitorganismus überschaut. Was in meinen verschiedenen Büchern der Ätherleib des Menschen oder der Bildekräfteleib genannt wird – was ist das nun anderes als dasjenige, was so errungen wird durch das imaginative Vorstellen? Wir kommen dazu, unser Leben zwischen der Geburt und dem gegenwärtigen Augenblicke – als eine Einheit in unmittelbarer Gegenwart sich darstellend – zu überschauen, zu gleicher Zeit mit den Impulsen, die uns über den gegenwärtigen Augenblick in unser weiteres Erdenleben hinaustragen. Und haben wir dieses errungen, dann ergibt sich auch die zweite Stufe des übersinnlichen Erkennens: diejenige, für die heute sogar schwer ein Name zu finden ist; innerlich, als Methode habe ich sie das inspirierte Erkennen genannt. Stoßen Sie sich nicht an dem Ausdrucke. Es soll nicht irgend etwas Althergebrachtes darunter verstanden werden, sondern nur dasjenige, was ich eben in meinen Büchern angedeutet habe, was ich auch hier prinzipiell andeuten will.

Ich habe gesagt, das imaginative Vorstellen werde dadurch errungen, daß wir gewisse leicht überschaubare Vorstellungen in den Mittelpunkt unseres Bewußtseins rücken und daß dadurch dieses Bewußtsein erstarkt. Geradeso wie wir da gewissermaßen das Erinnern nachbilden, wenn wir solche Vorstellungen in den Mittelpunkt unseres Bewußtseins rücken, müssen wir nun auch das Vergessen entwickeln als eine Willenstat unseres Lebens. Ebenso wie wir unsere ganzen Seelenkräfte konzentrieren können auf bestimmte Vorstellungen, die wir so, wie ich es charakterisiert habe, in unser Bewußtsein hereinstellen, ebenso müssen wir fähig werden, auch diese Vorstellungen durch innere Willkür, wann immer wir wollen, aus unserem Bewußtsein heraustreiben zu können. Wir müssen also das Vergessen ebenso nachbilden, wie wir das Erinnern künstlich – wenn ich mich so ausdrücken darf – nachbilden.

Wenn wir auch diese Übungen machen, so werden wir sehen, daß allerdings eine solche Vorstellung, die wir in dieser Weise in den Mittelpunkt unseres Bewußtseins rücken, zunächst alle möglichen anderen Vorstellungen anzieht – wie Bienen kommen sie herein von allen Seiten, diese anderen Vorstellungen. Die müssen wir ausschließen lernen; überhaupt müssen wir alles Vorstellen ausschließen lernen. Wir müssen gewissermaßen lernen, nachdem wir solche Vorstellungen entwickelt haben, das Bewußtsein leer machen zu können, ohne daß wir dabei einschlafen. Man soll nur einmal probieren, was das heißt! Das muß geübt werden, denn sobald der Mensch, wenn er nur die gewöhnliche Bewußtseinsstärke hat, sich bemüht, sein Bewußtsein leer zu machen – namentlich nachdem er sich zunächst stark angestrengt hat, sich konzentriert hat auf eine bestimmte Vorstellung –, schläft er unweigerlich ein. Aber das ist ja gerade das, was herbeigeführt werden muß: leeres Bewußtsein nach imaginativen Vorstellungen, also zunächst ohne einen subjektiven Inhalt. Und in diesem Momente, wo man das errungen hat, da strömt die geistige Welt in das so vorbereitete Seelenleben herein. In diesem Momente gelangt man dazu, eine Welt zu schauen, die nicht für die äußerliche Sinneswahrnehmung da ist, sondern die diejenige Welt ist, die wir jetzt nicht bloß – wie in der imaginativen Erkenntnis, wo wir bis zur Geburt hinsehen – als unserem Erdenleben angehörig erblicken, sondern da sehen wir diejenige Welt, die uns als Wesen enthalten hat, bevor wir zum Erdenleben heruntergestiegen sind. Da lernen wir uns als geistig-seelisches Wesen in einer rein geistigen Welt kennen. Da lernen wir dasjenige in uns kennen, was diesen Organismus, der hier in der Erdenwelt lebt, geschaffen hat. Da lernen wir durch Erkenntnis das Unsterbliche des Menschen kennen.

Und von da aus ist es dann – das will ich nur erwähnen – eine Stufe zum intuitiven Erkennen, um auch die Einsicht zu bekommen, daß die Erdenleben des Menschen sich wiederholen. Aber das werden Sie aus dem, was ich nur andeutungsweise darstellen konnte, ersehen haben, daß es sich darum handelt, durch streng systematische Innenschulung dazu zu kommen, das Bewußtsein bereit zu machen, nicht eine beliebige Welt aus dem Inneren herauszuschöpfen, sondern im Gegenteil: das Bewußtsein nach vorheriger Imagination frei zu machen für das Anschauen der geistigen Welt. Ebenso wie wir mit den äußeren Sinnen der äußeren Welt gegenübertreten, indem in diesen äußeren Sinnen der Wille lebt, der mit der Objektivität in Beziehung, in ein Verhältnis tritt, so machen wir, nachdem wir das innere Seelenleben völlig frei von Körperlichem bekommen haben, die Seele bereit, die geistige Welt zu schauen, wie sie durch die Sinne die physisch-körperliche Welt schaut. Da bekommen wir die Möglichkeit zu sehen, welches Wesen uns aufgebaut hat, insofern wir aus der Individualität heraus, nicht aus dem Kosmos heraus aufgebaut sind, und wie dieses Wesen als präexistentes Wesen in der geistigen Welt gelebt hat, bevor wir aus der Vererbungsströmung durch Generationen hindurch den physischen Leib angenommen haben. Und dann lernen wir dasjenige erkennen, was wiederum, durch die Pforte des Todes tretend, hinausdringt in die geistige Welt, wenn wir diesen physischen Leib ablegen. Wir lernen erkennen, was diesen physischen Leib aufbaut, was in diesem physischen Leib eine gewisse Transformation erlebt durch die Geburt, was durch die Erfahrungen des Lebens neu angefacht wird und dann durch den Tod wiederum eintritt in die geistig-seelische Welt. Es wird also angestrebt durch die Entwicklung bestimmter Seelenkräfte nicht eine Phantasterei, nicht ein Philosophieren, nicht ein Spekulieren über die Unsterblichkeit des Menschen, sondern es wird angestrebt ein wirkliches Schauen dessen, was als Unsterbliches in uns lebt. Und vertiefen wir also das geistige Leben in dieser Weise, dann stehen wir in einer geistigen Objektivität drinnen, und es kann nicht gesagt werden, daß dieses Drinnenstehen in einer geistigen Objektivität in irgendeiner Weise sich vergleichen ließe mit den aus dem bloßen Inneren heraufsteigenden Halluzinationen oder irgendwelchen subjektiv phantastischen Gebilden.

Nun möchte ich – allerdings mehr vergleichsweise andeutend – zeigen, wie man auf diese Weise nicht nur zur Menschenerkenntnis, zu einer Anthropologie, sondern auch zu einer Kosmologie kommen kann. Die Zeit drängt, ich kann es daher nur kurz andeuten.

Wie geht unser gewöhnliches Leben zwischen Geburt und Tod vor sich? Da sehen wir, meine sehr verehrten Anwesenden, wie wir durch die Sinneserfahrungen die äußeren Erlebnisse haben, wie durch die Sinneserfahrungen die Vorstellungen ausgelöst, entwickelt werden und wie dann, nachdem die Vorstellungen entwickelt worden sind, diese Vorstellungen wiederum hervorgerufen werden können durch die Erinnerungskräfte. Wir sehen also, wenn wir unser Seelenleben überschauen, daß wir in dem, was wir in uns tragen, gewissermaßen die Bilder haben von dem, was wir an der Außenwelt erlebt haben. Ich suche aus dem tiefsten Inneren meines Seelenlebens ein bestimmtes Vorstellungsbild. Dieses Vorstellungsbild bringt mir im gegenwärtigen Augenblicke etwas vor die Seele, was ich vielleicht vor fünfzehn Jahren erlebt habe: ein Objektives, vollständig subjektiv erlebt. Aber wenn mein gesamtes inneres Seelenleben gesund ist, wenn das, was ich mir da als Erinnerungsbild vorstelle, in einer gesunden Verbindung mit meinem übrigen Seelenleben steht und namentlich wenn ich in der Lage bin, mich äußerlich durch die Sinne jederzeit ordentlich orientieren zu können, dann bin ich auch imstande, aus dem, was ich gegenwärtig vor mir habe – indem ich äußerlich alles heranziehe, womit dies im Verhältnis steht – mir zu sagen, wie das äußere objektive Erlebnis vor fünfzehn Jahren war.

Durch unsere Seele tragen wir zwischen Geburt und Tod in uns zunächst die Welt unserer Erlebnisse. Aber, meine sehr verehrten Anwesenden, wir tragen auch noch anderes in uns. Wenn wir nur so unser Leben betrachten, wie wir es gewöhnlich in unserem Seelenleben überschauen, da haben wir nur dasjenige gegenwärtig, was ich eben erwähnt habe. Aber wir tragen anderes in uns, und durch das, was ich Ihnen geschildert habe als übersinnliche Erkenntnis, schauen wir tiefer in uns hinein – nicht durch nebulose Mystik, sondern durch der Mathematik verwandte exakte Methoden. Wir tragen in uns Organe, die Organe unseres Inneren. Sie sind aufgebaut aus unserem präexistenten Wesen; sie sind aufgebaut aus der geistigen Welt.

Wer mit solch exakter Anthroposophie, wie ich sie geschildert habe, nun nicht bloß sein Seelenleben, das er sich zusammengesammelt hat zwischen Geburt und dem heutigen Momente, überblickt, sondern wer erkennen lernt durch exakte Methoden das Wesen der Kräfte, die in den inneren Organen walten, der gelangt dazu – so wie er durch seine subjektiven Seelen-Erinnerungsbilder die Welt seiner Erlebnisse kennenlernt –, aus seinen Organen, die er geistig durchschaut, die Welt in ihrer Entwicklung kennenzulernen. Und es ist nicht, meine sehr verehrten Anwesenden, irgendeine Reminiszenz da an irgendeinen alten Aberglauben, an irgendeinen alten Sternenglauben oder dergleichen, wenn heute die Anthroposophie spricht von einer Weltentwicklung, sondern es ist eine Menschenerkenntnis zugrundeliegend, die den inneren Menschen so erkennt, wie das bloße Seelenleben erkannt wird als ein Abbild der seit der Geburt erlebten Ereignisse, die mit uns im Zusammenhang stehen.

So erleben wir einen Zusammenhang mit der ganzen Welt. Wie unsere Erinnerungen innere Abbilder sind unserer Erlebnisse seit der Geburt, so ist unser ganzer innerer Mensch – wenn wir ihn verstehen lernen – ein Abbild der ganzen Weltentwicklung. Das heißt «Lesen in der Akasha-Chronik» – nicht all die konfusen Vorstellungen, die der Anthroposophie entgegengehalten werden. Das heißt aus Menschenerkenntnis, aus wahrer Menschenerkenntnis Welterkenntnis holen. Nur darf man sich die Sache nicht so einfach machen, wie es heute sehr häufig geschieht, wo man mit ein paar hingepfahlten Begriffen etwas, was nur irgend in einem exakten Erkenntnisringen enthalten ist, glaubt umfassen zu können. Niemand würde sich heute vermessen, das System der Mathematik durch ein paar hingepfahlte Begriffe erfassen oder gar kritisieren zu wollen. Dagegen dasjenige, was auf viel kompliziertere Weise, aber mit wahrem Erkenntnisringen erworben ist, das wird heute mit ein paar hingepfahlten Begriffen leichthin zu charakterisieren versucht. Derjenige, der sich bemüht, alle inneren Vorsichtsmaßregeln zu gebrauchen, um nicht in ein Subjektives zu verfallen, sondern ganz in die Objektivität unterzutauchen – das heißt, das Bewußtsein zuerst so zu gestalten, daß es in die geistige Objektivität untertauchen kann –, der wird in der Weise, ich möchte sagen verleumdet, daß man behauptet, im entsprechenden Momente würde nur unterdrückte Nervenkraft heraufgeholt und dabei würden allerlei halluzinatorische Bilder entwickelt.

Nun, meine sehr verehrten Anwesenden, ohne daß ich in eine Gegenkritik verfallen möchte, will ich nur charakterisieren, wie da gegenwärtig vorgegangen wird, und Ihnen das zum Schlusse an einem kleinen Beispiel zeigen. Es erschien vor kurzem eine Schrift, in welcher dargetan werden soll, daß dasjenige, was der Anthroposoph findet, ja bis zu einem gewissen Grade ganz gut zugegeben werden kann – aus dem einfachen Grunde, weil ja heute die andere Wissenschaft auch schon findet, daß die merkwürdigsten Seelenerlebnisse aus dem Unterbewußtsein heraufkommen können. Und so kann man, wie der Verfasser dieser Schrift meint, ganz gut dem Anthroposophen zugeben, daß er allerlei solches erlebt, wie es erlebt wird bei Medien, wie es erlebt wird, wenn man die Leute in Hypnose versetzt oder ihnen Suggestionen beibringt oder auch, wenn man sich selbst Suggestionen schafft. Namentlich wird in dieser Schrift das, was das Wesentlichste an Anthroposophie ist, auf Selbstsuggestion zurückgeführt.

Und nun wird etwas sehr Mehrwürdiges getan. Es wird gezeigt, wie ja die wunderbarsten Wirkungen aus der Seele heraus möglich sind, wie man selbst merkwürdig weitgehende Heilungsprozesse für Tuberkulose, Metritis, Fibrome und so weiter aus dem Seelenleben heraus entwickeln kann, wie selbst tuberkulöse Deformationen der Wirbelsäule ausgeglichen werden können durch das Seelenleben: Warum sollte nicht auch dem Anthroposophen zugegeben werden können, daß er allerlei aus seinem Seelenleben heraufholt, namentlich wenn er sich zuerst in Selbstsuggestion versetzt? Und nun wird gezeigt, daß es solch subjektives Leben gibt, und solch subjektivem Leben, namentlich der Autosuggestion, der Selbstsuggestion, soll auch der Anthroposoph ergeben sein. Und da wird zum Beispiel das folgende behauptet:

> Mittels seiner ....

– also mittels der geistig-seelischen Entwicklung, wie ich sie geschildert habe –

> .... wird das selbstbewußte Handeln, das heißt die Selbstbesinnung in Trance ermöglicht.

Nun, meine sehr verehrten Anwesenden, ich hatte nicht von Trance gesprochen. Ich hatte Ihnen nur davon gesprochen, daß das Bewußtsein zu klareren, helleren Stufen kommt, nicht daß es zurückgeführt wird in Dunkelheit und Düsternis wie in der Trance!

> Und die Selbstbesinnung wiederum ist die Voraussetzung übersinnlichen Schauens. Anders gesagt: Die sogenannten transzendenten Erfahrungen sind Produkte einer methodisch erzeugten Selbstbesinnung im Trancezustand unter gleichzeitiger Wirkung einer systematischen Suggestion. Das eigentliche Agens dabei ist die Selbstsuggestion. Beweis hierfür ist unter ande-

> rem die ausdrückliche Versicherung Rudolf Steiners, «man müsse zur Erlangung höherer Erkenntnisse den Willen mit Gewalt in die Vorstellung hineintreiben».

Also, hier wird behauptet, ich hätte am 8. Juli in Bern in einem Vortrag gesagt, man müsse zur Erlangung höherer Erkenntnis den Willen mit Gewalt in die Vorstellung hineintreiben.

Nun, zunächst etwas, wo man sehen kann, wie merkwürdig exakt heute in wissenschaftlichen Abhandlungen vorgegangen wird! Da wird zum Beispiel auf derselben Seite gesagt, wie solche Suggestionen wirklich ausgeführt werden können, wie jemandem etwas suggeriert werden kann, so daß ihm eine Idee beigebracht wird, und wie er dadurch ganz aufgeht in dieser Idee und sogar allerlei aus sich selber macht infolge dieses Aufgehens in dieser Idee. Und nun sagt der Verfasser:

> Diese Erfolge beruhen in der Hauptsache darauf, daß Coué einmal die Suggestion als eine selbständige, vom Willen unabhängige (ideo-dynamische) Kraft auffaßt ....

– «ideo-dynamisch» steht in Klammern, das ist sehr wichtig! –

> .... und daß er die Bedeutung dieser unterbewußten Macht erkannt hat.

Also, man hat es zu tun mit einer vom Willen unabhängigen, ideo-dynamischen Kraft. Trotzdem soll diese ideo-dynamische Kraft, die also vom Willen unabhängig ist, von mir in Anspruch genommen werden, indem ich sage, man muß seinen Willen in die Vorstellung hineintreiben. Nun, nehmen wir zunächst einmal den Satz so, wie der Verfasser behauptet, ich hätte ihn in Bern gesagt: Man muß mit Gewalt seinen Willen in die Vorstellung hineintreiben.

Ich habe auch heute davon gesprochen, wie man den Willen, den man zuerst kennenlernt an der Sinneswahrnehmung, in das Vorstellungsleben hineinentwickeln muß. Dadurch bekämpft man gerade die bloß suggestiven Einflüsse. Damit wirkt man gerade im entgegengesetzten Sinne. Dieses Anwenden des Willens, das macht gerade alle suggestiven Einflußmöglichkeiten zunichte. Es läuft das, was ich geschildert habe, in der entgegengesetzten Richtung des suggestiven Einflusses. Das aber zeigt sich eigentlich schon daran, daß hier genannt werden diese suggestiven Einflüsse «ideo-dynamische Impulse», also nicht Willensimpulse, sondern ideo-dynamische Impulse. Und dennoch, dem Verfasser schwant trotzdem etwas richtig, das er nur noch nicht imstande ist ordentlich auszudrücken: Man muß zwar schon auch Willen aufbringen, wenn man subjektive Ideen gerade in die Vorstellungen hineinbringen will, aber das geschieht, ohne daß derjenige, dem es geschieht, der die Suggestion erfährt, seinen eigenen Willen anwendet.

Überall habe ich geschildert, daß der Betreffende, der anthroposophischer Forscher werden will, seinen Willen anwendet, also sich gerade heraushebt aus den Suggestionsmöglichkeiten. Daher konnte ich nicht sagen – ich las das in dieser Broschüre und sagte mir: Habe ich mir wirklich in Bern am 8. Juli 1920 irgendwie in einem Momente die Zunge lähmen lassen, habe ich wirklich gesagt, man müsse zur Erlangung höherer Erkenntnisse den Willen mit Gewalt in die Vorstellungen hineintreiben? Das kann nämlich ein jeder, denn die Suggestion kann auch geschehen, ohne daß Aktivität da ist von seiten desjenigen, dem etwas suggeriert wird.

Nun habe ich mir die Mühe gegeben, das Stenogramm meines Berner Vortrages vom 8. Juli 1920, das ich glücklicherweise heute gefunden habe, nachzusehen. Und sehen Sie nun dasjenige, was ich dazumal in Bern wirklich gesagt habe. Überall gab ich mir Mühe zu zeigen, wie gerade der zum suggestiven entgegengesetzte Weg eingeschlagen werden soll. Und dann sagte ich:

> Da müssen wir immer größere und größere Kraft anwenden. Und auf das Anwenden dieser Kraft kommt es an; es kommt darauf an, daß wir den Willen hineintreiben, mit aller Macht den Willen hineintreiben in das Vorstellungsleben, in das Vorstellen, daß wir in der Tat heranerstarken an diesem Hineintreiben des Willens in das Vorstellungsleben.

Das ist etwas anderes. In die Vorstellungen kann man nur Ideen hineintreiben. Wenn man vom Hineintreiben des Willens in das Vorstellungsleben spricht, so heißt es gerade, sich nicht die Vorstellungen durch Suggestionen beeinflussen zu lassen, sondern das freie, durch den Willen beherrschte Vorstellungsleben und Vorstellungswesen selber in die Hand zu nehmen. Sie sehen, es wird in Anführungszeichen zitiert, und es wird in Anführungszeichen das Gegenteil von dem gesagt, was ich wirklich gesprochen habe.

Das ist aber nur ein Beispiel, meine sehr verehrten Anwesenden, für die Art und Weise, wie heute gerade von wissenschaftlicher Seite vielfach gegen Anthroposophie diskutiert wird, wie die Anthroposophie mißverstanden wird. Denn das ist außerordentlich charakteristisch, und die ganze Broschüre hat eigentlich diese Tendenz. Dasjenige, meine sehr verehrten Anwesenden, was mediumistische Erscheinungen sind, was Halluzinationen sind, was irgendwelche Visionen sind, die aus dem Inneren aufsteigen – ich habe sie immer aus dem Gebiete des anthroposophischen Lebens streng verwiesen und erklärt, daß ich all das für pathologisch halte, daß da unter das Sinnesleben hinuntergegangen wird, nicht über das Sinnesleben hinauf. Und ich habe das überall, an vielen Stellen im einzelnen ausgeführt, wie das, was Anthroposophie will, was Anthroposophie als Schilderungen geistig-seelischer Welten gibt, aus ganz anderen Grundlagen entspringt als dasjenige, was hier geltend gemacht wird. Und nun tritt die merkwürdige Tendenz auf, gerade dasjenige, was ich abweise, was ich als krankhaft, pathologisch betrachte, das wird als das Berechtigte an der Anthroposophie angesehen! Das heißt, man kehrt den Tatbestand um. Man macht die Leute glauben, daß ich irgend etwas schildere, was Halluzinationen oder dergleichen seien. Nun, die gibt es ja, sagt er, das geben wir also dem Anthroposophen ruhig zu, das sei ihm zugestanden. Aber er darf nicht über höhere Welten reden, da komme er in ein philosophisches Gebiet hinein, das sei nur als theosophische Glaubenslehre, als durch theosophische Glaubenslehre bedingte Phantasie zu bewerten.

Aber etwas höchst Charakteristisches, meine sehr verehrten Anwesenden: Der Mann, der sich hier zunächst herauskristallisiert dasjenige, was er haben will von der Anthroposophie – obwohl es das Gegenteil von dem ist, was Anthroposophie wirklich gibt –, der sagt: Was ich der Anthroposophie zugestehe, das kennen wir ja heute; man kennt Telepathie, Hellsehen, Teleplastie und so weiter. – Aber alles das gehört in das pathologische Gebiet, vielleicht auch in das therapeutische Gebiet – die Dinge hängen ja zusammen. Da müßte ich eingehen auf das, was ich in Ärztekursen wiederholt gesagt habe: wie durchaus aus Anthroposophie eine Pathologie und eine Therapie hervorzuholen sind, die in berechtigter Weise hinausgehen über das, was die heutige, bloß materialistische Auffassung geben kann. – Aber indem zuerst dasjenige verkehrt wird, was Anthroposophie geben kann, und indem dann dieses Verkehrte anerkannt wird, wird gesagt: Ja, man kann ja den Leuten allerlei suggerieren, aber das hat man noch nicht erlebt, daß Leute in der Trance so etwas erlebt haben wie astralische oder mentale Märchenländer.

Das ist es aber gerade! Er nennt es Märchenland, weil er es für Phantasien ausgibt. Das, sagt er, kann man nicht erleben auf dem Wege der Suggestion. Dennoch wird es erlebt. Eine merkwürdige Polemik! Erst wird herausgeschält aus den anthroposophischen Ergebnissen dasjenige, was man glaubt verstehen zu können, obwohl man es ganz und gar nicht versteht. Das wird dann zurechtgelegt als Halluzination und so weiter; das läßt man gelten. Das andere aber macht man zum Märchenland, aber man sagt, man könne es nicht suggerieren. Man kann es auch nicht suggerieren, sondern man muß es sich durch exakte innere Methoden erobern als innere Erkenntnis. Nun, meine sehr verehrten Anwesenden, ich mache niemandem einen Vorwurf daraus, daß er in einer solch grotesken Weise mißversteht, was Anthroposophie geben kann. Ich mache auch dieser angesehenen – und mit Recht angesehenen – Sammlung von wissenschaftlichen, medizinischen und sonstigen Abhandlungen, die in München und Wiesbaden bei J. F. Bergmann erscheint, keinen Vorwurf, daß sie solche groteske Kritik der Anthroposophie aufnimmt, denn eigentlich ist das ganze Büchelchen von Albert Sichler sogar gutgemeint. Er möchte der Sache gerecht werden. Er kann es nicht, weil eben vorläufig noch ein Abgrund besteht zwischen dem, was man heute als offizielle Wissenschaft anerkennt, und dem, was man braucht, um nun wirklich weiterzukommen, denn es ist doch zum Schluß ein innerer Zusammenhang in dem geistigen Leben, zwischen unserem ganzen Zivilisationsleben und dem wissenschaftlichen Leben in der neueren Zeit. Und die Brücke muß gebaut werden hinüber zur Ethik, zum sozialen Leben. Das wird eine Wissenschaft nicht können, die bloß im Materiellen steckenbleibt oder höchstens über das Nichtmaterielle Hypothesen schwingt. Das kann nur eine Wissenschaft, die wirklich ins Geistige eindringt, denn im Sozialen wirkt das Geistige, und soziale Gesetze können nur gefunden werden von dem, der auch in der Natur Gesetze, Formen, Transformationen des Geistigen findet.

Nun, ich konnte in der kurzen Zeit, die mir zur Verfügung stand, heute nur einige Gesichtspunkte angeben, meine sehr verehrten Anwesenden. Ich wollte ihnen zeigen, wie Anthroposophie bestrebt ist, durchaus im Sinne wahrer Wissenschaft zu wirken, wie sie es sich in der Wissenschaftlichkeit und in der Erkenntniskritik durchaus ernst, sauber angelegen sein läßt, zu einer der Mathematik nachgebildeten Methode zu kommen. Auf der anderen Seite aber stehen ihr heute noch viele Vorurteile entgegen, trotzdem sie eigentlich von unserer Zivilisation als etwas ungeheuer Notwendiges gebraucht würde, weil sie allein imstande ist, erkenntnismäßig dem Menschen über sein eigenes Wesen eine wirkliche, eine befriedigende Aufklärung zu geben.

Nun, meine sehr verehrten Anwesenden, ich glaube, wie gesagt, daß die Gegnerschaften verschwinden werden, wenn einmal ein objektiver Boden gewonnen sein wird, um zwischen der heute gangbaren Wissenschaft und der anthroposophischen Forschungsmethode eine Harmonie, ein gegenseitiges Verständnis zu schaffen. Das muß abgewartet werden. Ehe dieses nicht geschaffen ist, werden allerlei parteimäßige oder religiöse, theologische oder sonstige Gegner kommen, die eben auf unsachlichem Boden sich bewegen. Wer aber drinnensteht in dieser Anthroposophie, wer es ernst meint mit ihr, ernst meint mit all dem, was von Dornach ausgehen will, der sagt sich – weil er weiß, wie ernst geforscht wird innerhalb dieses anthroposophischen Gebietes –, der sagt sich: So groß auch die Mißverständnisse sein mögen, es muß schließlich doch aus dem Ernste der neuzeitlichen wissenschaftlichen Methoden und Gesinnungen zum Schluß ein Ausgleich, eine Harmonie gefunden werden.

Und dieses Bewußtsein, das darf man haben, wenn man selbst auf dem Boden steht, daß man zunächst bei allem, was man in der Anthroposophie sucht, sich jene gewissenhaften Prüfungsanforderungen vorlegt, die auch sonst heute in der Wissenschaft angewendet sein wollen. Und das ist es, was einen erwarten läßt den äußeren Ausgleich. Wenn man ernst vorgeht, kann man überzeugt sein, daß aus der heutigen Wissenschaft und aus dem, was Anthroposophie bisher zu leisten bemüht war – wenigstens für den, der beides kennt, gegenwärtige Wissenschaft und Anthroposophie –, heute schon der Ausgleich, die Harmonie durchaus gefunden werden kann. Und dieses Bewußtsein gibt Zuversicht, daß die wissenschaftliche Verständigung erfolgen wird. Und dann werden die anderen Gegnerschaften gegen Anthroposophie von selber verschwinden.

Es gibt keine Wortmeldungen.

Rudolf Steiner: Meine sehr verehrten Anwesenden! Es ist ja natürlich in einem Vortrage, der außerdem noch als Einleitungsvortrag zu einer ganzen Reihe von Vorträgen über Anthroposophie gehalten werden soll, immer nur möglich, einige Richtlinien zu berücksichtigen. Und so konnte namentlich dasjenige nicht berücksichtigt werden, das mir ganz besonders am Herzen gelegen hätte: die Brücke zu zeigen, welche hinüberführt von der Erkenntnisseite der Anthroposophie zur sozialen, praktisch-ethischen und religiösen Seite derselben. Und darüber – wir haben ja nur Zeit bis 10 Uhr – gestatten Sie mir ganz wenige Worte zu sagen.

Wenn man heute die naturwissenschaftliche Weltanschauung – ich sage nicht die Naturwissenschaft, aber die naturwissenschaftliche Weltanschauung –, wie sie vielfach lebt gerade im Laientum, aber auch in Leuten, die nicht glauben Laien zu sein, die aber doch als Mitglieder verschiedener Monisten- und sonstiger Bünde die naturwissenschaftlichen Ideen von vor dreißig Jahren heute als religiöses Bekenntnis verzapfen, wenn man das, was sich wie eine Art von Weltanschauung doch mehr oder weniger als ein materialistisches Gebilde ergeben hat, ins Auge faßt, dann führt von dem, was heute viele Menschen als für das einzig Mögliche halten im Forschen, keine Brücke zu der Realität der ethischen Ideale und auch der sozialen Ideale hinüber.

Wir stehen heute, indem wir alles sehen, was die Naturwissenschaft uns gibt, vor der Notwendigkeit, für eine Weltanschauung uns Vorstellungen zu bilden zum Beispiel über Erdenanfang und Erdenende. Ich kann auch diese Dinge nur andeuten. Wir haben die von Kant-Laplace begründete Theorie des Erdenanfangs aus dem Urnebel heraus, der vorgestellt wird nach dem Gesetze der Aerodynamik und der Aeromechanik. Man stellt sich vor, wie aus einem Urnebel heraus sich das Planeten-Sonnen-System gebildet hat, wie sich die Erde abgesplittert hat. Es wird, allerdings mit fortwährend kritischer Behandlung der Frage, wie die Lebewesen entstanden sein könnten – wobei man an Erkenntnisgrenzen gelangen wird –, dann behandelt, wie nun auch das organische Leben aufsprießt aus dem, was anfangs nur im Urnebel vorhanden war, wie dann der Mensch aus diesem hervorgegangen ist und wie er sich heute im selbstbewußten Ich erlebt.

Nun habe ich Menschen kennengelernt – und im Grunde genommen ist doch das Leben der größte Lehrmeister, wenn man es nur richtig zu nehmen versteht –, ich habe Menschen kennengelernt, die diese naturwissenschaftliche Weltanschauung ernst nahmen. Ich erinnere mich an eine Persönlichkeit, die aber typisch, repräsentativ für zahlreiche andere ist. Die anderen machen sich das oftmals nicht klar, aber sie richten sich einen Altar des Glaubens, einen Altar der Erkenntnis auf. Das kann derjenige nicht, der es mit den naturwissenschaftlichen Vorstellungen ernst nimmt, der kommt eben zu solchen hypothetischen Vorstellungen über den Erdenanfang und über das Erdenende – zum Beispiel aus der Wärmelehre, aus der Entropielehre heraus, die dazu führt, sich vorzustellen, wie alles zum Schluß in den Wärmetod übergeht. Man lernt nur wenige Menschen kennen, die den innerlichen Mut haben, aus einer Vollmenschlichkeit heraus sich einzugestehen, in welche Lage heute der Mensch mit seinem Inneren versetzt wird, wenn er diese Dinge als einzig geltend ernst nimmt.

Herman Grimm zum Beispiel sagt – verzeihen Sie den etwas drastischen Ausspruch, den ich zitiere –, aus seinem Empfinden heraus, indem er sich klarmacht, was da auf der Erde sich entwickeln soll zwischen dem Kant-Laplaceschen Urnebel und dem Zustand, zu dem uns die Lehre von der Entropie führen soll: Ein Aasknochen, um den ein hungriger Hund seine Kreise zieht, ist ein appetitlicheres Stück als dieses Weltenbild, das heute schon in den Schulen vor die Menschen hingestellt wird. Und künftige Zeitalter werden Mühe haben zu erklären, wie einmal ein besonders pathologisches Zeitalter dazu gekommen ist, solche Vorstellungen über Erdenanfang und Erdenende sich zu bilden. Man wird nicht begreifen können, meint er, daß man so etwas hat ernst nehmen können.

Nun ja, meine sehr verehrten Anwesenden, diese Wissenschaft aber, die heute als Naturwissenschaft vor uns steht – wie gesagt, Anthroposophie wird nicht im geringsten an ihr mäkeln –, sie wird von ihr voll anerkannt auf ihrem Gebiete. Anthroposophie steht auf dem Boden wissenschaftlicher Gesinnung, denn wissenschaftlich gewissenhafte Methodik und innerliche Disziplinierung, wie sie sich herausgebildet haben, müssen als Vorbild anerkannt werden, nur müssen sie weiter ausgebildet werden in dem Sinne, wie ich das heute charakterisiert habe.

Dadurch kommt man aber auch zu einer wirklichen Menschenerkenntnis. Diese Menschenerkenntnis ist allerdings nicht so leicht zu gewinnen wie diejenige, die man heute aus physiologischen, biologischen Anschauungen gewinnt. Diese Menschenerkenntnis zeigt uns schließlich, wie der Mensch eigentlich ein Gebilde ist, das innerlich ganz verschieden organisiert ist nach dem Haupte zu und nach dem Stoffwechsel-Gliedmaßensystem zu – das sind die beiden Pole der menschlichen Wesenheit. Was ich jetzt kurz andeute, habe ich in langen Vortragsreihen bis ins kleinste ausgeführt. Aber ich will gleich zeigen, wie falsch es ist, wenn man zum Beispiel sagt, unser Denken gehe aus Prozessen unseres Gehirns hervor. Das wäre geradeso, wie wenn sich ein Wagen fortbewegt auf einer weich gewordenen Straße und da seine Eindrücke macht: Sie können den Weg an den Eindrücken des Wagens in der weich gewordenen Straße verfolgen. Aber bedenken Sie, jemand kommt und sagt: Du sollst diese Eindrücke erklären durch Kräfte, die da unten in der Erde sind; du mußt diese Konfigurationen erklären aus diesen unterirdischen Kräften! – Geradeso ist es mit den Methoden, die man heute anwendet, um aus leeren Organkräften die Gehirnwindungen, die Nervenstruktur zu erklären. Die Nervenstruktur ist zu erklären aus den Einwirkungen des Geistig-Seelischen, geradeso wie die Furchen in einer weich gewordenen Straße aus dem darüberfahrenden Wagen zu erklären sind.

Es ist nur ein Bild. Aber in vollkommen exakter Wissenschaftlichkeit führt uns Anthroposophie dazu zu erkennen, wie das Denken, das Vorstellen ein geistig-seelischer Vorgang ist, der das Gehirn nur als eine Unterlage hat. Und er hat das Gehirn als eine Unterlage, weil er nicht beruht auf Wachstumsprozessen des Gehirns, auf organischen Prozessen, sondern gerade auf langsamen Sterbeprozessen des Gehirns. Das Nervensystem hat eigentlich nicht ein Leben, sondern das Entgegengesetzte eines Lebens, ein Zurückgehen des Lebens. Es muß erst Platz gemacht werden für die Gedanken. Die Nervenpartien müssen absterben, und ein fortwährendes Sterben, also ein Aus-dem-Wege-Schaffen der materiellen Vorgänge, muß eintreten, damit die geistig-seelischen Vorgänge Platz greifen können. Das muß immer wieder vom Gliedmaßen-Stoffwechselsystem ausgeglichen werden im Schlafe oder in sonstigen Vorgängen. Was so heraufsteigt, die bewußtseinslähmenden Prozesse, diejenigen Prozesse, von denen die Physiologie heute spricht, heben das Vorstellen ja auf, löschen es aus. Gerade wenn diese Prozesse herabgestimmt werden, in eine Art partiellen Sterbens übergehen, dann entsteht das Vorstellen, das Denken, so daß wir fortwährend Leben und Sterben, Geborenwerden und Sterben in uns tragen. Und der Moment des Sterbens, er ist nur, ich möchte sagen das Integral von den Differentialen, aus denen sich das Leben zusammensetzt, aus den Differentialen eines fortwährenden Sterbens, aus dem sich das Dasein des Menschen zusammensetzt.

Führt man diesen Gedankengang fort, dann kommt man dazu, etwas zu erkennen, was heute in der anerkannten Wissenschaft geradezu geleugnet werden muß, was aber doch in der wirklichen Fortsetzung dieser Wissenschaft liegt: daß der Mensch in sich wirkliche Abbauprozesse hat, fortwährend Sterbeprozesse hat. In diese Sterbeprozesse hinein entwickeln sich die ethischen Ideale, so daß diese ethischen Ideale nicht hängen an Fortsetzungen von organischen Prozessen, sondern an zurückgedrängten, sich rückbildenden organischen Prozessen. Das führt aber wiederum zu folgendem: Wenn einstmals unsere Erde bei was auch immer für einem mineralisch-biologischen Zustande angelangt sein wird, wenn die Erde – meinetwillen nehmen wir die Hypothese als gültig, sie ist es nicht ganz, aber in einem gewissen Sinne doch –, wenn sie angelangt sein wird beim Wärmetod – wenn also keine anderen Prozesse mehr möglich sind, weil alles nach dem zweiten Hauptsatz der mechanischen Wärmetheorie sich gebildet hat als die Überbleibsel, die immer da sind, wenn Wärme an die Umgebung abgegeben wird, wenn Wärme umgesetzt wird –, wenn dieser Zustand eingetreten ist, dann ist das, was im Menschen gelebt hat als ethische Ideale, zu seiner größten Kraftentfaltung gekommen. Und das trägt das Erdendasein hinaus zu neuer planetarischer Bildung.

Wir entdecken in unseren moralischen Idealen die Keime für spätere Welten, für spätere, durch unsere heutige Moral begründete Welten. Unsere Ideale bekommen dadurch einen realen Wert. Die heutige Philosophie ist genötigt, von bloßen Werten zu sprechen. Aber was gibt es für eine Möglichkeit, wenn man von Werten spricht, die im Menschen aufsteigen als bloße Ideen, die aber keine Keime sind von künftigen Realitäten, was gibt es für eine andere Aussicht, als sich zu sagen: Wir kommen her aus dem Kant-Laplaceschen Weltnebel, und irgendwie tauchen in unserem Selbstbewußtsein die moralischen Ideale auf, aber diese moralischen Ideale leben in uns nur wie Dunst und Nebel. – Das war eben die Persönlichkeit, auf die ich vorhin gedeutet habe, die als Gesetz annahm die moderne naturwissenschaftliche Entwicklung und sich sagte: Der Mensch ist geprellt in der Welt. Die naturwissenschaftliche Entwicklung hat ihn bis hierher gebracht, dann steigen die moralischen Ideale als Schaumgebilde auf, zerfließen wieder, und alles geht in den Wärmetod, in den großen Friedhof ein, denn die moralischen Ideale werden zwar erlebt, haben aber keine Möglichkeit, zur Realität zu werden.

Anthroposophie zeigt uns aus dem Verfolgen der zurückgehenden Prozesse, in die hineingewirkt haben die moralischen Ideale, daß diese moralischen Ideale in uns zwar nur ein ideelles Dasein haben, daß sie aber, indem sie sich im Menschen entwickeln, Keime sind für die Zukunft, daß wir in den moralischen Idealen Realitäten zu sehen haben, die erste Keime von Zukunftswelten sind, hervorgehend aus Idealität. So wie wir in dem Zukunftskeime der Pflanze dasjenige Pflanzenwesen sehen, das sich im nächsten Jahre gestaltet, so gestattet uns Anthroposophie, in den moralischen Idealen Keime von Zukunftswelten zu sehen. Und wir sehen hinter dem Kant-Laplaceschen Urnebel die Idealitäten der Vergangenheit als die Keime der gegenwärtigen Welt. Die gegenwärtige Welt ist die Realisierung, die Verwirklichung dessen, was einstmals nur gedacht worden ist, wie die gegenwärtige Pflanze die Verwirklichung des Keimes vom vorigen Jahr ist. Und was gegenwärtig bloß als moralischer Wert erlebt wird, ist realer Keim von Zukunftswelten.

Wir stehen nicht nur mit unseren natürlichen organischen Prozessen im Kosmos drinnen, wir stehen im Kosmos auch mit dem, was wir als moralische und soziale Werte in uns erleben. Wir erlangen eine Kosmologie, welche nicht allein Naturvorgänge und Naturgesetze zu ihren Agenzien zählt, wir erlangen eine Kosmologie, worinnen auch unsere gesamte moralische Welt als eine reale steht. Durch Anthroposophie wird die Brücke geschaffen von der natürlichen zur ethischen und religiösen Welt.

Das ist das, was mir am Herzen lag, in einem kurzen Schlußwort noch anzudeuten, weil es im Vortrage nicht mehr möglich war.

AGNOSTIZISMUS IN DER WISSENSCHAFT UND ANTHROPOSOPHIE

Leipzig, 11. Mai 1922

Rudolf Steiner: Meine sehr verehrten Anwesenden! Gestatten Sie mir zunächst, daß ich dem Bunde für Anthroposophische Hochschularbeit hier meinen herzlichsten Dank dafür ausspreche, daß er mir Gelegenheit gibt, in einem orientierenden Vortrage über das Verhältnis gewisser wissenschaftlicher Eigentümlichkeiten der Gegenwart zu der Anthroposophie zu sprechen. Weiter muß ich Sie gerade heute bitten zu berücksichtigen, daß in einem solchen ersten, orientierenden Vortrage eine gewisse Schwierigkeit vorliegt. Dies deshalb, weil ja selbstverständlich vieles von dem, was gerade über ein umfassendes Thema zu sagen ist, nur angedeutet werden kann und daher notwendigerweise nur Anregungen gegeben werden können, die ja später weiterer Ausführungen bedürfen werden und die naturgemäß manches, was sich an Fragen auftürmen muß, unberücksichtigt lassen müssen.

Aber auch in sachlicher Beziehung liegen ja gerade bei dem heutigen Thema gewisse Schwierigkeiten vor. Die erste besteht darin, daß in weitesten Kreisen heute, gerade wenn über das Thema gesprochen wird – über das Verhältnis von Wissenschaft und Anthroposophie in irgendeiner Beziehung –, dann sofort ein weit verbreitetes Vorurteil auftaucht, nämlich, daß die hier gemeinte Anthroposophie sich in irgendeine Oppositionsstellung begeben wolle zur Wissenschaft – zu dieser Wissenschaft wie sie sich heraufentwickelt hat in der Geschichte der Menschheit in den letzten Jahrhunderten, wie sie ihre Höhe ja erreicht hat im letzten Drittel des 19. Jahrhunderts, wenigstens in bezug auf die Denkweise und Methodologie. Es ist aber eben durchaus nicht der Fall, daß eine solche Oppositionsstellung vorliegt, denn diese Anthroposophie, wie ich sie hier meine, bemüht sich gerade darum, die besten prinzipiellen Grundlagen des wissenschaftlichen Wollens der neueren Zeit zur Geltung zu bringen. Und sie ist bemüht, daß gerade das weiter ausgebaut werde, was vorausgesetzt werden muß an menschlicher Anschauung, an wissenschaftlicher menschlicher Gesinnung, um im echten Sinne gerade die Anerkennung gebräuchlicher Wissenschaft zur Geltung zu bringen.

Und bei diesem weiteren Ausbau findet man, daß gerade von den sicheren Fundierungen der wissenschaftlichen Denkweise, wenn diese nur richtig verstanden und nicht bloß in ihren logischen, sondern in ihren lebendigen Konsequenzen verfolgt wird, dann auch der Weg gefunden wird zu jenen übersinnlichen Gebieten des Weltendaseins, mit denen sich die menschliche Wesenheit gerade in ihren ewigen Grundlagen verbunden fühlen muß. So soll in einer gewissen Beziehung einfach durch die Fortsetzung des Prinzipiellen in der Wissenschaft der Weg in die übersinnlichen Gebiete durch die Anthroposophie gefunden werden.

Ich werde aber selbstverständlich, wenn ich in Ihrem Kreise zu sprechen habe über das Verhältnis von Anthroposophie zur Wissenschaft, so zu sprechen haben, daß Sie gewissermaßen nicht herauskommen aus demjenigen, was Sie gewohnt sind, als wissenschaftliche Gewissenhaftigkeit und Denkweise anzuerkennen. Aber ich werde ja nicht über einzelne Gebiete zu sprechen haben, sondern ich werde zu sprechen haben gewissermaßen über den ganzen Bestand des Wissenschaftsgebäudes der Gegenwart. Und da ich vorauszusetzen habe, daß unter Ihnen, verehrte Kommilitonen, die Angehörigen der verschiedensten Wissenschaftsgebiete sind, so werde ich natürlich den einzelnen Bedürfnissen nicht gerecht werden können, und manches wird gewissermaßen in einer nicht abstrakt gemeinten, aber doch abstrakt ausschauenden Höhe sich bewegen müssen, so daß vielleicht aus dem, was ich zu sagen habe, für die einzelnen Gebiete der einzelne die Konsequenzen erst zu ziehen haben wird.

Agnostizismus ist ja ein Wort, das heute weniger oft ausgesprochen wird, das aber etwas bezeichnet, was doch durchaus mit den Grundlagen unserer wissenschaftlichen Denkweise zusammenhängt. Es ist ja dieser Agnostizismus, ich möchte sagen als eine zu rechtfertigende wissenschaftliche Denkweise, besser gesagt vielleicht philosophische Denkweise von Persönlichkeiten wie Herbert Spencer begründet worden. Es ist ja auch vorzugsweise von ihm dieser Terminus gebraucht worden, und wenn wir die Definition des Agnostizismus suchen wollen, so werden wir sie bei ihm suchen müssen. Aber als eine Grundlage, gewissermaßen als eine Grundnote des wissenschaftlichen Denkens existiert ja dieser Agnostizismus in den weitesten Erkenntnisgebieten der Gegenwart. Wenn man zunächst ganz abstrakt sagen soll, was mit dem Agnostizismus gemeint ist, so könnte man etwa das folgende sagen: Man erkennt die wissenschaftliche Methoden an, die sich als sichere in den letzten Jahrhunderten herausgebildet haben, man treibt mit ihnen sachgemäße Wissenschaft, wie wir sie heute ja auf gewissen Gebieten treiben müssen – durch Beobachtung, durch das Experiment und durch dasjenige, was die gedankliche Verarbeitung sowohl des Experiments wie der Beobachtung ist.

Indem man in dieser Art Wissenschaft treibt – ich bemerke durchaus, für gewisse Gebiete heute absolut berechtigt –, kommt man dazu, sich zu sagen: Gewiß, mit dieser Wissenschaft erreicht man manches in bezug auf die Erkenntnis von Gesetzmäßigkeiten, die der Welt zugrunde liegen. Man bemüht sich dann, auch das, was man in dieser Art sich als Gesetzmäßigkeiten einverleibt hat, auf den Menschen selber auszudehnen, um so dasjenige zu gewinnen, was ja schließlich doch jeder von der Erkenntnis, wenn er gesundes Denken in sich trägt, haben will: eine Anschauung über die Stellung des Menschen im Weltall, über die Bestimmung des Menschen im Weltall.

Gerade wenn man in dieser Weise Wissenschaft treibt, so kommt man einfach im Verlaufe der Wissenschaft selbst dazu, sich zu sagen: Ja, diese Gesetzmäßigkeiten findet man, aber diese Gesetzmäßigkeiten beziehen sich eigentlich nur auf die Zusammenfassung der äußeren Phänomene, wie sie den Sinnen gegeben sind oder wie sie vielleicht, wenn sie nicht den Sinnen gegeben sind, auf der Grundlage des Materials, das sich aus der Sinnesbeobachtung ergibt, erschlossen werden können. Aber niemals kann sich dasjenige, was man auf diese Weise erkundet über die Natur und den Menschen, erstrecken auf jene Gebiete, die in älteren Formen der menschlichen Erkenntnis angesehen worden sind als die übersinnliche

Grundlage der Welt, mit welcher das tiefste Wesen auch des Menschen, sein ewiges Wesen, wenn es so genannt werden darf, doch in einem gewissen Zusammenhang stehen muß.

Man kommt also gerade durch die wissenschaftliche Betrachtungsweise zu einem Anerkennen des wissenschaftlich Unerkennbaren – man kommt zu gewissen Grenzen des wissenschaftlichen Forschens. Man kommt höchstens dazu, sich zu sagen: Die menschliche Seele, das innere Geistwesen des Menschen muß mit etwas zusammenhängen, was sich nicht erreichen läßt durch diese Wissenschaft allein. Was mit dem so zusammenhängt, das ist eben einfach nicht wissenschaftlich zu erforschen, das gehört in das Gebiet des Unerkennbaren. – Da steht man nicht vor dem Gnostizismus, sondern vor einem Agnostizismus. Und damit hat sich das gegenwärtige Geistesleben gerade wegen seiner Wissenschaftlichkeit in einen gewissen Gegensatz gestellt gegen das, was noch etwa zu der Zeit vorhanden war, als der Gnostizismus die Erkenntnisgesinnung war und Gnosis genannt wurde.

Nun ist das, was hier als Anthroposophie vertreten wird, durchaus nicht etwa, wie manche glauben, eine Aufwärmung der alten Gnosis – die kann nicht wieder auferstehen. Die war aus der Denkweise ihrer Zeit, sozusagen aus der ganzen Wissenschaft ihrer Zeit herausgeboren. Wir stehen heute in einem Zeitalter, in dem wir, wenn wir eine Wissenschaft übersinnlich begründen wollen, dem Rechnung zu tragen haben, was durch das Wirken solcher Geister wie Kopernikus, Galilei und vieler anderer, die ich jetzt nicht nenne, in der Menschheitsentwicklung heraufgebracht worden ist. Und indem man dies ausspricht, erklärt man implizit, daß es unmöglich ist, sich auf den Standpunkt der Gnosis zu stellen, die ja natürlich nichts hatte von der modernen Wissenschaft. Aber darauf darf doch hingedeutet werden, daß dieser gnostische Standpunkt eben in einer gewissen Beziehung das Gegenteil war dessen, was heute vielfach als Grundnote der Wissenschaftlichkeit auftritt. Dieser gnostische Standpunkt war der, daß es dem Menschen sehr wohl möglich ist, wenn er sich an seine inneren, im gewöhnlichen Leben nicht angewendeten Erkenntniskräfte wendet, hinaufzudringen zu den übersinnlichen Gebieten und dasjenige zu finden, was dann zwar nicht Religion, aber Erkenntnisgrundlage auch des religiösen Lebens sein kann.

Nun, wir werden am leichtesten zu einem Verständnis dessen kommen, was ich eigentlich heute in diesem orientierenden Vortrage zu sagen habe, wenn ich Sie zunächst an Altbekanntes erinnere, das aber hinweisen kann auf die Wandlung, die der menschliche Erkenntnisprozeß im Laufe der Menschheitsentwicklung durchgemacht hat.

Sie alle wissen ja, welche Umwandlung einfach in bezug auf das äußere wissenschaftliche Leben die Philosophie durchgemacht hat. Sie umfaßt – eigentlich sogar noch im heutigen Zeitalter – den ganzen Umfang dessen, was wissenschaftlich Erkenntnis war. Die Philosophie war doch einfach als menschliche Betätigung etwas, auf das schon der Name mit einem gewissen Recht hindeutet. Philosophie war etwas, was nicht bloß aus dem menschlichen Intellekt herausfloß, was nicht bloß aus der Beobachtung und dem Experiment herausfloß, obwohl sich die Philosophie auch auf die Ergebnisse erstreckte, zu denen Intellekt, Beobachtung und auch das primitive

Experiment kommen konnten. Philosophie war wirklich dasjenige, was in einem viel höheren Grade als unsere heutige Wissenschaft – wiederum in berechtigter Weise –, aus dem ganzen Menschen herauskam. Philosophie kam schon heraus aus einer gewissen Gemüts- und Gefühlsbeziehung des Menschen zur Welt, und man zweifelte in dem Zeitalter, das auch der Philosophie den Namen gegeben hat, nicht daran, daß der Mensch zu einer gewissen Objektivität in der Erkenntnis auch dann kommen kann, wenn er nun nicht bloß aus Experiment, Beobachtung und Intellekt heraus seine Erkenntnisse sucht, sondern wenn er andere Kräfte anwendet – Kräfte, die mit demselben Worte auszudrücken sind, mit dem wir das «Lieben» von etwas bezeichnen –, wenn er sich also dieser Kräfte bedient.

Und Philosophie umfaßte in dem Zeitalter der Griechen ja auch alles, was wir heute in der Naturerkenntnis zusammenfassen. Aus philosophischem Streben hat sich dann im Laufe der Jahrhunderte doch das herausentwikkelt, was wir heute als Naturerkenntnis haben. Diese Naturerkenntnis aber hat in der neueren Zeit ja eine ungeheure Wandlung durchgemacht – eine Wandlung, die sie erst in dem Grade zur Grundlage für die Lebenspraxis auf dem Gebiete der Technik gemacht hat, die wir ja heute in unserem Leben vor uns haben. Wer unbefangen den Blick schweifen läßt über das wissenschaftliche Leben der Gegenwart, der muß sich doch sagen: Was die Wissenschaft der letzten Zeit ganz besonders groß gemacht hat, das ist dasjenige, was nun auch dem praktischen Leben in der Technik zugrunde gelegt werden konnte. Unsere Naturwissenschaft ist endlich das geworden, was einem

Worte von Kant entspricht – ich führe Kant ja dann an, wenn er etwas ausgesprochen hat, was ich anerkennen kann, trotzdem ich durchaus überall bekenne, daß ich auf vielen Gebieten ein Gegner Kants bin. Kant hat gesagt, in der Wissenschaft finde sich nur so viel wirkliche Wissenschaft, als Mathematik darinnen sei. In der wissenschaftlichen Praxis, namentlich in der naturwissenschaftlichen Praxis, ist das ja immer mehr und mehr zur Anerkennung gekommen.

Wir treiben heute Naturwissenschaft, indem wir uns bewußt sind, daß wir dasjenige, was wir im Raum und in der Zeit durch die Beobachtung und durch das Experiment erkunden, mit demjenigen verbinden, was uns die Mathematik durch reine Innenanschauung erkennen läßt. Und gerade dadurch fühlen wir uns in der wissenschaftlichen Gewißheit, daß wir imstande sind, etwas, was so sehr menschliche Innenerkenntnis, menschliches Innenerlebnis ist wie das Mathematische, zu verweben mit dem, was uns Beobachtung und Experiment gibt. Indem wir durch die mathematische Gewißheit, die uns gegeben ist im reinen Innenerleben, dasjenige umspannen, was uns von außen kommt, fühlen wir, daß wir im Erkenntnisprozeß mit diesem Äußeren in einer Verbindung stehen, die uns genügt, um wissenschaftliche Gewißheit zu erleben. Und so sind wir immer mehr und mehr dazu gelangt, gerade von naturwissenschaftlichen Voraussetzungen ausgehend, die Exaktheit des Wissenschaftlichen darinnen zu sehen, daß wir das, was wir in wissenschaftlicher Arbeit tun, mathematisch rechtfertigen.

Warum tun wir das? Warum wir es tun, meine sehr verehrten Kommilitonen, das liegt eigentlich schon im dem, was ich eben gesagt habe. Es liegt darinnen, daß wir uns, indem wir Mathematik treiben, lediglich innerhalb unseres eigenen seelischen Erlebens betätigen, daß wir ganz in uns bleiben. Ich glaube, daß diejenigen, welche sich im speziellen den mathematischen Studien ergeben haben, mir recht geben werden, wenn ich sage: In bezug auf das innere Erlebnis ist das Mathematische, das Mathematisieren etwas, was für den, der es aus innerer Fähigkeit und Anlage, aus innerem Enthusiasmus möchte ich sagen, betreibt, viel mehr Befriedigung geben kann als alles übrige Erkennen der Außenwelt, einfach aus dem Grunde, weil man Schritt für Schritt unmittelbar verbunden ist mit dem, was man als wissenschaftliches Ergebnis hat. Und wenn man dann in der Lage ist, das einem von außen Entgegentretende zu verbinden mit dem, dessen ganzen Aufbau man kennt, dessen ganzen Aufbau man selber gemacht hat, so fühlt man eben in dem, was sich aus dem Verwobensein von äußerlich Gegebenem und mathematisch Erarbeitetem wissenschaftlich ergibt, etwas, was man als auf sicherer Grundlage fußend ansehen kann. Deshalb also, weil unsere Wissenschaft uns gestattet, das Äußere mit einem innerlich Erlebten durch die Mathematik zu verbinden, erkennen wir dieses als wissenschaftlich im Kantischen Sinne an, insofern Mathematik darinnen ist.

Nun, damit ist aber zu gleicher Zeit der Weg eröffnet für eine ganz bestimmte Auffassung der naturwissenschaftlichen Weltanschauung, und diese Auffassung der naturwissenschaftlichen Weltanschauung wird gerade vom anthroposophischen Forschen in ihren Konsequenzen verfolgt. Denn was liegt denn eigentlich darin, daß wir zu einer solchen Auffassung unseres wissenschaftlichen Erkennens gekommen sind? Darin liegt schon die Anerkennung dessen, daß wir unser Denken innerlich ausbilden wollen und, indem wir es innerlich ausbilden, zu einer Gewißheit kommen und es dann verwenden, um die äußeren Phänomene, um die äußeren Tatsachen gesetzmäßig zu verfolgen. Dieses Prinzip verfolgt nun auf dem Gebiete, wo es angemessen ist, gerade die Anthroposophie, indem sie sich hinwendet zu dem, was ich nennen möchte den reinen Phänomenalismus in bezug auf gewisse Gebiet der äußeren Naturwissenschaft, in bezug auf Mechanik, Physik, Chemie, in bezug auf alles, was zunächst nicht bis zum Leben heraufdringt. Im extremsten Sinne wird dieser Phänomenalismus von uns festgehalten für die Gebiete, die über dem Leblosen liegen. Aber wir werden gleich sehen, inwiefern er da eben ergänzt werden muß durch etwas wesentlich anderes.

Man kommt nämlich, indem man gerade das mathematische Verhältnis zur Außenwelt sich vergegenwärtigt, nach und nach dazu, sich zu sagen, daß in unorganischen Wissenschaften das Denken überhaupt zunächst nur einen dienenden Charakter haben kann, daß wir nirgends berechtigt sind, von unseren Gedanken auch selber etwas in die Welt hineinzutragen, wenn wir reine Wissenschaft haben wollen. Das aber führt zu dem, was Phänomenalismus genannt wird und was in seiner Art, wenn es auch im einzelnen vielfach getadelt werden kann, am reinsten doch Goethe verfolgt hat.

Was ist dieser Phänomenalismus? Er besteht darin, daß man die Phänomene – gleichgültig ob durch Beobachtung oder durch Experiment – rein auffaßt, so wie sie sich sinnenfällig ergeben, und daß man das Denken nur dazu verwendet, um die Phänomene in einem gewissen Zusammenhang zu schauen, die Phänomene so aufzureihen, daß sich die Phänomene selber erklären. Damit wird aber zunächst ausgeschaltet aus der reinen Naturwissenschaft alles, was Hypothesen nicht bloß als Hilfskonstruktionen auffaßt, sondern sie so auffaßt, als ob sie etwas geben könnten über das Wirkliche. Wenn man bei dem reinen Phänomenalismus stehen bleibt, so ist man zwar berechtigt, aus der Beobachtung und aus dem Experiment heraus eine atomistische Struktur – sei es in der materiellen, sei es in der Kräftewelt – anzunehmen, aber diese Tendenz zur atomistischen Struktur darf man nur insoweit gelten lassen, als man sie phänomenologisch verfolgen kann, als man sie anhand der Phänomene beschreiben kann.

Gegen dieses Prinzip sündigt jene wissenschaftliche Weltanschauung, welche eine Atomistik konstruiert, die hinter den sinnlich verfolgbaren Phänomenen Tatsächliches konstatiert, das nicht in die Welt der Phänomene selbst hereinfallen kann. In dem Augenblicke, wo man zum Beispiel die Welt der Farben, die vor uns ausgebreitet ist, nicht einfach so verfolgt, daß man die eine Farbenerscheinung an die andere reiht, um dadurch zum gesetzmäßigen Zusammenhang des Farbigen zu kommen, sondern wenn man von dem Phänomen auf etwas Dahinterliegendes geht, das eben nicht bloß etwa eine Hilfskonstruktion sein, sondern ein Reales statuieren soll, wenn man dazu übergeht, Schwingungen oder dergleichen im Äther anzunehmen, dann dehnt man das Denken aus – über das Phänomen hinaus. Man durchstößt gewissermaßen aus einer gewissen Trägheit des Denkens heraus den Sinnesteppich, und man statuiert hinter dem Sinnesteppich eine Welt von wirbelnden Atomen oder dergleichen, wozu gar keine Veranlassung bei einem sich selbst verstehenden Denken vorliegt, das nur Diener sein will für die Aufreihung der Phänomene, für den immanenten gesetzmäßigen Zusammenhang innerhalb der Phänomene, das aber gegenüber der äußeren Sinneswelt nichts aussagen kann über das, was hinter dieser Sinneswelt liegen soll.

So aber zieht gerade die Anthroposophie die letzte Konsequenz, zu der in der modernen Naturwissenschaft eigentlich alles hintendiert. Wir sind sogar in dieser modernen Naturwissenschaft in der letzten Zeit in hohem Maße zu einer zwar theoretisch noch wenig zugegebenen, aber praktisch angewandten Ausbildung dieses Phänomenalismus gekommen, indem man sich einfach um die hypothetischen Atomwelten und dergleichen nicht kümmert und innerhalb der Phänomene stehenbleibt. Aber das hat ja eine ganz bestimmte Folge, wenn man innerhalb der Phänomene stehen bleibt. Das hat die Folge, daß man dann wirklich zum Agnostizismus kommt. Wenn man durch das Denken bloß die Phänomene aneinanderreiht, Ordnung hineinbringt in die Phänomene, so kommt man niemals mit diesem Ordnen, mit diesem Verfolgen von Gesetzmäßigkeiten an den Menschen selbst heran. Und das ist das Eigentümliche, daß man sich einfach offen gestehen muß: Wenn man die letzte, vollberechtigte Konsequenz der modernen Naturwissenschaft zieht, wenn man bis zum reinen Phänomenalismus geht, wenn man nicht unberechtigte Denkhypothesen hinter den Teppich der Sinnenwelt setzt – man kann gar nicht anders als zum

Agnostizismus kommen. Dieser Agnostizismus aber, der ist nun für das Erkennen etwas ganz anderes, als was die Menschheit innerhalb ihres Entwicklungsganges, innerhalb ihrer Geschichte vom Erkennen eigentlich erhofft und durch das Erkennen gesucht hat.

Ich möchte Sie nicht gleich – obwohl ich auch das dann andeuten werde –, in entlegene übersinnliche Gebiete führen, aber ich möchte auf etwas hinweisen, was zeigen soll, wie Erkenntnis dennoch – zum Beispiel eben in alten Zeiten – als etwas ganz anderes aufgefaßt worden ist, als was heute, wenn wir gewissenhaft fortarbeiten auf unseren naturwissenschaftlichen Grundlagen, eben aus der Erkenntnis werden kann. Und da darf ich hinweisen wiederum auf jene Griechenzeit, welche alle Wissenschaften noch innerhalb der Philosophie vereinigt gehabt hat, da darf ich darauf hinweisen, daß ja jeder von uns wohl die tiefste Verehrung haben wird für griechische Kunst – sagen wir, um nur eines herauszuheben –, zum Beispiel für das, was in der griechischen Tragödie lebt.

Nun hat man bezüglich der griechischen Tragödie gesprochen von der in ihr vorkommenden Katharsis als von dem wichtigsten zu ihr gehörigen Bestandteil – von der Krisis, dem entscheidenden Element, das in der Tragödie lebt. Und eine wichtige Frage, die zu gleicher Zeit eine Frage ist, die uns tief in das Wesen des Erkenntnisprozesses hineinführen kann, wirft sich auf, wenn wir gerade an das anknüpfen, was der Grieche etwa an der Tragödie erlebt hat. Wenn man so abstrakt definiert, was die Katharsis ist, so wird ja gesagt in Anknüpfung an Aristoteles, die Tragödie solle beim Zuschauer Furcht und Mitleid erwecken, damit die menschliche Seele, indem solche oder ähnliche Leidenschaften in ihr auftauchen, diese menschliche Seele gereinigt werde von dieser Art Leidenschaftlichkeit. Nun sieht man aber – ich kann das hier nur anführen, die Beweise dafür können durchaus auch durch die gewöhnliche Wissenschaft gefunden werden –, aus allem, was in der griechischen Tragödie vorliegt, daß nämlich das Denken über diese Katharsis, über diese künstlerische Krisis, sehr eng verbunden war im griechischen Wesen zum Beispiel mit dem medizinischen Denken.

Was da durch die Wirkung der Tragödie in der menschlichen Seele vorhanden war, das dachte man sich nur als einen mehr ins szenische heraufgehobenen Heilungsprozeß für etwas im Menschen befindliches Krankhaftes. So kann man von dieser Auffassung des Künstlerischen hinübersehen in die Art, wie der Grieche die Therapie, den Heilungsprozeß aufgefaßt hat. Er hat ihn so aufgefaßt, daß er vorausgesetzt hat, in dem kranken Organismus bilde sich etwas Pathologisches. Was sich da bildet – ich muß natürlich in einem orientierenden Vortrage ganz abstrakt sprechen –, gegen das nimmt der Organismus seinen Kampf auf. Der menschliche Organismus überwindet das Krankhafte in sich, indem er durch die Ausscheidungen den Krankheitsprozeß überwindet. So dachte man auf pathologisch-therapeutischem Gebiete. Genauso, nur auf ein höheres Niveau heraufgehoben, dachte man in bezug auf den künstlerischen Prozeß. Man dachte sich einfach, daß das, was die Tragödie tut, für die Seele eine Art Heilungsprozeß ist. Wie beim Katarrh die Krankheitsreste aus dem Organismus herauskommen, so sollte die Seele durch das Anschauen der Tragödie Furcht und

Mitleid in sich entwickeln, dann den Kampf gegen diese Ausscheidungsprodukte aufnehmen und in ihrer Unterdrückung den Gesundungsprozeß erleben.

Man versteht das Fundamentale dieser Denkweise allerdings nur dann, wenn man weiß, daß schon im Griechentum – in diesem nach gewissen Richtungen hin gesunden Griechentum – die Ansicht vorhanden ist, daß es, wenn sich der Mensch bloß seiner Natur überläßt in bezug auf sein seelisches Entwickeln, eigentlich immerdar zu einer Art Erkrankung führt und daß das geistige Leben im Menschen ein fortwährender Gesundungsprozeß sein muß. Wer das Griechentum in dieser Beziehung intimer kennt, wird keinen Augenblick anstehen zuzugeben, daß der Grieche sich sein höchstes Geistesleben so vorstellte, daß er sich sagte: Das ist ein Heilmittel gegen die fortwährende Tendenz des Seelischen zu verkümmern; es ist eine Art, dem Tode entgegenzuwirken. Ein Wiederbeleben des Seelischen in der Richtung seines Wesens: Das war für den Griechen das geistige Leben. Nicht bloß ein abstraktes Erkennen sah der Grieche in seiner Wissenschaft; er sah in seiner Wissenschaft etwas, was in ihm einen Heilungsprozeß anregte. Und das war auch die besondere Art, wie dann in einer etwas anderen Färbung gedacht worden ist in jenen Weltanschauungen, die sich mehr auf das Judentum stützen, wo vom Sündenfall, von der Erbsünde gesprochen wird. Auch die Griechen hatten diese Anschauung – nur in einer anderen Weise –, daß es für die menschliche Seele notwendig ist, sich im Leben einem fortdauernden Gesundungsprozeß hinzugeben. Innerhalb dieses griechischen Geisteslebens war es überhaupt so, daß der Mensch keineswegs die

Tätigkeiten, denen er sich hingab, und die Denkweisen, die er hegte, nebeneinanderstellte. Sie flossen bei ihm vielmehr zusammen, und so war ihm zum Beispiel die Heilkunst eben eine Kunst – nur eben eine Kunst, die innerhalb der Natur stehenblieb. Und gerade die Kunst betrachtete der Grieche – dieser eminent künstlerisch veranlagte Mensch – nicht als etwas, das profaniert oder in ein niederes Gebiet herabgezogen wird, wenn man es vergleicht mit demjenigen, was ein Gesundungsprozeß der menschlichen Wesenheit ist.

Und so sehen wir, wie in jenen älteren Zeiten Erkenntnis tatsächlich nicht getrennt war von der ganzen menschlichen Natur, wie sie alle menschlichen Tätigkeiten umfaßte. So wie die Philosophie die Naturerkenntnis umfaßt und alles, was sich nun aus der Wissenschaft ergeben sollte, indem es weiter und immer weiter entwickelt wurde, umfaßt sie auch das künstlerische Leben. Und im religiösen Leben schließlich sah man den zusammenfassenden großen Gesundungsprozeß der Menschheit, so daß wir, indem wir Erkenntnis im alten Stil auffassen, tatsächlich sagen müssen: Da ist die Erkenntnis aufgefaßt als etwas, was aus dem ganzen Menschen herauskommt. Das Denken war zwar schon da, aber die Menschheit konnte bei dieser Phase der Erkenntnisentwicklung eben nicht stehenbleiben. Was war denn mit dieser Phase der Erkenntnisentwicklung notwendig verbunden? Das sieht man so ganz klar, wenn man, ausgerüstet mit heutigem wissenschaftlichen Geiste, sich etwas – ich möchte sagen probeweise – vertieft in irgendein Werk, das damals, sagen wir im 13. oder 14. Jahrhundert, etwa auf naturwissenschaftlichem Gebiete als Wissenschaft galt. Wer solch ein Werk verstehen will, der muß sich nicht nur erst mit der Terminologie bekanntmachen, sondern er muß sich auch in den ganzen Geist hineinleben.

Ich zögere nicht zu behaupten: Wenn man vom heutigen Wissenschaftsgeiste durchdrungen ist und nicht erst intime, ehrliche historische Studien gemacht hat, muß man notwendigerweise ein naturwissenschaftliches Werk aus einer Zeit wie dem 13. und 14. nachchristlichen Jahrhundert mißverstehen, aus dem einfachen Grunde, weil selbst zur damaligen Zeit – und je weiter wir zurückgehen in der Menschheitsentwicklung, desto mehr ist das der Fall –, der Mensch nicht nur Mathematik in die äußere Welt hineingetragen hat, sondern auch eine ganze Fülle von inneren Erlebnissen, an die er ebenso glaubte wie wir an unsere Mathematik. So sprechen wir die Natur ganz anders an, wenn wir heute als Chemiker von Sulfur, Phosphor oder Salz reden, als wenn die damaligen Menschen von Sulfur oder Salz gesprochen haben. Wenn wir die heutigen Begriffe anwenden, dann treffen wir nicht im allergeringsten den Sinn, der damals in einem – eben auch wissenschaftlich gemeinten – Buche war, und zwar aus dem Grunde, weil dazumal eben mehr und anderes als das Mathematische oder das der Mathematik Ähnliche in die Beobachtungsergebnisse der Außenwelt hineingetragen wurde. Der Mensch trug eine ganze Fülle von innerlich – auch qualitativ und nicht bloß quantitativ – Erlebtem in die Außenwelt hinein.

Und ebenso wie wir ein naturwissenschaftliches Ergebnis mit einer mathematischen Formel aussprechen, ebenso wie wir scheinbar Subjekt mit Objekt verbinden, so verband man dazumal erst recht Subjekt mit Objekt, aber das Subjekt war eben von einer Fülle, von der wir heute keine Ahnung mehr haben und die wir uns auch gar nicht erlauben dürfen, in der selben Weise wiederum in die Natur hineinzutragen. Der Mensch sah damals in der Außenwelt vieles, was er selber in sie hineinlegte, so wie wir heute die Mathematik in die Natur hineinlegen. In keinem anderen Sinne als heute dachte er über die Natur, aber er sah vieles in sie hinein. Damit sah er aber auch das Moralische in die Natur hinein. Das Moralische sah der Mensch so in die Natur hinein, daß in vier Jahrtausenden in derselben Weise, wie ihm die Naturgesetze in seiner Erkenntnis erstanden, die Moralgesetze erstanden. Der Mensch, der das in die Natur hinausversetzte, was man in älteren Zeiten unter Salz, Sulfur, Phosphor und so weiter dachte, durfte, weil er dabei gar nichts anderes innerlich vollführte, auch dasjenige in die Natur hinausversetzen, was er als moralische Impulse erlebte.

Nun aber haben wir uns mit Recht – denn diese Entwicklung mußte kommen – getrennt von einer solchen Auffassung der Außenwelt, durch die wir all das Angedeutete in sie hineintragen. Wir tragen nur mehr das Mathematische in die Außenwelt hinein, und unsere Wissenschaft wird deshalb zu einer sehr guten Grundlage der technischen Praxis. Aber indem wir also nur noch das Mathematische in die Außenwelt hineintragen, haben wir keine Berechtigung mehr, das Moralische auf dem Wege unserer Wissenschaft in die Objektivität hineinzuversetzen. Und wir müssen notwendigerweise – gerade, wenn wir recht wissenschaftlich sind in dem Sinne, der heraufgekommen ist in den letzten Jahrhunderten – einem moralischen Agnostizismus verfallen, denn es bleibt uns nichts anderes übrig, als in den Moralprinzipien nur noch das Subjekt zu sehen, etwas zu sehen, wovon wir nicht behaupten dürfen, daß es in derselben objektiven Weise aus der Natur kommt wie der Verlauf eines Naturprozesses selber.

Und so haben wir denn die Notwendigkeit, uns zu fragen: Wie begründen wir Moralwissenschaft und damit die Grundlage aller Geisteswissenschaft, auch aller Sozialwissenschaft, wie begründen wir Moralwissenschaft in der Zeit, in der wir berechtigterweise für die äußere Natur den Phänomenalismus anerkennen müssen? Das war die große Frage für mich in der Zeit, als ich meine «Philosophie der Freiheit» schrieb. Ich stand auf dem Boden – völlig auf dem Boden! – der modernen Naturwissenschaft, ja, auf dem Boden eines Phänomenalismus gegenüber dem, was durch den Erkenntnisprozeß von der Sinnenaußenwelt zu ergründen ist. Dann aber muß man sich, wenn man die Konsequenz mit aller Ehrlichkeit bis zuletzt verfolgt, sagen: Wenn Moral objektiv begründet werden soll, dann muß sich neben diese Erkenntnis, die zum Phänomenalismus und damit zum Agnostizismus führt, eine andere hinstellen können – eine Erkenntnis, die nun nicht das Denken verwendet, um hypothetische Welten auszusinnen hinter den Phänomenen der Sinne, sondern es muß eine Erkenntnis begründet werden, die das Geistige unmittelbar in der Anschauung erfassen kann, nachdem es – außer dem Mathematischen – nicht mehr im alten Stile hinausgetragen wird in die Welt. Gerade der Agnostizismus ist es, der uns auf der einen Seite nötigt, ihn voll anzuerkennen auf seinem Gebiete, zugleich aber auf der anderen Seite auch nötigt, unseren Geist zur Aktivität aufzuraffen, um eine geistige Welt zu erfassen, aus welcher wir zunächst, wenn wir nicht bloß im Subjektiven bleiben wollen, durch objektive geistige Beobachtung die Moralprinzipien finden können.

Man hat meine «Philosophie der Freiheit» mit einem gewissen Recht einen ethischen Individualismus genannt, aber damit faßt man nur die eine Seite. Wir müssen selbstverständlich zum ethischen Individualismus kommen, weil das, was nun als Moralprinzip geschaut wird, von jedem einzelnen Menschen in Freiheit geschaut werden muß. Aber ebenso wie im inneren, aktiven Geistesprozeß das Mathematische in reiner Erkenntnis erarbeitet wird und dennoch innerhalb der Objektivität sich als begründet erweist, kann auch das, was Inhalt der moralischen Impulse ist, in rein geistiger Anschauung ergriffen werden – nicht bloß im Glauben, sondern in rein geistiger Anschauung. Und deshalb sieht man sich, wie es bei mir der Fall war in meiner «Philosophie der Freiheit», genötigt zu sagen: Moralwissenschaft muß begründet werden auf moralischer Intuition. – Und ich habe es dazumal ausgesprochen, daß wir nur dann im modernen Stile zu einer wirklichen moralischen Anschauung kommen können, wenn wir einsehen: Geradeso wie wir die einzelnen Naturphänomene aus der gesamten Natur herausschälen, müssen wir aus einer angeschauten geistigen Welt, aus einer übersinnlichen, geistigen Welt herausholen die nur geistig angeschauten, aber dennoch ganz unabhängig von uns objektiv erfaßten Moralprinzipien.

Ich habe also zunächst von moralischer Intuition gesprochen. Damit ist der Erkenntnisprozeß in eine gewisse Linie gebracht. Durch den Erkenntnisprozeß – gerade wenn er echt naturwissenschaftlich bleiben soll –, ist die

Seele dazu hingetrieben, ihre innersten Kräfte aufzuraffen und dieses Aufraffen so weit zu treiben, daß nun wirklich die Anschauung einer geistigen Welt möglich wird. Nun entsteht die Frage: Ist nur das, was als Moralimpulse zu erfassen ist, in der geistigen Welt zu schauen oder ist vielleicht das, was uns zu unseren moralischen Intuitionen führt, bloß ein Gebiet von vielen? Die Antwort darauf ergibt sich aber, wenn man das, was innerlich in der Seele erlebt worden ist, als moralische Intuitionen erfaßt und dieses dann in entsprechender Weise fortsetzt.

Genau dasselbe, was die Seele erlebt, indem sie sich aufrafft zur rein geistigen Erfassung des Moralischen – sie ist erst notwendig geworden in der neueren Zeit durch die Naturwissenschaft –, genau dasselbe, was da durchlebt wird, das kann nun auch durchlebt werden für weitere Gebiete. So kann gesagt werden, daß derjenige, der einmal Selbstbeobachtung dieses inneren Erlebnisses, das zur moralischen Intuition führt, geleistet hat, in der Tat nun dieses innere Erlebnis immer mehr ausbilden kann. Und der Ausbildung dieses inneren Erlebnisses dienen jene Übungen, die sie dargestellt finden in meinem Buche «Wie erlangt man Erkenntnisse der höheren Welten?». Und diese Übungen führen dann dazu, daß man nicht beim Denken stehenbleibt und mit ihm Hypothesen bildet, sondern daß man dieses Denken in seiner Lebendigkeit betrachtet und weiterbildet – weiterbildet zu dem, was ich nun im zweiten Teile meines Vortrages weiter ausführen werde und was man nennen kann ein exaktes Schauen der übersinnlichen Welt. Gemeint ist nicht das verloren gegangene, mystische Schauen der älteren Zeit, sondern ein exaktes, ein der Wissenschaft gemäßes

Schauen der übersinnlichen Welt, das man nennen kann ein exaktes Hellsehen. Und dadurch kommt man dann stufenweise zu denjenigen Erkenntnisformen, die ich erst vor kurzem hier auch in einem öffentlichen Vortrag charakterisiert habe: zu der Imagination, zu der Inspiration und zu der höheren Intuition – Erkenntnisformen, die dem inneren Menschen aufleuchten.

Wenn man sich nun fragt, wie können wir noch eine objektiv begründete Moralwissenschaft und damit auch Sozialwissenschaft haben, gerade wenn wir uns fest auf den Boden der Naturwissenschaft stellen, so habe ich Ihnen in diesen einleitenden Worten zunächst zeigen wollen, wie man, indem man sich ehrlich auf den Boden der heutigen Wissenschaft stellen, aber trotzdem sich dem Leben zuwenden will – dem Leben, wie es einfach dasein muß für den Menschen, der zu einer innerlichen Ganzheit kommen soll –, wie man dadurch hineingetrieben wird in ein geistiges Forschen. Dieses unterscheidet sich nun von dem gewöhnlichen Forschen dadurch, daß das gewöhnliche Forschen sich einfach jener Seelenkräfte bedient, die schon da sind, um sich dann zu verbreiten über das weite Feld der Beobachtung und des Experimentes. Demgegenüber wendet sich das anthroposophische Forschen zuerst an den Menschen, damit er höhere Seelenkräfte ausbilde, die dann, wenn sie exakt ausgebildet sind, zu einem höheren Schauen führen, was im Übersinnlichen die Ergänzung zu dem liefert, was wir durch unsere exakten naturwissenschaftlichen Methoden im Sinnlichen finden.

Wie dieses exakte höhere Schauen entwickelt wird, wie man nun aus dem Sinnlichen in das Übersinnliche außerhalb des moralischen Gebietes noch vordringen kann, das soll dann der Gegenstand meiner Auseinandersetzungen nach der Pause sein.

Kurze Pause

Rudolf Steiner: Meine sehr verehrten Anwesenden! Die erste Stufe der übersinnlichen Erkenntnis wird errungen durch das, was man Meditation nennen kann, verbunden mit einer gewissen Konzentration des Gedankenlebens. Das Wesentliche, worauf es dabei ankommt, habe ich in meinem letzten öffentlichen Vortrag hier in Leipzig von der einen Seite her geschildert. Heute will ich es von einer anderen Seite her charakterisieren, und zwar so, daß wir darüber hinaus den Weg zur wissenschaftlichen Erfassung der Welt finden. Das Wesentliche dieser Meditation, verbunden mit Konzentration der Gedanken, besteht eben darin, daß der Mensch nicht etwa stehenbleibt bei jener inneren Handhabung des Denkens, die sich einmal herausgebildet hat durch die Vererbung, durch die gewöhnliche Erziehung und so weiter, sondern daß er in einem gewissen Zeitpunkte seines reifen Lebens dieses Denken, das er sich angeeignet hat, erst als Ausgangspunkt betrachtet für eine weitere innere Entwicklung.

Nun wissen Sie ja, daß es in der Gegenwart mystische Naturen gibt, die etwas verächtlich vom Denken sprechen und die zu allerlei anderen, mehr ins unterbewußte hinunterschillernden Erkenntniskräften Zuflucht nehmen, um dadurch eine Art von Anschauung über die Welt zu gewinnen, die dasjenige umfassen soll, wozu das gewöhnliche Denken nicht kommen kann. Mit diesem doch in das pathologische Gebiet hinüberspielenden, traumhaft-phantastischen Versenken in ein inneres Seelenleben hat das, was mit der Anthroposophie gemeint ist, nichts zu tun. Es bewegt sich gerade in der entgegengesetzten Richtung, es bewegt sich in der Richtung, daß jeder einzelne Schritt, welcher unternommen wird, um das Denken weiter auszubilden, zu einer höheren Fähigkeit umzubilden, daß jeder solcher Schritt mit einer solchen inneren, freien und besonnenen Anschaulichkeit verfolgt werden kann, wie sonst nur die innerlichen Seelenerlebnisse verfolgt werden können, die wir bei einer so besonnenen Erkenntnistätigkeit entwickeln, wie sie der Mathematiker pflegt.

So kann man sagen: Gerade das, wofür sich der moderne Mensch erzogen hat durch seine wissenschaftliche Bildung – das mathematische Denken –, wird als ein Muster genommen, jetzt nicht bloß zum Aufsuchen von irgendwelchen äußeren Zusammenhängen, sondern zum Ausbilden eines höheren Denkprozesses selbst. Was von der Mathematik unternommen wird in der – wenn ich mich bildlich aussprechen darf – horizontalen Ebene, das wird in vertikaler Richtung – möchte ich sagen – unternommen, indem man eine innere Seelentätigkeit, eine Seelenübung selber so vollzieht, daß man bei jedem einzelnen Schritt sich innerlich so Rechenschaft gibt, wie man sich bei den Schritten der Mathematik Rechenschaft gibt, indem man also beim Kontrollieren der Gedanken einen gewissen Vorstellungsinhalt in den Mittelpunkt seines Bewußtseins stellt, der einfach ein Gedankeninhalt sein soll. Es kommt gar nicht auf den Inhalt an; es kommt darauf an, was man mit ihm tut. Man soll sich nicht irgendwie selber etwas suggerieren. Von allen diesen mehr unbewußten Seelentätigkeiten ist das anthroposophische Üben das Gegenteil.

Wenn man aber das, was man sich schon angeeignet hat als eine gewisse Form des Denkens, dadurch weiter ausbildet, daß man nun mit seiner ganzen Seelentätigkeit auf einem überschaubaren Inhalt ruht, und wenn man dieses Ruhen auf einer gewissen Seelentätigkeit, dieses Aufmerksamsein auf diese Seelentätigkeit mit Ausschluß alles anderen, was sonst in die Seele hereindringen kann, immer wieder vornimmt, so erstarkt der Denkprozeß. Und dann erst merkt man das, was sozusagen die gute Seite des Materialismus, der materialistischen Weltanschauung war. Denn man merkt jetzt, daß alles Denken, das man zunächst im gewöhnlichen Leben hat, namentlich jenes Denken, das sich dann fortsetzt in der Erinnerung, uns dazu führt, daß das, was wir erlebt haben in Gedanken, durch das Gedächtnis später wiederum heraufgebracht werden kann. Man merkt, daß das alles von dem Menschen zwischen Geburt und Tod nur so vollzogen werden kann, daß er sich dabei seines Leibes als einer Grundlage – ich will nicht sagen als eines Werkzeuges, aber als einer Grundlage – bedient. Und man merkt gerade dadurch, daß man jetzt das Denken durch innere Entwicklung weitertreibt, daß das gewöhnliche Denken eben durchaus an den menschlichen Leibesorganismus, an den menschlichen Leib gebunden ist und wie insbesondere der Gedächtnisprozeß nicht erklärt werden kann, ohne daß man für ihn eine feinere Physiologie zu Hilfe nimmt, denn jetzt erst merkt man, daß das Denken sich vom Leib befreit, daß es immer freier und freier wird vom Leib.

Jetzt erst steigt man auf von dem mit Hilfe des Körpers vor sich gehenden Denken zu einem Denken, das in inneren seelischen Prozessen sich abspielt; jetzt erst merkt man, daß man allmählich übergeht in ein solches inneres Erleben, wie es nicht eintritt, aber – ich möchte sagen – wie es sich vorbereitet. Wenn man aus dem wachen, gewöhnlichen Bewußtseinszustande in den Schlafzustand hinübergeht, wird einfach unser Organismus so, daß er jene Funktionen nicht mehr vollzieht, die sich ausleben im Vorstellen und in dem mit dem Vorstellen verbundenen Wahrnehmen.

Dadurch aber, daß wir im gewöhnlichen Leben nur in der Lage sind mit Hilfe unseres Leibes zu denken, erlischt das Denken in dem Augenblick, wo es eben nicht mehr mit Hilfe des Leibes vollzogen werden kann – das ist beim Einschlafen. Letzte Reste bleiben übrig in dem bildhaften Denken des Träumens, aber wenn man immer wieder und wiederum durch eine innere, eine exakte innere Übung – deshalb spreche ich von exaktem Hellsehen im Gegensatz zum dunklen, mystischen Hellsehen –, wenn man durch eine exakte Übung das Denken immer weiter und weiter treibt, lernt man die Möglichkeit eines Denkens erkennen, das unabhängig ist von der Leiblichkeit. Gerade dadurch darf der anthroposophische Forscher mit einer solchen inneren Sicherheit auf sein entwickeltes Denken hinweisen, weil er ja – besser noch als der Materialist – die Abhängigkeit des gewöhnlichen Denkens von der Leibesorganisation kennt und weil er erfährt, wie sich im Meditieren, im Üben das eigentliche Seelische heraushebt aus der Gebundenheit an den Leib. Man lernt eben leibfrei denken, man lernt, mit seiner Ich-

Wesenheit herauszutreten aus dem Leibe, man lernt den Leib als ein Objekt kennen, während er früher durchaus verbunden war mit der Subjektivität.

Das ist es eben, was der gegenwärtigen Bildung schwer wird anzuerkennen, weil man auf der einen Seite das, was sich da ergibt und eigentlich immer mehr ergibt gerade durch anthroposophische Erkenntnis – das Gebundensein des Vorstellens an die Leibesfunktionen – in der modernen Naturwissenschaft durchschaut hat. Aber man muß sich klar sein darüber, daß trotz dieses Durchschauens nicht stehen geblieben werden kann bei diesem Denken, sondern daß dieses Denken losgelöst werden kann von dem Leibe dadurch, daß es innerlich erkraftet wird auf dem Wege der Meditation. Dann aber verwandelt sich dieses Denken.

Zunächst ist es so: Wenn dieses leibfreie Denken aufblitzt, wenn das Erleben aufblitzt: du bist jetzt in einer Seelenbetätigung, die du so vollziehst, wie wenn du einfach aus deinem Leibe dich herausgezogen hättest –, wenn dieses innere Erlebnis aufblitzt, dann wird das Denken innerlich intensiver. Es erlangt dieselbe innere Sattheit, die man sonst nur beim Wahrnehmen eines Sinnlichen hat. Es erlangt das Denken Bildhaftigkeit. Das Denken bleibt ebenso in der Sphäre der Besonnenheit wie nur irgendein Denken, das an den Leib gebunden ist, aber es erlangt im leibfreien Zustande jetzt Bildhaftigkeit. Man denkt in Gebilden. Und dieses Denken in Gebilden, das war auch in seinem Anfang vorhanden in dem, was Goethe in seiner Morphologie ausgebildet hatte. Deshalb behauptet er, er könne seine Ideen mit Augen sehen. Er meinte natürlich nicht die sinnlichen Augen, sondern das, was bei ihm sozusagen aus einem elementar-natürlichen Prozeß entstand, was aber eben auch ausgebildet werden kann auf dem meditativen Wege. Er meinte damit, daß er mit dem «geistigen» Auge das schaut, was ebenso bildhaft ist wie sonst nur die sinnlichen Anschauungen, was aber durchaus seiner inneren Qualität nach gedankenhaft ist. Ich sage «gedankenhaft», nicht Gedanke, denn es ist ein fortgebildeter, ein metamorphosierter Gedanke – es ist gedankenhaft.

Auf diese Weise erhebt man sich aber zu der Erkenntnis dessen, was man als Mensch in seinem Erdenleben ist – wenigstens zunächst bis zu dem Momente, in dem man gerade lebt. Das gewöhnliche Bewußtsein hat vor sich den gegenwärtigen Augenblick mit all den Erlebnissen, die in der Umwelt sind. Auch in der gewöhnlichen Wissenschaft hat man das vor sich, was dazu noch als Ergänzung kommt – es sind die gedankenmäßig auftauchenden Erinnerungen, die wir verbinden mit den Erlebnissen des gegenwärtigen Augenblicks. Dieses leibfreie, bildhafte Denken, zu dem wir uns erheben und von dem ich eben gesprochen habe und das ich das imaginative Denken nenne – nicht weil es eine Einbildung ist, sondern weil es eben in Bildern verläuft und nicht in Abstraktionen –, dieses Denken umfaßt unser bisheriges Erdenleben als eine Einheit wie in einem einzigen Tableau, das vor uns steht. Und wir erkennen jetzt, daß in uns eben neben dem Raumorganismus ein Zeitorganismus lebt – ein Organismus, bei dem das Vorher und Nachher in einem ebensolchen organischen Zusammenhang steht wie das Nebeneinander in dem äußeren, physischen Raumorganismus, den wir an uns tragen. Man erkennt diesen Organismus als einen übersinnlichen Organismus – in meinen Büchern habe ich ihn «Ätherleib» genannt, man kann ihn auch Lebensleib nennen.

Was er umfaßt, ist durchaus nicht identisch mit der unberechtigten Annahme einer «Lebenskraft» durch eine frühere Wissenschaft, die zu dieser Lebenskraft bloß auf hypothetischem Wege gekommen ist, während dieser Lebensleib als eine wirkliche Anschauung vor das entwikkelte imaginative Denken tritt. So gelangt man dazu, daß gewissermaßen das, was in dem inneren Menschenwesen für das gewöhnliche Bewußtsein ein Vergangenes ist – als etwas, was ich zum Beispiel vor zehn Jahren erlebt habe und was jetzt in meiner Erinnerung auftaucht –, daß das jetzt nicht als ein Vergangenes auftritt, sondern man erlebt das als ein unmittelbar Gegenwärtiges, man schaut es an mit der Intensität, wie man ein Gegenwärtiges anschaut. Dadurch aber steht das sonst in der Zeit Verlaufende in einer augenblicklichen Einheit vor einem; das ganze Leben ist ein Bild – ein Bild, dessen einzelne Teile innerlich zusammengehören. Und man merkt, daß in Wirklichkeit das Vergangene ein Gegenwärtiges ist, daß es nur dadurch als Vergangenheit erscheint, daß wir es mit unserer auf die gegenwärtige Beobachtung eingestellten Erkenntnis in diesem Augenblick nur als Erinnerung haben. In der Objektivität ist es aber ein unmittelbar Gegenwärtiges, ein Reales.

Dadurch also kommt man zu der Anerkennung dessen, was als das erste Übersinnliche im Menschen liegt. Aber man kommt dadurch auch zur Anerkennung von etwas, das nun in der gesamten Lebewelt außerdem noch vorhanden ist, was die unorganische Naturwissenschaft bis zur Chemie herauf nicht liefern kann: Man kommt zu der Anschauung, die die weitere Ausbildung ist der Goetheschen Morphologie; man kommt zu der Anschauung, wie die einzelne Pflanzenform nur eine besondere Ausgestaltung jener Form ist, die in anderen Pflanzen auch ruht; man kommt zu dem, was Goethe die Urpflanze nennt, die nun nicht etwa eine Zelle ist, sondern die eine konkret gestaltete, nur für das imaginative Erkennen zu erfassende übersinnliche Form ist, die aber in jeder einzelnen Pflanzengestalt leben kann – verändert, metamorphosiert leben kann. Man kommt zu der Anerkennung dessen, was wir im Vegetabilischen finden, wenn wir dieses voll verstehen wollen. Und man muß sich bei dieser Gelegenheit sagen: Bildet man diese imaginative Erkenntnis nicht aus, welche ein Übersinnliches, Dynamisches in allem Vegetabilischen zeigt, so lernt man nur das erkennen, was als mechanischer, physischer, chemischer Prozeß in der Pflanzengestalt vor sich geht.

Es ist das Verdienst der neueren Naturwissenschaft, insofern sie zum Beispiel Botanik ist, daß sie reinlich verfolgt das, was sich in der Pflanzengestalt abspielt oder besser gesagt in dem Raumesteil, der von der Pflanzengestalt umschlossen ist, was sich darin an mechanischen, physischen, chemischen Vorgängen abspielt. Diese Vorgänge sind keine anderen als diejenigen, die auch da draußen sind, aber sie werden erfaßt von etwas, was man nicht mit denselben Methoden, wie sie die physischen, die chemischen sind, erfassen kann. Sie werden erfaßt von dem, was als ein reales Übersinnliches lebt und nur in der Imagination erkannt werden kann – in jener Imagination, in der wir uns zugleich auch selber als menschliche Totalität in unserem Erleben seit unserer Geburt wie in einem einzigen Augenblick vor uns stehend finden.

Wir lernen dadurch auf der einen Seite erkennen, warum wir, gerade wenn wir die modernen, exakten naturwissenschaftlichen Methoden, wie sie sich ausgebildet haben, anwenden, zu einem gewissen Agnostizismus kommen müssen in bezug auf die Auffassung des Vegetabilischen. Und so sehen wir ein, warum auf einem gewissen Felde der Agnostizismus sein muß; und so sehen wir auch ein, inwiefern Anthroposophie gerade dasjenige hinzufügt, was diesem Agnostizismus unbekannt bleiben muß. Wir sehen ein, inwiefern Anthroposophie über den Agnostizismus hinausführt, während sie ihn auf seinem Gebiete als vollberechtigt bestehen läßt. Das, meine sehr verehrten Anwesenden, ist das eine.

Das andere aber ist, daß man sich auf dieser Stufe aneignet ein näheres Zusammengehen des menschlichen Wesens mit der Außenwelt. Physik, Mechanik, Chemie – sie werden in der Gegenwart mit Recht so ausgebildet, daß wir möglichst kein Menschliches in diese Außenwelt hineintragen, indem wir sagen: Nur das hat Objektivität, bei dem wir uns alles Subjektiven enthalten. – Gewiß, die Berechtigung dieser Methode auf einem gewissen Felde wird die Anthroposophie nicht bekämpfen, sondern erst recht anerkennen. Aber wenn wir nun mit dem, was wir auch in der Imagination erkennen, dasjenige erfassen, anschauen, was nun auch im Vegetabilischen lebt, dann bringen wir es auf der einen Seite zu einer intimen Erkenntnis unserer eigenen, übersinnlichen Wesenheit – wenigstens wie sie zwischen Geburt und Tod ist –, aber wir bringen es dadurch auch zu einer Anschauung des Fluktuierenden, des Sich-Metamorphosierenden in der lebendigen Gestaltenwelt. Dadurch verbinden wir uns als Menschen zunächst auf einer ersten Stufe, in der Imagination, mit der Außenwelt. Wir fügen das Menschliche wiederum in unsere Weltanschauung ein.

Eine nächste Stufe der übersinnlichen Erkenntnis ist die Inspiration. Sie wird dadurch errungen, daß man immer mehr und mehr ausbildet, ich möchte sagen den Gegenpol des Meditierens und Sich-Konzentrierens. Wer eine gewisse Übung sich angeeignet hat im Meditieren und Konzentrieren, der weiß, daß man, wenn man das Denken erkraftet, zugleich die innere Neigung bekommt, in dem, was sich als ein Teil der Seele als erkraftetes Denken ergibt, stehenzubleiben. Man muß sich beim Verlassen dieser erkrafteten imaginativen Gedanken mehr anstrengen als beim Verlassen eines anderen Gedankens. Aber wenn man es dazu bringt, daß man nun wirklich aus dem Bewußtsein wiederum herauswerfen kann diese erkrafteten Gedanken – diese ganze imaginative Welt, die man sich zunächst angeeignet hat –, wenn man mit anderen Worten das Bewußtsein leer machen kann – nicht leer machen kann auf dem gewöhnlichen Standpunkt, sondern leer machen kann, nachdem man es zuerst innerlich erkraftet hat –, dann wird diese Leerheit des Bewußtseins etwas ganz anderes, als was die Leerheit des Bewußtseins im gewöhnlichen Leben ist. Da ist die Leerheit des Bewußtseins das Schlafen.

Die Leerheit des Bewußtseins aber, die auftritt, nachdem man dieses Bewußtsein zuerst erkraftet hat, die wird sehr bald erfüllt von den Erscheinungen einer Umwelt, die jetzt ganz anders sind als all das, was man vorher erkannt hat. Jetzt lernt man eine Welt kennen, auf die unsere gewöhnlichen Vorstellungen von Raum und Zeit gar nicht mehr anwendbar sind. Jetzt lernt man eine Welt kennen, die eine wirkliche seelisch-geistige Außenwelt ist. Sie ist ebenso konkret wie unsere reale Sinnenwelt. Sie kann aber nur dadurch in uns hineinfließen, daß man auf einer höheren Stufe das Bewußtsein leer gemacht hat. Nachdem man erst zur Imagination gekommen ist, indem man sich auf einen geistigen Inhalt konzentriert und nun außerhalb seines Leibes wahrnehmen kann, weil man Aktivität in sich hat – nicht jene Passivität, die beim gewöhnlichen Bewußtsein vorhanden ist –, und indem man durch die entsprechenden Vorbereitungen gegangen ist, dringt jetzt durch die entwickelte Aktivität des freigewordenen Bewußtseins die geistige Außenwelt ein, ebenso wie sonst die Erscheinungen der Farbenwelt oder der Tonwelt durch die Sinne eindringen.

Durch diese geistige Außenwelt gelangt man auf der einen Seite zu der Erkenntnis dessen, was wir als Menschen waren, bevor wir aus einer geistig-seelischen Welt heruntergestiegen sind in die physische Welt, bevor wir uns vereinigt haben mit dem, was im Mutterleibe durch die Konzeption vorbereitet worden ist als der physische Menschenkeim. Man gelangt zu einer Anschauung dessen, was erst in einer geistig-seelischen Welt gelebt hat und sich dann verbunden hat mit dem physischen Menschenwesen. Man lernt also dasjenige in einem kennen, was im Grunde genommen ganz unwirksam ist zwischen Geburt und Tod, was gewissermaßen ausgeschlossen ist von unserem sinnlichen Menschen, was aber in uns wirksam war und was in seiner Reinheit wirkte, bevor wir heruntergestiegen sind zu einer physischen Verleiblichung. Das ist das eine: Wir bekommen vertiefte Menschenerkenntnis, indem wir zu dieser zweiten Stufe des übersinnlichen Schauens aufsteigen, die ebenso exakt entwickelt wird wie die andere, die imaginative Stufe. Und diese Erkenntnis, durch die eine geistige Welt in uns einströmt, so wie die reine Luft von außen in unsere Lunge strömt und dann weiter verarbeitet wird, diese Erkenntnis, die wir für das gewöhnliche Bewußtsein im Unterbewußten, für das entwickelte Bewußtsein aber vollbewußt in uns weiter verarbeiten, dieses Einströmen also, das habe ich mir gestattet, die inspirative Erkenntnis zu nennen.

Das ist also die zweite Stufe. Durch sie gelangen wir zunächst dazu, unser Ewiges als Präexistierendes zu erkennen. Damit aber haben wir auch die Möglichkeit, in das einzudringen, was nun in der Außenwelt nicht bloß lebt, sondern was lebt und empfindet, was also in der lebendigen Gestaltung des Innenlebens sich so auslebt, daß dieses Innenleben sich selbst in der Empfindung gegenwärtig wird. Dadurch lernen wir erst das, was als Tierisches in unserer Umgebung lebt, erkennen. Wir ergänzen unsere Erkenntnis durch das, was wir nimmermehr erreichen können durch eine gewöhnliche Anschauung, wie wir sie ausgebildet haben in der Physik, in der Chemie. Wir gelangen dazu, das anzuschauen, was in dem Empfindenden lebt als ein höheres Übersinnliches. Wir lernen nun durch Anschauung, nicht durch philosophische Hypothesen im heutigen Sinne, tatsächlich eine neue, höhere Welt verfolgen: die Welt des Geistig-Seelischen in dem empfindenden Physischen. Damit aber bewegen wir uns wiederum ein Stück weiter fort vom Agnostizismus. Dieser muß dasein, wenn wir nur die chemischen Prozesse verfolgen in dem empfindenden Lebendigen. Die müssen wir verfolgen, und es ist das große Verdienst der neueren Naturwissenschaft, daß diese verfolgt werden können, aber damit muß diese Naturwissenschaft zum Agnostizismus werden. Dieser muß seine Ergänzung finden, daß man gerade nun in freier Geistigkeit durch die Inspiration dasjenige erfährt, was ergänzt werden muß, um zur vollen Realität des empfindenden Lebens zu gelangen.

Dadurch aber erreicht man noch etwas anderes, wovon ich Ihnen ein Beispiel geben mochte. So gelangt man dazu zu erkennen, daß der Prozeß, der sich zum Beispiel in dem Menschlichen abspielt – für das Tierische ist es ähnlich –, daß dieser Prozeß nicht bloß ein aufsteigender, sondern zugleich auch ein absteigender ist. Man lernt eigentlich erst jetzt, sich recht innerlich anzuschauen; man lernt, indem man zu dieser inspirierten Erkenntnis aufsteigt, genauer kennen, was da eigentlich im gewöhnlichen Bewußtsein vor sich geht. Da lernt man vor allen Dingen erkennen, daß man es nicht, indem der Denkprozeß des gewöhnlichen – nicht des imaginativen – Bewußtseins vor sich geht, mit einem Aufbauprozeß zu tun hat, sondern mit einem Abbauprozeß, daß also im wesentlichen unser Nervenleben ein Leben im Abbau ist. Könnten nicht unsere Nerven abgebaut werden – und natürlich zwischendurch auch wieder aufgebaut werden –, so könnten wir nicht das gewöhnliche Denken entwikkeln. Das eigentliche, vitale Leben, wenn es im Übermaß erscheint, ist ja im Grunde ein Betäuben des Denkens, wie es bei jedem Schlaf auftritt. Dasjenige Leben, das durchsetzt ist von Empfinden und Denken, das muß zu gleicher Zeit einen Abbauprozeß, ich möchte sagen einen differentialen Sterbeprozeß in sich tragen.

Diesen Abbauprozeß lernt man zunächst im gesunden Leben kennen, das heißt in dem Leben, wo er auftritt, damit das menschliche Denken im gewöhnlichen Sinne des Wortes überhaupt zustande kommen kann. Wenn man sich einmal die Natur dieser Prozesse angeeignet hat, dann lernt man auch das abnorme Auftreten dieser Prozesse kennen. Es gibt einfach gewisse Organe oder Organsysteme in dem menschlichen Organismus, in denen Parallelprozesse zum gewöhnlichen Denken verlaufen. Wenn sich aber die Abbauprozesse, die sonst die physischen Grundlagen des Denkens sind, sozusagen durch eine innerliche Infektion – das Wort ist nicht ganz im eigentlichem Sinne gebraucht –, wenn sich diese Abbauprozesse auf jene Organe ausdehnen, denen sie sonst nicht zugeordnet sind, dann entstehen in diesen Krankheitszustände.

Es ist durchaus notwendig, daß man die Pathologie so ausbildet, daß wir die Prozesse, die wir in der Physiologie erkennen, auch in der Pathologie wiederfinden. Das ist aber nur möglich, wenn wir einsehen können das Wesenhafte dieser Prozesse in unserer menschlichen Organisation; bei der tierischen Organisation ist es ähnlich, aber doch etwas anders – ich sage das noch einmal, damit ich nicht mißverstanden werde. Indem wir die Prozesse in unserem menschlichen Organismus so verfolgen, daß wir die eine Polarität als eine auf Abbau angeordnete Organisation erkennen und die andere Polarität als eine, die im gesunden Zustande von diesem Abbau nicht ergriffen werden kann, lernen wir dieses Aufbauende und dieses Abbauende durchschauen in inspirierter Erkenntnis.

Lernen wir dieses durchschauen und können wir dann dieses Durchschauen unseres eigenen Organismus verbinden mit einem inspirierten Erkennen der äußeren Welt, der Prozesse im Pflanzenreich, lernen wir dieses Mineralreich und auch das tierische Reich durch inspirierte Erkenntnis durchschauen, dann lernen wir eine Verwandtschaft der menschlichen Innenprozesse mit der äußeren Welt erkennen, die noch intimer ist als jene, die schon auf der früheren Stufe der Menschheitsgeschichte vorhanden war. Ich habe gezeigt, wie auf dieser früheren Stufe der Mensch sich verwandt fühlte mit der äußeren Natur, indem er in alledem, was vegetabilisch in den verschiedensten Metamorphosen auftritt, etwas sah, was er im Seelischen, in seinem eigenen Leben zwischen Geburt und Tod wiederfand.

Lernt er aber nun durch inspirierte Erkenntnis noch dasjenige schauen, was er war im präexistenten Leben, dann durchschaut er zugleich dasjenige in dem äußeren Reiche, was nicht nur in der Empfindung lebt, sondern was eine gewisse Relation, ein gewisses Verhältnis hat zu demjenigen, was da in der menschlichen Organisation, die auf die Empfindung, auf das Denken hin orientiert ist, lebt. Und man lernt erkennen die Zusammenhänge zwischen den Prozessen draußen und den Prozessen drinnen, auch die Zusammenhänge mit dem Empfindungsleben. Man lernt das erkennen, was beim Menschen hervorgebracht wird, wenn die Organe ergriffen werden vom Abbau, die eigentlich davon nicht ergriffen werden dürften, weil der Abbau in diesem Sinne eben nur die Grundlage für den Denk- und Empfindungsprozeß sein muß. Wenn gewissermaßen die organische Tätigkeit für das Denken und Empfinden Glieder des menschlichen Organismus ergreift, die nicht ergriffen werden sollen, dann entsteht dasjenige, was wir in der Pathologie erfassen müssen. Wenn wir aber mit der gleichgearteten Erkenntnis die äußere Welt erfassen, dann finden wir dasjenige, was durch die Therapie erfaßt werden muß. Dann finden wir den entsprechenden Prozeß der polarischen Gegenwirkung, den – ich möchte mich so ausdrücken – normalen Abbau im Inneren. Kurz, wir finden durch eine innere Anschauung den Zusammenhang zwischen Pathologie und Therapie, zwischen dem Krankheitsprozeß und dem Heilmittel. Dadurch kommen wir über den medizinischen Agnostizismus hinaus – nicht, indem wir die gegenwärtige Medizin negieren, sondern indem wir anerkennen, was sie sein kann –, und dadurch finden wir zu gleicher Zeit den Weg, um das als Ergänzung zu ihr hinzuzufügen, was sie durch sich selbst nicht finden kann.

Wenn man nun glaubt, daß Anthroposophie auf den verschiedensten Gebieten der Wissenschaft irgendeinen Dilettantismus ausbilden will, so muß ich sagen: Das ist nicht der Fall! Sie will bewußt die Fortsetzung dessen sein, was sie als Ergebnis der heutigen Wissenschaft voll anerkennt, aber sie will das durch höhere Erkenntnismethoden ergänzen. Sie will also über die ja im Grunde genommen von jedem, der auch praktisch tätig ist, schon empfundenen Mängel der bloß probierenden Therapie hinauskommen zu einer aus der Anschauung gewonnenen Therapie, die einen inneren, organischen Zusammenhang mit der Pathologie hat, die gewissermaßen nur die andere Seite der Pathologie ist. Gelingt es einem auf die geschilderte Weise, in der Pathologie einfach eine Fortsetzung der Physiologie zu finden, dann gelingt es einem auch – dadurch, daß man ja die Verwandtschaft des Menschen mit seiner natürlichen Umgebung kennenlernt –, die Pathologie wiederum auf eine ganz rationelle Weise in die Therapie hinein fortzusetzen, so daß diese beiden in der Zukunft nicht so nebeneinander zu stehen brauchen, wie sie heute nebeneinander stehen in einer mehr agnostisch gefärbten Wissenschaft.

Das sind nur Andeutungen, die ich in dem Sinne geben möchte, daß sie ein wenig zeigen könnten – ich weiß, wie unvollkommen man in einem solchen orientierenden Vortrage sein muß –, wie fern es der Anthroposophie liegt, sich in einer dilettantischen Weise in Opposition gegen die anerkannte Wissenschaft zu stellen, wie es ihr vielmehr gerade darauf ankommt, die letzte Konsequenz aus der agnostischen Form der Wissenschaft zu ziehen und dadurch gerade zu der Anschauung dessen zu kommen, was als Ergänzung hinzugefügt werden muß zu dieser Wissenschaft. Es wird das ja schon empfunden, und im Grunde genommen gibt es viele, insbesondere Angehörige der jüngeren Generation, die da fühlen lernen, daß die Wissenschaft, wie sie jetzt besteht, nicht genügt, die fühlen: Wir brauchen noch etwas anderes, denn sie genügt uns nicht. Gerade wenn wir es sonst ehrlich mit ihr meinen, dann müssen wir durch sie zu etwas anderem kommen. Und gerade für jene, die die Wissenschaft nicht bloß als Antwort, sondern in einem höheren Sinne als Frage kennenlernen, will Anthroposophie dasein – nicht um sie in einen Dilettantismus hineinzutreiben, sondern um gerade in der richtigen, exakten Weise von der Wissenschaft zu dem fortzuschreiten, was diese selber, wenn sie nur konsequent verfolgt wird, fordert.

Dann aber gibt es eine dritte höhere Stufe der Erkenntnis. Die wird dann erlangt, wenn wir die Übungen auf Willensübungen ausdehnen. Durch den Willen vollführen wir zunächst hauptsächlich das, was der Mensch in der Außenwelt tun kann. Wenn wir aber dieselbe Energie des Willens anwenden auf unsere eigenen inneren Vorgänge, dann entsteht auf der Grundlage der Imagination und Inspiration eine dritte Stufe der übersinnlichen Erkenntnis. Wenn wir ganz ehrlich mit uns sind, werden wir uns in jedem Augenblick unseres Lebens gestehen müssen: Wir sind heute etwas ganz anderes, als wir vor zehn oder zwanzig Jahren waren. Der Inhalt unserer Seele hat sich verändert, aber indem er sich verändert hat, waren wir eigentlich ganz passiv der Außenwelt hingegeben. Gerade in bezug auf unsere innere Umwandlung herrscht in uns eine gewisse Passivität.

Wenn wir aber diese Umwandlung selbst in die Hand nehmen, wenn wir es dazu bringen, dasjenige, was zum Beispiel in einer gewissen Beziehung in uns gewohnheitsmäßig ist, einmal radikal zu ändern – da, wo eine Änderung möglich erscheint –, wenn wir also innerlich uns gegen uns selbst so betragen, daß wir uns nach einer gewissen Richtung hin durch unseren eigenen Willen zu einem anderen Menschen machen, dann müssen wir unser inneres Erleben durch Jahre, oftmals durch Jahrzehnte aktiv verstärken, denn solche Willensübungen brauchen Zeit. Man nimmt sich vor: Du bildest eine gewisse Eigenschaft oder die Form einer Eigenschaft in dir aus. – Nach Monaten merkt man, wie wenig es einem gelingt, in dieser

Weise das, was sonst der Leib aus einem macht, aus sich selbst zu machen. Aber wenn man sich immer mehr und mehr anstrengt, dann schaut man nicht nur seinen inneren, übersinnlichen Menschen an, sondern dann gelangt man dazu, diesen inneren Menschen gewissermaßen ganz durchsichtig zu machen. Ein Sinnesorgan wie unser Auge würde uns nicht als Sehorgan dienen können, wenn es nicht selbstlos – wenn ich mich des Ausdrucks bedienen darf – seine eigene Substantialität zurücknähme. Dadurch ist es durchsichtig, physisch durchsichtig. So werden wir durch Willensübungen sozusagen innerlich seelendurchsichtig.

Ich habe jetzt nur einiges angedeutet. Sie finden das ganz ausführlich dargestellt in meinem Buche «Wie erlangt man Erkenntnisse der höheren Welten?». Wir gelangen wirklich in einen Zustand, daß wir die Welt sehen, ohne daß wir selbst das Hindernis sind, voll in das Übersinnliche einzudringen. Denn eigentlich sind wir dadurch, daß wir im gewöhnlichen Bewußtsein immer in unserem Leibe leben, das Hindernis, in die übersinnliche Welt uns einzuleben, denn der Leib vermittelt uns nur das Irdische, nicht das Seelisch-Geistige. Wir schauen jetzt, indem wir von unserem Leibe absehen können, in eine Stufe der geistigen Welt hinein, durch die uns dasjenige erscheint vor dem geistigen Blicke, was aus unserer Seele wird, wenn sie einmal durch die Pforte des Todes durchgegangen ist. Wie wir durch die andere Art, die ich vorhin beschrieben habe, unser präexistentes Leben kennenlernen, so lernen wir jetzt unser Leben in dem Zustande nach dem Tode kennen. Wenn wir nun gelernt haben, den Organismus nicht mehr zu sehen, so lernen wir jetzt, indem er bildlich vor uns hintritt, denjenigen Vorgang kennen, in dem wir uns befinden, wenn wir diesen physischen Organismus ganz abwerfen und mit unserem geistig-seelischen Organismus in die geistig-seelische Welt hineingehen. Den Untergang unseres physischen Daseins, das Aufleben eines geistig-seelischen Daseins: Das erleben wir in der dritten Stufe der übersinnlichen Erkenntnis, in derjenigen Stufe, die ich die höhere intuitive Erkenntnis genannt habe.

Indem wir dieses Erleben haben, indem wir uns jetzt hineinversetzen können in eine geistige Welt, ohne durch unsere Subjektivität befangen zu sein, erlangen wir die Möglichkeit, diese geistige Welt erst in ihrer vollen Innerlichkeit zu erkennen. In der Inspiration ist sie noch so, wie sie in uns einströmt; jetzt aber, in der höheren Intuition, lernen wir sie in ihrer vollen Innerlichkeit kennen. Und jetzt blicken wir zurück auf dasjenige, was sich uns zuerst als eine Notwendigkeit ergeben hat: in die moralische Intuition. Diese moralische Intuition ist das einzige für das gewöhnliche Bewußtsein, das bei einer gehörigen Selbstbesinnung auf das reine Denken – ich habe das dargestellt in meiner «Philosophie der Freiheit» – aus der geistigen Welt heraus auftritt. Gehen wir aber jetzt durch Imagination und Inspiration durch, machen wir Übungen, die uns lehren, völlig abzusehen von uns, höchste Aktivität des Geistig-Seelischen zu entwickeln und dennoch nicht subjektiv, sondern objektiv zu sein, indem wir in der Objektivität selber drinnen leben, erringt man also dieses Drinnenstehen in der Objektivität, dann erst ist es möglich, Geisteswissenschaft zu treiben.

Dann erst ist es möglich, auch das, was sich schon in der physischen Welt als Geistiges auslebt, zu schauen;

dann erst gewinnt man ein wirkliches Verständnis für die Geschichte. Die Geschichte als ein Aneinanderreihen äußerer Tatsachen ist erst die Vorbereitung. Was als geistige Triebkräfte und Triebwesenheiten in dem Geschichtlichen lebt, durchschaut man erst durch die intuitive Erkenntnis. Und auf dieser Stufe intuitiver Erkenntnis durchschaut man in Wirklichkeit auch erst das, was unser eigenes Ichwesen ist. Unser eigenes Ichwesen erscheint uns zunächst als etwas, was wir nicht durchschauen. Wie ein dunkler Raum innerhalb einer Helligkeit uns so erscheint, daß wir die Helligkeit aus dem Dunkel heraus mit unserem Auge sehen, so schauen wir auf unsere Seele zurück, sehen ihre Gedanken, fühlen weitere innere Vorgänge, leben in unseren Willensimpulsen. Das eigentliche Ichwesen aber ist sozusagen wie ein dunkler Raum darin. Das wird jetzt erhellt. Wir lernen unser ewiges Wesen kennen. Damit aber lernen wir erst den Menschen so kennen, daß wir ihn auch als soziales Wesen voll durchschauen können. Jetzt stehen wir vor dem Punkte, wo die Ergänzung zum sozialen Agnostizismus auftritt.

Hier beginnt die Sache ganz besonders ernst zu werden. Was ist sozialer Agnostizismus? Er entsteht dadurch, daß wir diejenige Beobachtung, die wir gelernt haben, mit Recht anzuwenden auf die äußeren, natürlichen Phänomene, daß wir diese uns angeschulte Beobachtung nun auch auf die sozialen Phänomene anwenden wollen. Da kommen dann die verschiedenen Kompromißtheorien in der Sozialwissenschaft und in der Soziologie herauf – überhaupt all die Theorien über die Auffassung des sozialen Lebens, die wir haben entstehen sehen. Da kommt dann dasjenige herauf, was in der Auffassung des sozialen Lebens naturwissenschaftlich ansetzt, was aber deshalb absehen muß von allem Erkennbaren, was sich dem Gedanken entfremdet und was nur im Instinktleben vorhanden ist. Das äußerste Extrem ist dann im Marxismus aufgetreten, der in alledem, was geistig ist, eine Ideologie sieht und der die Impulse des sozialen Lebens nur dann verwirklicht sehen will, wenn sich diese Impulse aus dem Instinktiven heraus entwickeln, das dem Agnostizismus angehört. Klassenbewußtsein ist eigentlich nichts anderes als die Summe dessen, was nicht in einer Erkenntnis des Menschen wurzelt, sondern was aus den Instinkten herauskommt – nur müssen es jene erkennen, die in bestimmten Lebensverhältnissen solche Instinkte entwickeln.

Wenn Sie mit unbefangenem Auge hinschauen auf unser soziales Leben, so werden Sie finden, daß wir gerade auf dem sozialen Gebiete zum Agnostizismus gekommen sind. So grotesk und paradox es dem heutigen Menschen noch erscheinen mag, auf diesem Gebiet der Geisteswissenschaft kommt man über diese Erkenntnisart, insofern sie agnostisch ist, nur hinaus, wenn man sich zur wirklich intuitiven Erkenntnis erhebt und damit zum Erleben des Menschenwesens. Wir Menschen gehen heute eigentlich aneinander vorbei. Wir beurteilen uns höchst äußerlich. Es treten soziale Forderungen auf, indem wir gerade die alten sozialen Instinkte am stärksten entwickeln. Aber eine innere, soziale Seelenstimmung wird nur dadurch kommen, daß uns die Intuitionen aus einer geistigen Welt lebensvoll durchdringen. Wir haben im agnostischen Zeitalter notwendigerweise dazu kommen müssen, alles Geistige mehr oder weniger nur in den Ideen zu sehen.

Die Ideen, insofern sie im gewöhnlichen Bewußtsein sind, leben aber nicht. Der heutige Philosoph spricht uns von logischen Ideen, von ästhetischen Ideen, von ethischen Ideen. Sie alle können wir beobachten, sie alle können wir innerlich theoretisch erleben – sie haben aber keine Impulskraft für das Leben. Die Ideen bekommen erst Lebenswirklichkeit, indem sie sich aufringen zum intuitiven Erleben des Geistigen. Wir können nicht zu einer sozialen Erlösung und Befreiung kommen, und wir können auch unser Leben nicht mit einer uns angemessenen Religiosität durchdringen, wenn wir nicht zu einer intuitiven, lebensvollen Erfassung des Geistigen kommen.

Diese lebensvolle Erfassung des Geistigen wird sich wesentlich unterscheiden von dem, was wir heute geistiges Leben nennen. Geistiges Leben nennen wir heute eigentlich das ideelle Leben, anders gesagt das Leben in abstrakten Ideen, die keine Impulse sind. Was uns aber die Intuition liefert, wird uns als Menschheit wieder den lebendigen Geist geben, der mit uns lebt. Wir haben ja nur noch die Gedanken, die deshalb, weil sie bloß Gedanken sind, den Geist ganz verloren haben. Wir haben die Gedanken als Abstraktionen. Wir müssen uns wieder erringen das Leben der Gedanken. Das Leben der Gedanken aber ist der Geist, der unter uns lebt – und nicht der Geist, von dem wir bloß wissen. Ein soziales Leben werden wir nur entwickeln, wenn wiederum Geist in uns lebt, wenn wir nicht versuchen, aus dem Geistlosen heraus die Gesellschaft zu gestalten – aus dem heraus, was im sozialen Agnostizismus lebt –, sondern wenn wir sie gestalten aus jener Gesinnung, die durch Intuition versteht, den lebendigen Geist zu erringen.

Wir mögen heute auf frühere Zeitalter zurückschauen – gewiß, wir haben sie überwunden, und gerade wer auf anthroposophischem Boden steht, wird sie am wenigsten in ihrer alten Form zurückwünschen. Was aber diese früheren Zeitalter gehabt haben trotz aller Fehler, die wir heute leicht kritisieren können, das ist, daß sie in gewissen Epochen den lebendigen Geist – nicht bloß den Gedankengeist – unter die Menschen gebracht haben. Dadurch konnte sich das, was als Erkenntnisgrundlage da war, ausdehnen zur künstlerischen Erfassung der Welt, zur religiösen Durchdringung des eigentlichen Inneren, zur sozialen Gestaltung der Welt. Neue soziale Gestaltung der Welt, neues religiöses Leben, neue künstlerische Werke auf der Grundlage der Erkenntnis, auf der sie im Grunde genommen immer gestanden haben, werden wir erst erringen, wenn wir uns wiederum eine lebendige Erkenntnis erringen, so daß nicht nur die Gedanken aus dem Geist, sondern der Geist selber in der Menschheit lebt. Diesen lebendigen Geist, den möchte die Anthroposophie suchen. Die Anthroposophie will nicht eine Theorie oder eine theoretische Weltanschauung sein; Anthroposophie will dasjenige sein, was im Leben des Menschen den Geist in seiner Lebendigkeit rege machen kann, was den Menschen nicht bloß mit Wissen vom Geist, sondern mit dem Geiste selbst durchdringen kann.

Dadurch werden wir hinausgelangen über das Zeitalter, das den Phänomenalismus bis zur höchsten Blüte gebracht hat. Gewiß, man kann nur wünschen, daß er in dieser Weise fortblüht, man kann nur wünschen, daß die naturwissenschaftliche Denkungsart in der Gewissenhaftigkeit, in der sie sich eingebürgert hat, weiter fortgedeiht.

Aber es darf auch das Leben des Geistes nicht bloß dadurch vorhanden sein, daß es nur in den alten Traditionen weiterlebt. Im Grunde genommen sind alle Erlebnisse des Geistigen auf Traditionen aufgebaut, auf das, was sich eine frühere Menschheit an Geistigem errungen hat.

Im Grunde genommen ist auch unsere heutige Kunst auf Traditionen aufgebaut, auf der Grundlage desjenigen, was sich eine frühere Menschheit errungen hat. Heute kommt man nicht zu neuen Baustilen, wenn man nicht das Bewußtsein selber umbildet, denn sonst werden wir in Renaissance-, in Gotik-, in antiken Stilformen weiterbauen. Wir kommen nicht zur schöpferischen Produktion. Zur schöpferischen Produktion kommen wir, wenn wir die Erkenntnis selber erst innerlich verlebendigen, so daß wir nicht bloß Begriffe, sondern innerliches Leben gestalten, das uns erfüllt und das die Brücke bilden kann zwischen dem, was wir in Gedanken ergreifen, und dem, was wir im vollen Leben schaffen müssen. Produktive Menschen müssen wir werden dadurch, daß wir vor allen Dingen eine lebendige Erkenntnis als die Grundlage des Lebens suchen.

Dies, meine sehr verehrten Anwesenden, meine sehr verehrten Kommilitonen, möchte die Anthroposophie. Leben möchte sie bringen in die menschliche Seele, in den menschlichen Geist – nicht eine ihr oftmals nachgesagte Opposition gegen das sein, was gerade sie als vollberechtigt im modernen Wissenschaftsgeist anerkennt. Fortführen möchte sie diesen Wissenschaftsgeist, damit er aus dem Äußerlichen, Materiellen, Naturalistischen in das Geistig-Seelische hineindringen kann. Und gerade wer in dieser Weise heute die Menschenbedürfnisse durchschauen kann, ist überzeugt, daß in zahlreichen Menschen der Gegenwart bereits der innere, unbewußte Drang nach einer solchen Fortführung des Wissenschaftsgeistes der Gegenwart besteht. Nur das bewußt ausgestalten, was in vielen als ein dunkler Drang lebt – das möchte die Anthroposophie. Und nur derjenige wird sie im richtigen Lichte und in ihrem Verhältnis zur Wissenschaft schauen, der sie in ihrem wahrem Lichte, nicht in den Entstellungen kennenlernt, die man in der heutigen Zeit zum Teil von ihr entwirft.

Walter Birkigt, Vorsitzender: Ich danke Herrn Dr. Steiner für den Vortrag, den er hier gehalten hat, und ich möchte jetzt darauf hinweisen, daß in die Diskussion eingetreten werden soll. Wortmeldungen und Anfragen wollen bitte hier schriftlich abgegeben werden.

Dr. Dobrina: Verehrte Anwesende! Nach einem so gewaltigen Bilde, was von der gegenwärtigen und von der vergangenen Geistesgeschichte der Menschheit vorgeführt worden ist, ist es nicht leicht, in kurzen Worten ein scharfes Resümee zu geben. Aber ich meine, ehe man zu einer Kritik übergeht, muß man erst einmal das Tiefsinnige der ganzen Ausführungen würdigen. Würdigen muß man und zugeben muß man, daß eine Synthese gesucht wird aus der Naturwissenschaft mit ihren exakten Gedankengängen und der Geisteswissenschaft mit ihren zum Teil antiquierten Formen.

Die Naturwissenschaft hat es tatsächlich in den letzten Jahrhunderten verstanden, sich auf den Thron zu erheben und selbst die Philosophie zum Teil als antiquiert vom Throne herunterzustoßen. Nun suchen aber diejenigen, die sich nicht zufrieden geben können mit der so gestürzten und entgötterten Philosophie, wieder einen Anstoß, um die Philosophie zurückzutragen auf das alte Podium, auf dem sie in Griechenland gestanden hat. Und ich glaube, daß die Anthroposophie, wie sie Dr. Rudolf Steiner vor uns entwickelt hat, ein Versuch ist, die Synthese so zu gestalten, daß er zwar erst in den Vorstufen die Naturwissenschaft anerkennt und sich Mühe gibt, nichts gegen ihre Exaktheit einzuwenden, um aber dann über sie hinaus in das übersinnliche Gebiet einzudringen. Was nun der Schritt in die übersinnlichen Welten ist, scheint mir allerdings auf einer sehr schwachen Grundlage zu stehen, um so mehr, als Dr. Rudolf Steiner mit Begriffen arbeitet wie Präexistenz. Wer mehr Zeit hätte, könnte schärfer daraufhin fragen, was er sich unter dieser Präexistenz denkt oder was er über das «post mortem»-Leben, über das Leben nach dem Tode zu verzapfen hätte.

Beifall

Jedenfalls glaube ich, daß wir von diesem Standpunkte aus sofort mit ihm eine scharfe Diskussion beginnen können und müssen, und da wird sich wohl zeigen, daß im Grunde genommen die ganze Begriffsbildung Dr. Rudolf Steiners in zwei ganz getrennte Gebiete zerfällt. Einmal gibt er sich Mühe, sich in die Therapie hineinzustürzen und das Griechentum gerade unter dem Gesichtspunkte therapeutischer Analyse zu betrachten, auf der anderen Seite arbeitet er mit Begriffen, die aus dem alten Rüstzeug der Theosophie herkommen und die sehr stark an antiquierte Formen des geistigen Lebens erinnern.

Beifall

Aus diesem Grunde möchte ich in aller Kürze sagen, daß mir das ganze Bild, das Dr. Rudolf Steiner sowohl hier wie in dem vorigen öffentlichen Vortrag entwickelt hat, recht unzulänglich erscheint und daß man auf dieser Basis tatsächlich zu keiner Kritik des modernen Lebens und auch nicht der modernen Wirtschaftskämpfe, auch nicht der Stellungnahme, die heutzutage eingenommen wird gegen die in Verfall geratenen geistigen Mächte, gelangen kann.

Beifall

Vielleicht hat Dr. Rudolf Steiner die Freundlichkeit, auf das in Kürze zu antworten.

Walter Birkigt: Wird die Ausführung von der Versammlung als Frage aufgefaßt, daß Herr Dr. Steiner gleich darauf antworten soll? So würde ich Herrn Dr. Steiner bitten, darauf zu antworten.

Beifall

Rudolf Steiner: Nun, sehr verehrte Anwesende, ich habe in meinem Vortrage ja gesagt, daß er ein orientierender sein soll. Und ich sagte, ein orientierender Vortrag stehe vor der Schwierigkeit, gewisse Dinge, die weiterer Ausführungen bedürften, nur andeuten zu können, so daß dadurch selbstverständlich eine ganze Flut von unbefriedigenden Dingen in der Seele der Zuhörer entstehen, die natürlich auch im ersten Vortrage nicht weggeräumt werden können. Es handelt sich bei den – ich kann nicht sagen Einwendungen, sondern – Ausführungen des verehrten Vorredners darum, daß er gefunden hat, ich hätte Worte gebraucht, die er für alte Begriffe hält.

Nun, meine sehr verehrten Anwesenden, alle unsere Worte können wir – selbst die allergewöhnlichsten – unter diese Kategorie schieben. Wir müssen ja, wenn wir uns ausdrücken, aussprechen wollen, Worte gebrauchen. Wenn Sie natürlich versuchen würden zu sehen, was ja heute schon in der mir selbst oftmals ungeheuerlich erscheinenden Literatur der Gegenwart zur Verfügung steht – ich meine ungeheuerlich in bezug auf ihre Fülle –, wenn man das alles lesen sollte, was zum Beispiel von mir selber geschrieben ist, ...

Heiterkeit

... wenn man dieser Fülle gegenübersteht, so ist es ganz selbstverständlich, daß in einem ersten, orientierenden Vortrage auf manches nur hingewiesen werden kann.

Fassen wir also das, was der verehrte Herr Vorredner eben gesagt hat, etwas genauer ins Auge. Er sagte, Präexistenz erinnere ihn an alte Begriffe. Nun aber, er ist ja nur dadurch an alte Begriffe erinnert worden, daß ich Worte gebraucht habe, die früher auch schon da waren. Natürlich, wenn ich davon spreche, daß man dadurch, daß man die imaginative Erkenntnis, die ich ja charakterisiert habe, zu einer inspirierten Erkenntnis erhebt, die ich auch charakterisiert habe, so komme ich zu der Anschauung der Präexistenz. Wenn ich nur schildere, daß man so zur Anschauung des präexistenten Lebens kommt, dann kommt es ja auf den Ausdruck «Präexistenz» gar nicht an, sondern es kommt nur darauf an, daß ich schildere, wie ein exaktes Üben stattfindet, um zu der Anschauung dessen zu kommen, was vom Menschen da war, bevor sich dieses Menschenwesen – wenn ich mich so ausdrükken darf – mit einem physischen Leibe, mit dem, was sich im Leibe der Mutter durch die Konzeption vorbereitet, verbindet. Also, ich habe das Wort Präexistenz nur gebraucht, um auf etwas hinzudeuten, worauf man erst schauen kann, wenn eine übersinnliche Erkenntnis auf die Art, wie ich es geschildert habe, zustande gekommen ist. Man findet in der Gnosis eine gewisse Gesinnung gegenüber der Erkenntnis. Gnosis als solche hat nichts zu tun mit dem, was heute die Anthroposophie will, aber diese Erkenntnisgesinnung, wie sie in der alten Gnosis vorhanden war und die darauf ausgeht, das Übersinnliche wieder zu erkennen, die lebt in unserem Zeitalter – im nachgalileischen, im nachkopernikanischen Zeitalter – eben in einer anderen Form wieder auf.

Und nun will ich Ihnen genauer schildern, was sich noch anschließen müßte – in ein paar Sätzen will ich es schildern. Sehen Sie, wenn wir von einer Erkenntnis, die auf der Grundlage der Methoden angestrebt wird, von denen ich gesprochen habe, wenn wir von dieser Erkenntnisart hinschauen zu einer älteren, von ihr sehr verschiedenen, so kommen wir zu einer orientalischen Erkenntnisform, die in Wirklichkeit «theosophisch» genannt werden könnte. Erst nachdem sich diese in älteren Zeiten entwickelt hatte, konnte aus einer Theosophie eine Philosophie entstehen und dann erst aus einer Philosophie eine Anthroposophie. Natürlich, wenn man die Begriffe so nimmt, daß man sie nur in ihrer Abstraktheit festhält, nicht in dem, worauf es ankommt, dann wird man alles durcheinanderwerfen, und das Neue wird einem nur als eine Aufwärmung des Alten erscheinen. Diese Theosophie wurde errungen durch ganz andere Erkenntnismethoden als jene, die ich geschildert habe.

Was war das Wesentliche dieser Erkenntnismethode? Ich meine jetzt nicht alles, sondern eben nur eine bestimmte Phase derselben. Da ist zum Beispiel der altindische Yogaprozeß, der wahrhaftig keine Aufwärmung in der Anthroposophie erfahren soll. Das können wir erfahren dadurch, daß das, was ich schildere, zunächst diesem Yogaprozeß sehr ähnlich zu sein scheint, nicht wahr. Wenn man das aber nicht selbst erst hineinlegt, so werden sie nicht finden, daß das, was ich schildere, dem Yogaprozeß ähnlich ist. Dieser bestand darin, daß auf einer Stufe der Menschheitsentwicklung, in der das ganze menschliche Leben weniger differenziert war als heute, empfunden wurde, wie der rhythmische Atmungsprozeß in einem Zusammenhange war mit dem Denkprozeß. Heute schauen wir die Sache physiologisch an. Heute wissen wir: Indem wir atmen, indem wir einatmen, drücken wir zu gleicher Zeit durch den Rückenmarkskanal die Atemkraft, also wir drücken die Atemluft in das Gehirn hinein. Im Gehirn setzt sich in metamorphosierter Weise der Atmungsprozeß fort, so daß wir – physiologisch aufgefaßt – eine Synthese des Atmungsprozesses und des Denkprozesses haben.

Auf diesem Vorgang fußte das Yoga, das das gewöhnliche Atmen zu einem anders geregelten Atmen umbildete. Durch den veränderten Atmungsprozeß – also durch einen mehr leiblichen Prozeß – wurde das Denken umgestellt. Es wurde zu dem gemacht, was eine gewisse Anschauung im alten, instinktiven Sinne ergab. Heute leben wir in einer differenzierten menschlichen Organisation, heute müssen wir direkt auf den Denkprozeß losgehen, heute kommen wir dadurch aber auch zu etwas ganz anderem. Wenn Sie also auf das Konkrete eingehen, dann werden Sie jede einzelne Phase des Erkennens, wie sie nacheinander in der Menschheitsentwicklung aufgetreten ist, klar definieren können. Und dann werden Sie gar nicht mehr darauf kommen, daß das, was jetzt mit der Anthroposophie da ist als die für die Gegenwart geeignete Form, höhere Erkenntnisse zu erlangen, irgendwie zusammengeworfen werden kann mit dem, was in älteren Zeiten da war. So können wir natürlich nicht über das, worüber ich gar nicht gesprochen habe, diskutieren – auf Grundlage dessen, was ich Ihnen in einem orientierenden Vortrage gesagt habe. Ich müßte selbstverständlich nun weiter fortfahren, wie das präexistente Leben ist. Ich habe nichts anderes sagen können in meinem orientierenden Vortrage, als daß durch die geschilderten Vorgänge, die in der Tat verschieden sind von dem, was in der Geschichte jemals an innerer Entwicklung hervorgetreten ist, die Erkenntnis des präexistenten Lebens erreicht wird.

Und nun möchte ich wirklich fragen, welche Berechtigung zur Kritik vorliegt, wenn ich das Wort Präexistenz gebrauche in dem Sinne, in dem es jeder verstehen kann. Es bedeutet nichts anderes als das, was es durch den Wortlaut sagt. Wenn ich Existenz auffasse als das, was durch die Sinne erlebt wird, und dann von Präexistenz spreche, so ist es eben die Existenz im geistig-seelischen Leben vor der sinnlichen Existenz. Damit ist nicht auf irgendeine alte Theosophie hingedeutet, sondern es ist ein Wort gebraucht, das weiter ausgeführt werden müßte, wenn man über einen orientierenden Vortrag hinausgeht. So werden Sie finden, wenn Sie wirklich das, was Theosophie genannt werden darf und was ich geschildert habe in meinem Buche, das ich auch mit «Theosophie» überschrieben habe –, wenn Sie das also nehmen, was Theosophie genannt werden darf, so führt das zurück in seinen Anfängen auf alte Formen – geradeso wie unsere Chemie zurückführt in die Alchimie.

Aber das, was heute als Erkenntnisprozeß von mir geschildert wurde, ist durchaus nicht ähnlich irgendeinem Erkenntnisprozeß der alten Zeit. Es ist also durchaus nicht möglich, das, was sich anschließen wird an meinen heutigen Vortrag und was heute noch nicht gesagt worden ist, zum Gegenstande einer Diskussion zu machen, indem man sagt: Ja, Präexistenz, das führt zurück in altes Rüstzeug. – Es führt ja, wenn Sie es verfolgt haben, gar nicht zurück in altes Rüstzeug, aber es setzt gewisse Erkenntnisgesinnungen fort, die damals vorhanden waren, als das alte Rüstzeug gebraucht wurde, und die heute nur noch in ihren Resten vorhanden sind und als Glaubensvorstellungen hereinragen in unsere Gegenwart, während man sie früher in Erkenntnisprozessen erreichte. Nun müssen wir wiederum, und zwar durch Erkenntnisprozesse, die jetzt so organisiert sind wie unser naturwissenschaftliches Erkennen, zu Anschauungen kommen, die den ganzen Menschen erfüllen können, nicht bloß den intellektualistisch orientierten.

Meine sehr verehrten Anwesenden, wenn man auf irgendeine Weise kritisieren will, so muß man das kritisieren, was unmittelbar gesagt worden ist, nicht das, wovon im Vortrage nicht gesprochen werden konnte und von dem man dann sagt, es sei nicht begründet oder dergleichen. Wie kann irgend etwas nicht begründet sein, was nur einfache Schilderung ist? Ich habe ja – das mache ich gerade in den einleitenden Vorträgen – nichts anderes getan als geschildert. Nur derjenige, der wüßte, was dann vorgeht, wenn man diese Dinge wirklich vornimmt, könnte sagen, etwas sei nicht begründet. Wenn man diese Dinge wirklich vornimmt, das heißt, wenn man nicht mehr bloß von außen über diese Dinge spricht, dann wird man sehen, daß sie viel tiefer begründet sind als irgendeine mathematische Wissenschaft, denn sie gehen viel näher an das Seelische heran als die mathematischen Prozesse. Und so ist gerade eine solche Kritik eine außerordentlich äußerliche. Und daß die Anthroposophie immer nur in dieser äußerlichen Weise aufgefaßt wird, macht ihr Auftreten ja so außerordentlich schwierig. Bei keiner anderen Wissenschaft verlangt man, daß man dann, wenn ein Vortrag gehalten wird, alles gibt. Nur von der Anthroposophie verlangt man, daß sie in einem Vortag alles gibt. Ich habe von Anfang an gesagt, daß ich das nicht kann.

Beifall

Es handelt sich aber nicht darum, daß ich das schildere, was als altes Rüstzeug vorhanden ist, zum Beispiel wie die Gnosis in inneren Seelenprozessen zu einer derartigen Erkenntnis gekommen ist oder wie etwa die orientalische Yogaschule zu einer Erkenntnis kommt. Wenn man dieses Rüstzeug kennt, wenn man nicht bloß von ihm redet, …

Beifall

… dann wird man eben nicht mehr behaupten, Anthroposophie erinnere einen an das Alte. Man behauptet das nur so lange, als man sich Reminiszenzen kommen läßt in Form von abstrakten Begriffen, die nur davon herrühren, daß man sie eben mit dem Konkreten, mit dem Wirklichen nicht vergleicht. Natürlich könnte ich noch sehr lange fortfahren, aber es mag das als Antwort genügen.

Lebhafter Beifall

Herr H. Schmidt: Meine Damen und Herren, ich möchte etwas kritisieren, vielmehr mit einem Fragezeichen versehen: Herr Dr. Steiner hat heute abend gesagt, jede wissenschaftliche Weltanschauung sei in dem Sinne Dualismus, daß sie zu dem, was unmittelbar und gewiß ist, ein Ungewisses hinzusetzen muß. Es leuchtet ein, daß dieses andere in der Anthroposophie die übersinnliche Welt ist. Der wissenschaftliche Wert einer Philosophie zeigt sich uns aber darin, wieweit es ihr gelingt, die innere Beziehung zwischen dem Übersinnlichen und dem Sinnlichen darzustellen – ich sage mit Absicht der «wissenschaftliche» Wert, nicht der kulturelle oder psychologische. Der Platonismus etwa, dem es in dieser Hinsicht gar nicht so oft gelungen ist, das Verhältnis zwischen Idee und Wirklichkeit zu konstruieren, hatte eine ungeheure kulturelle Bedeutung.

Nun, in der Anthroposophie versucht Herr Dr. Steiner, die Beziehung zwischen Übersinnlichkeit und Sinnlichkeit darzustellen, das heißt, er versucht, den notwendigen Übergang zu erweisen von der unmittelbaren Sinnenwelt zur übersinnlichen Welt, oder – auf das Subjektive gesehen – von der empirischen und rationalen Erkenntnis, von der wissenschaftlichen Erkenntnis, zu der meinetwegen überwissenschaftlichen Erkenntnis. Er hat dazu die Anthroposophie benutzt. Ich stütze mich nur auf den Vortrag von Herrn Dr. Steiner, und zwar auf den ersten Teil – für den zweiten reichte meine Kraft offengestanden nicht aus.

Beifall

Die Anthroposophie stützt sich auf die Analogie der Mathematik. Herr Dr. Steiner führte aus, wie wir die Mathematik in die Natur hinprojizieren. Dies hat man schon bekanntlich in der griechischen Wissenschaft festgestellt, und tatsächlich besteht auch das Ideal der mathematischen Naturwissenschaft zum mindesten darin, eben die Natur, wie man schon in der Antike sagte, zu mathematisieren. In welchem Sinne aber kann davon überhaupt die Rede sein? Das ist eben das Problem.

Herr Dr. Steiner führte aus, mit welchem Affekt, mit welcher Leidenschaft, mit welcher Anteilnahme der einzelne Mathematiker seine Ideen von den begrifflichen Dingen in der empirischen Wirklichkeit durchsetzt. Was aber sind nun die Gebilde, mit denen es der Mathematiker zu tun hat? Das sind durchaus nicht seine Vorstellungen. Der Kreis etwa, den ein Mathematiker an die Tafel zeichnet, um daran seine geometrischen Sätze zu demonstrieren, das ist nicht seine Vorstellung. Mit dem Kreis hat er als Mensch nicht das mindeste zu tun – vielmehr hat er als Mathematiker nichts damit zu tun, als Mensch wohl, indem er seine beiden Augen benutzt, um den Kreis wahrzunehmen.

Der Begriff des Kreises, mit der es der Mathematiker doch wohl zu tun hat, ist überhaupt nicht in der Wirklichkeit darstellbar; er ist niemals Gegenstand der sinnlichen Wahrnehmung. Der Begriff des Kreises ist vielmehr das Allgemeine.

Nun braucht ja gerade die Anthroposophie etwas persönlich Wirkliches, das sie ja in die Natur hinprojizieren will. Das Allgemeine, das ich sozusagen im mathematischen Kopf habe, das existiert in der Wirklichkeit nicht. Wenn also die übersinnliche Welt auf die sinnliche gegründet werden soll in der Weise, daß vom Subjekt auf das Objekt geschlossen werden kann, dann kann das niemals in der Weise geschehen, daß subjektive Vorstellungen eben in der Art der Mathematik in die Natur hineinprojiziert werden. Dazu ist gerade die Analogie der Mathematik meines Erachtens gar nicht angebracht, denn die Mathematik hat es mit begrifflichen Dingen zu tun, die als solche in der Wirklichkeit niemals vorkommen. Das ist meiner Ansicht nach ein Einwand gegen die Anthroposophie überhaupt. Andererseits aber betont gerade der heutige Vortrag die Realität der übersinnlichen Dinge.

Also, worauf es mir ankommt: Ich kann nicht einsehen, inwiefern die Mathematik hier dienen soll, die Brükke vom Sinnlichen zum Übersinnlichen zu erklären. Der Hauptwert lag nun in dem Vortrage offenbar darin, daß das persönliche Erlebnis, die persönliche Erregtheit, die Gesamtheit des persönlichen Erlebens mittätig sein soll im Denken. Aber da muß jedem sofort ein Bedenken kommen. Gerade das Persönliche, das Individuelle entbehrt der Notwendigkeit. Das, was ich mir persönlich vorstelle – ja, da kann mir jeder sagen: Das ist deine Phantasie, das ist deine Vorstellung, mit der habe ich nichts zu tun. – Dies ist meiner Ansicht nach ein Einwand gegen die Anthroposophie überhaupt.

Beifall

Dann, worauf es Herrn Dr. Steiner noch besonders ankam, bei der inneren Anteilnahme, die sein Vortrag gerade an dieser Stelle hatte und die tatsächlich ergreifend war auch für den Gegner: Der Ausgangspunkt für die höhere Erkenntnis ist für Dr. Steiner die moralische Intuition. Die Anthroposophie bedarf eines Übersinnlichen, um moralische Prinzipien aus ihm abzuleiten, und zwar gewinnt sie diese Ableitung dadurch, daß sie das Übersinnliche anschaut. Das will mir nun – offen gestanden – absolut nicht in den Kopf. Gesetzt einmal, es gäbe übersinnliches Erkenntnisvermögen oder vielmehr solche Erkenntnisfähigkeiten, die wir gewöhnlichen Sterblichen noch nicht haben, und es wäre auch möglich, mit diesem höheren Erkenntnisvermögen tatsächlich das Übersinnliche anzuschauen – das Übersinnliche als ein Existierendes: Wie kann ich daraus ersehen, was ich tun soll? Aus dem, was ist, ist niemals abzuleiten, was ich tun soll. Aus der Sphäre des Seins ist niemals eine Brücke zu schlagen in die Sphäre des Sollens.

Walter Birkigt: Da vorläufig keine weiteren Wortmeldungen vorliegen, bitte ich Herrn Dr. Steiner, darauf zu antworten.

Rudolf Steiner: Meine sehr verehrten Anwesenden, ich möchte zunächst das folgende sagen: Die ganze Natur der Ausführungen, die ich heute abend gemacht habe, verbot mir, an der Stelle, wo ich von Mathematik sprach, von Analogie zu sprechen, und ich bitte Sie, sich genau darauf zu besinnen, daß ich das Wort Analogie nicht gebraucht habe. Das ist kein Zufall, sondern das ist eine durchaus bewußte Sache. Ich konnte auch das Wort Analogie nicht gebrauchen, weil gar nicht die Rede war von einer Analogie mit der Mathematik, sondern es wurde das mathematische Denken verwendet, um zu einer Charakteristik des inneren Gewißheitserlebnisses zu kommen. Und indem ich versuchte klarzulegen, wie man in der Mathematik zu einem inneren Gewißheitserlebnis kommt, wollte ich zeigen, wie man sich auf einem ganz anderen Gebiete, wo man in derselben Weise zur Gewißheit zu kommen versucht, eben diesen Grad der Gewißheit auch erwerben kann. Es handelt sich also nicht um eine Analogie mit der Mathematik, sondern es handelt sich darum, zwei reale Seelenerlebnisarten anzuführen, die in nichts anderem miteinander verglichen werden sollen, als daß hingewiesen wird auf das Erlangen von innerer Gewißheit. Meine sehr verehrten Anwesenden, es ist also dasjenige, was der verehrte Vorredner gesagt hat, nicht eine Anknüpfung an meinen Vortrag, denn er hätte ja dann nicht das Wort Analogie brauchen können. Ich habe es vermieden, weil es nicht hineingehört.

Ferner ist gesagt worden, daß ich geredet hätte von der Leidenschaft des einzelnen Mathematikers. Auch das konnte ich nicht tun, weil ich einfach heranzog die Natur des mathematischen Erlebens, wie sie derjenige kennt, der in Mathematik eingeweiht, geschult ist. Wie man überhaupt darauf kommen kann, von irgendeinem persönlichen Hineinreden in die Mathematik zu sprechen, das ist mir unerfindlich. Dagegen möchte ich das folgende bemerken: Es hört sich sehr schön an, wenn man sagt, mit dem Kreis, den ich an die Tafel zeichne, habe der innere Begriff des Kreises absolut nichts zu tun. Das werde ich auch nicht behaupten, daß er damit etwas zu tun habe, weil es mir gar nicht einfällt zu sagen, daß der innere Begriff des Kreises aus Kreide ist. Ich meine, das ist keine sehr tiefe Wahrheit, die damit ausgesprochen wird.

Aber wenn man von einem abstrakten Denken zu einem realitätsgemäßen Denken kommt, dann muß man sich das folgende sagen. Nehmen wir einmal etwas, was wir innerlich mathematisch konstruieren, zum Beispiel den Satz: Wenn wir in einem Kreise den Durchmesser ziehen und von dem einen Endpunkt des Durchmessers eine Linie nach einem beliebigen Punkt auf der Kreislinie ziehen und von diesem Punkt eine weitere Linie nach dem anderen Endpunkt des Durchmessers, dann ist dieser Winkel stets ein rechter. Ich brauche das gar nicht auf die Tafel zu zeichnen. Das, was ich da erkenne, nämlich daß in einem Kreis jeder Winkel über dem Durchmesser mit dem Scheitelpunkt auf der Peripherie ein rechter ist, das ist ein rein innerliches Erlebnis. Ich habe nicht nötig, den Kreis hier auf der Tafel zu verwenden.

Zuruf: Das ist nicht wahr! Erst wenn Sie es auch angeschaut haben, können Sie nachträglich konstruieren!

Aber es ist doch zweifellos das, was ich äußerlich auf die Tafel hinzeichne, bloß ein äußere Hilfsmittel.

Für den, der mathematisch denken kann, ist es ganz ausgeschlossen, daß er solche mathematische Wahrheiten, selbst wenn es sich um die kompliziertesten mathematischen Wahrheiten handelt, nicht auch rein im inneren Erleben konstruieren kann. Davon kann gar keine Rede sein. Selbst wenn ich darauf angewiesen wäre, sie mit Kreide hinzuzeichnen, so würde das noch immer keine Bedeutung haben aus dem einfachen Grunde, weil das, was die substantielle Geltung des Satzes ausmacht, zwar veranschaulicht werden soll in der Zeichnung, aber doch nicht in ihr beschlossen zu sein braucht. Wenn ich mir durch die Zeichnung an der Tafel veranschauliche, daß der Winkel ein rechter ist, so ist durch diese Veranschaulichung doch nicht irgend etwas Bestimmtes für die innere Geltung des Satzes ausgemacht. Und darauf kommt es schließlich an. Es kann durchaus nicht die Rede davon sein, daß ich erst die Zeichnung auf der Tafel brauche. Aber selbst wenn ich sie brauchte, so würde das vollständig irrelevant sein für das, was ich über die Natur des Mathematisierens gesagt habe – nicht des Lösens einzelner Probleme, sondern des Mathematisierens überhaupt. Das, worauf es dabei ankommt, liegt auf einem ganz anderen Gebiete als das, was hier angeführt worden ist, denn wir werden einfach, wenn wir das Mathematisieren ansehen, dahin geführt, daß wir uns sagen müssen, wir erleben innerliche Wahrheiten.

Ich habe ja auch nicht gesagt, daß wir im Mathematischen schon Realitäten erleben. Daher ist es völlig irrelevant, wenn eingewandt wird, daß das Mathematische als solches keine Wirklichkeit enthalte. Aber im Formalen enthält es eben durchaus Wahrheiten, und die können auch erlebt werden. Der Weg ist wichtig, wie man zur Wahrheit und wie man zu Erkenntnissen kommt, wenn diese auch zunächst innerhalb des Mathematischen selbst noch keine Wirklichkeit haben. Aber wenn nun dieses mathematische Erleben auf ein ganz anderes Gebiet übertragen wird, nämlich auf jenes Gebiet, wo nun auf das wirkliche Seelenleben die Exaktheit des Mathematischen angewendet wird, da wird ja der Charakter der Exaktheit, der zunächst im Mathematisch-Formalen erlebt wird, in das Reale hineingetragen. Und erst dadurch bin ich berechtigt, dasjenige, was für die Mathematik als bloß Formales gilt, in die Realität hinüberzutragen.

Ich habe zunächst gezeigt, wie man von innen zu Wahrheiten kommt, die wir – selbstverständlich nur in äußerlicher Weise – scheinbar als Unwirklichkeiten auf die Beobachtung, auf das Experiment übertragen oder mit denen das Experiment durchwoben wird. Und dann habe ich auch gezeigt, wie dieser formale Charakter sich in einen realen umwandelt. Es gilt dann aber immer noch nicht, was scheinbar so plausibel ist: Was mathematisch ist, das lebt nur in mir; der Begriff lebt nur in mir, er lebt nicht draußen in der Realität. Das mathematisch Erkundete, das mathematisch Erarbeitete hätte als solches mit der Realität nichts zu tun. Nun, lebt der Begriff des Kreises wirklich nur in mir?

Nehmen Sie an – ich zeichne nicht einen Kreis an die Tafel, sondern ich habe hier meine zwei Finger. Damit halte ich eine Schnur und bringe den Gegenstand in eine kreisförmige Bewegung, so daß dieses Bleikügelchen sich im Kreis bewegt. Jene Gesetze, die ich nun für die Bewegung dadurch erkenne, daß ich sie mathematisch erkenne – haben die nichts zu tun mit der Realität? Ich gehe ja fortwährend so vor, daß ich eben gerade durch Mathematik das Verhalten im Realen bestimme. Ich gehe ja dann so vor, wenn ich von der Induktion zur Deduktion übergehe, daß ich das hineinbringe, was ich zunächst durch Induktion bestimmt habe und dieses nun mit der Mathematik weiterbearbeite. Wenn ich das Endglied einer empirischen Induktion in eine mathematische Formel hineinbringe und dann einfach weiterrechne, dann zähle ich doch darauf, daß dasjenige, was ich durch die Deduktion mathematisch entwickle, der Realität entspricht. Dadurch ist ja erst das Mathematische fruchtbar für die Realität, nicht durch solche philosophische Auseinandersetzungen, wie sie jetzt vorgetragen wurden.

Sehen wir die Fruchtbarkeit des Mathematischen für die Realität an. Man sieht die Fruchtbarkeit einfach daran, wenn zum Beispiel einer sagt: Ich sehe die Unregelmäßigkeiten, die da sind gegenüber dem Ausgerechneten, und deshalb setze ich andere Größen in die Rechnung ein. – Und so kommt er zunächst auf rein mathematischem Wege dazu, eine Realität vorauszusetzen; die Realität stellt sich nachher ein – sie ist da. So habe ich, indem ich meinen empirischen Weg nun rein durch Mathematik fortgesetzt habe, auch die Anwendbarkeit des innerlich Erlebten auf die äußere Welt gezeigt. Wenigstens rechne ich damit. Und wenn man nicht damit rechnen könnte, daß sich das reale Geschehen, das man in der sinnlich-anschaulichen Realität bis zu einem gewissen Punkte verfolgt hat, in der Rechnung fortsetzt, so wäre nämlich das überhaupt nicht möglich, was ich gerade meinte: daß man sich befriedigt fühlt in der Mathematik. Es handelt sich darum, daß man die Begriffe ernsthaft auffaßt, so wie sie auseinandergesetzt worden sind.

Nun zu dem, was ich über die moralische Intuition gesagt habe. Sie erinnern sich vielleicht, daß ich im Vortrage gesagt habe, die Intuition, die ich als die dritte Stufe der übersinnlichen Erkenntnis aufgestellt habe, trete zuletzt auf. Die moralische Intuition tritt aber auch schon für das gewöhnliche Bewußtsein auf. Sie ist das einzige, was zunächst für ein Bewußtsein, das bis zu unserer Stufe vorgedrungen ist, von der übersinnlichen Welt auftritt. Die moralische Intuition ist einfach eine von einer höheren Stufe auf unsere Erkenntnisstufe herunterprojizierte Intuition. Das habe ich im Vortrage klar veranschaulicht. Deshalb habe ich auch von dieser moralischen Intuition zuerst gesprochen, nicht nachher. Ich habe sie als den Ausgangspunkt bezeichnet. Man lernt sie erkennen; und wenn man sie richtig erfaßt hat, dann hat man eine gewisse subjektive Vorbedingung, das andere auch zu verstehen, was dann nachher kommt. Denn indem man die moralische Intuition erlebt, erlebt man etwas, was, wenn man es vergleicht mit dem, was sonst real ist, eben eine andere Art Realität hat, und das ist die Soll-Realität. Geht man ein auf das, was ich gesagt habe, dann erklärt sich schon der Unterschied des Seins und des Sollens einfach dadurch, daß die moralische Intuition in unsere gewöhnliche Bewußtseinssphäre hereinragt, während die andere Intuition nicht ein Herunterprojizieren ist, sondern erst erreicht werden muß. Davon war gar nicht die Rede, daß etwa die moralische Intuition nur ein Spezialfall wäre für den Erkenntnisprozeß der allgemeinen Intuition, sondern sie ist einfach der erste Fall, wo uns im gewöhnlichen

Bewußtsein, im heutigen Bewußtseinszustande, etwas intuitiv auftritt.

Also, es handelt sich darum, daß man die Begriffe, die hier entwickelt werden für Anthroposophie, eben durchaus genau auffaßt. Ich wollte Anregungen geben. Ich begreife durchaus, daß Einwendungen möglich sind, weil man natürlich nicht alles in dieser ausführlichen Weise erklären kann, und so setze ich voraus, daß noch viele Zweifel und so weiter in den Seelen der Anwesenden da sind. Aber denken Sie sich, wie lang mein Vortrag geworden wäre, wenn ich in derselben Weise im Vortrag schon alle die Zweifel weggeräumt hätte, die ich jetzt versuchte, in meiner Antwort wegzuräumen. Damit muß man schon bei einem ersten orientierenden Vortrage rechnen, aber nicht bloß in der Anthroposophie, sondern auf allen Gebieten. Darum hat es sich heute gehandelt. Ich wollte durchaus nichts Abschließendes geben, und ich muß sagen, daß manche Menschen ja durchaus nicht auf das Anthroposophische eingehen wollen. Aber ich habe gefunden, daß die besten Erkenner dessen, was Anthroposophie ist, oftmals nicht diejenigen waren, die gleich von vornherein, auf den ersten Anhieb, auf sie verfallen sind, sondern daß die besten Arbeiter in der Anthroposophie diejenigen geworden sind, die gerade durch herbe Zweifel gegangen sind.

Deshalb fassen Sie das, was ich mit einer gewissen Schärfe in der Replik gesagt habe, nicht so auf, als wenn es haßerfüllt gemeint wäre, sondern im Grunde genommen freue ich mich über alles, was eingewendet wird, denn nur indem man über diese Klippen des Einwendens hinwegkommt, kommt man eigentlich in die Anthroposophie hinein. Und ich habe immer die größere Befriedigung gehabt über diejenigen, die über die Klippen des Ablehnens, des Zweifelns in die Anthroposophie hineingekommen sind, als über jene, die nun auf den ersten Anhieb mit vollen Segeln hineingegangen sind.

Lebhafter Beifall

Herr Wilhelm: Ich will keine Kritik üben, sondern nur eine Frage stellen, deren Beantwortung durch Herrn Dr. Steiner mir sehr interessant wäre. Herr Dr. Steiner erwiderte auf die Kritik des ersten Redners, der die Theosophie der Anthroposophie gegenüberstellte, daß die Erkenntnismethode der Anthroposophie eine ganz andere sei als die der Theosophie, zumal der alten, und daß in der gesamten Geschichte keinerlei, also an keiner Stelle, irgendein Anklang zu finden sei an die von Herrn Dr. Steiner heute abend gegebene Erkenntnismethode. Da möchte ich nur mal fragen, ob Herr Dr. Steiner diese Stellen im «Grünen Gesicht» kennt – ein Buch, das sehr starken theosophischen Anstrich hat und wo eigentlich diese Erkenntnismethode die Grundlage des ganzen Werkes bildet. Mir wäre es sehr interessant, mal die Stellung des Herrn Dr. Steiner kennenzulernen.

Rudolf Steiner: Meine sehr verehrten Anwesenden! Ich mache zuerst darauf aufmerksam, daß es möglich wäre, wenn sich tatsächlich im «Grünen Gesicht», das vor wenigen Jahren erschienen ist, Anklänge finden würden an das, was ich heute abend gesagt habe, grundsätzlich auf Anthroposophie zurückzuführen.

Zuruf: Niemals!

Ich habe nur im allgemeinen gesagt, daß sich das ja nicht widersprechen würde, aber indem hier gerufen wird «Niemals!», bin ich damit vollständig einverstanden, denn ich finde nichts Anthroposophisches im «Grünen Gesicht», sondern ich finde, daß dasjenige, was im «Grünen Gesicht» über die Anthroposophie gesagt wird, auf Erkenntnismethoden beruht, mit denen ich nichts zu tun haben möchte. Das ist das, was ich dazu zu sagen habe.

ANHANG

Dokumente

Zu dieser Ausgabe

Textgrundlagen

Hinweise zum Text

Namenregister

Bibliographischer Nachweis

Literatur zum Thema aus dem Werk Rudolf Steiners

Zum Werk Rudolf Steiners

Rudolf Steiner Gesamtausgabe

Allgemeiner Studentenausschuß
der Technischen Hochschule Stuttgart
Unterausschuß für
geistige Interessen

Stuttgart, den 9. März 1920

Sehr geehrter Herr Doktor!

Vor längerer Zeit erhielt Herr Eckstein von Ihnen die Zusage, Sie würden im Rahmen der Veranstaltungen des allgemeinstudentischen Unterausschusses für geistige Interessen einen besonders auf die Hochschule berechneten Vortag halten.
Die Umstände haben dies noch nicht möglich werden lassen.
Der Unterausschuß wäre aber Herrn Doktor zu Dank verpflichtet, wenn wirklich ein Termin für das Sommersemester angesetzt werden könnte.
Ich möchte deshalb Herrn Doktor bitten, mir für kurze Zeit zu einer Besprechung Ihre Zeit zur Verfügung zu stellen. Ich bin in dieser Woche zu einer solchen jederzeit bereit.

In vorzüglicher Hochachtung
zeichne ich
i. A. des Unterausschusses für
geistige Interessen: der Obmann

S. Schwalbe,
stud. mech.

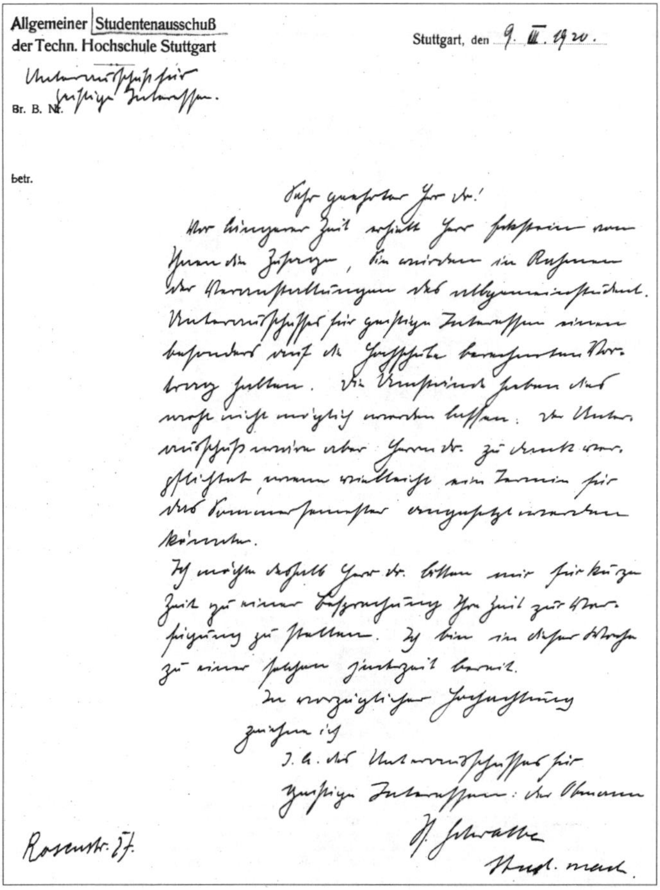

Allgemeiner Studentenausschuß
der Techn. Hochschule Stuttgart

Unterausschuß für geistige Interessen.

Br. B. Nr.

betr.

Stuttgart, den 9. III. 1920.

Sehr geehrter Herr Dr.!

Vor längerer Zeit erhielt Herr [illegible] von Ihnen die Zusage, Sie würden im Rahmen der Veranstaltungen des allgemein. Studentenaussch. Unterausschusses für geistige Interessen einen besonders auf die Hochschule berechneten Vortrag halten. Die Umstände haben das noch nicht möglich werden lassen. Der Unterausschuß wäre aber Ihnen Herr Dr. zu Dank verpflichtet, wenn vielleicht ein Termin für das Sommersemester angesetzt werden könnte.

Ich möchte deshalb Herr Dr. bitten mir für kurze Zeit zu einer Besprechung Ihre Zeit zur Verfügung zu stellen. Ich bin in dieser Woche zu einer solchen jederzeit bereit.

In vorzüglicher Hochachtung
zeichne ich
I. A. des Unterausschusses für geistige Interessen: der Obmann
H. Schwalbe
stud. med.

Rosenstr. 37.

Wahl und Abstimmung

Die Wahl des Stadtpräsidenten

Bei der Wahl des Stadtpräsidenten gingen 4685 Wähler zur Urne. Der von allen vier bürgerlichen Parteien vorgeschlagene bisherige Gemeinderat Hermann Lindt wurde mit 4667 Stimmen zum Stadtpräsident gewählt. Die Sozialdemokraten und Grütlianer hatten Stimmenthaltung beschlossen. Die Stimmbeteiligung beträgt 23 Prozent.

Sulgenbachkorrektion

Die Kanalisation des Sulgenbachs (vom Westende der Stadt bis zur Aare) wurde mit 4464 Ja gegen 856 Nein angenommen.

Die Anthroposophie

ihr Wesen und ihre philosophischen Grundlagen

Mz. Auf Einladung der Freistudentenschaft Bern sprach der Begründer der anthroposophischen Lehre, Dr. Rudolf Steiner aus Dornach, am 8. Juli im Großratssaal über das Wesen und die philosophischen Grundlagen seiner Wissenschaft. Wie schon in früheren Vorträgen, fesselte er auch diesmal durch glänzende Beredsamkeit. Es war ein Sprühfeuer origineller Ideen und philosophischer Begriffe, das er über die zahlreiche, zum Teil recht andächtige Zuhörerschaft ausgoß.

Nach seinen Ausführungen möchte die Anthroposophie im Einklang stehen mit der wissenschaftlichen Weltanschauung, wie sie sich in den letzten drei bis vier Jahrhunderten herausgebildet hat. Der weltgeschichtliche Augenblick ist gekommen, da dem Menschen an Stelle der alten Wege, die ihm genommen wurden, neue eröffnet werden müssen. Die Anthroposophie will ihm solche weisen. Sie ist ihrem Wesen nach verschieden von andern Wissenschaften; darum wird sie angefeindet. Sie appelliert nicht an die sinnenfällige Wahrnehmung, sondern an das, was der Vortragende als „intellektuelle Bescheidenheit" bezeichnet. Die Vorbedingung für ihre Erforschung bildet eine vollständige innere Umwandlung des Menschen. Diese Erforschung beruht auf zwei Eckpfeilern; der erste ist die Grenze des Naturerkennens, welches in der Lehre von Kraft und Stoff gipfelt. Der Anthroposoph sucht mit diesen Begriffen in ganz anderer Weise fertig zu werden als der Philosoph. Durch das Mittel einer systematisch durchgeführten Meditation gelangt er zum Erleben der Begriffe, zur Erkenntnis, daß es ein seelisches „In sich" gibt, und indem er sich hinaufarbeitet zum Erleben des Seelischen, steht er schließlich vor dem Erfassen der geistigen Präexistenz des Menschen. Durch die Methodik der Anthroposophie wird der Mensch innerlich aktiver. Der andere Eckpfeiler ist die Selbsterkenntnis. Der Geistesforscher muß strenge systematische Selbstzucht üben; dann gelangt er dazu, sich selbst zu beobachten; er wird so zum Doppelgänger, zum Zuschauer und Handelnden zugleich. — Nach Ansicht des Vortragenden kann die Anthroposophie für den Mediziner und Sozialwissenschafter zur Grundlage einer brauchbaren Anthropologie werden.

Die heutige Menschheit leidet an innerer Zerrissenheit; hervorgerufen durch das Unvermögen, eine Brücke zu schlagen zwischen Natur und Geist; die Anthroposophie allein ist imstande, diese Brücke zu erstellen. Nicht nur eine Renaissance, sondern eine Naissance des Geistes ist notwendig. Wenn die Jugend von heute mit festem Willen dieses Ziel anstrebt, dann behält Oswald Spengler mit seiner Prophezeiung vom Niedergang Europas unrecht. Der Vortragende schloß, indem er die akademische Jugend an das Wort Fichtes gemahnte: „Der Mensch kann, was er soll." — Reicher Beifall lohnte den Redner.

Bericht in «Der Bund», Bern 12. Juli 1920

Anthroposophie und Wissenschaft.

Vor einer zahlreichen Zuhörerschaft hielt Dr. Rudolf Steiner den einleitenden Vortrag zu einem Diskussionsabend, der — als Anfang einer Reihe von ähnlichen Veranstaltungen — im Bernoullianum dem Thema „Anthroposophie und Wissenschaft" galt.

Dr. Steiner glaubt, daß wenn erst einmal der wissenschaftliche Wert der Anthroposophie anerkannt sein würde, nicht allein die gelehrten, sondern auch alle sonstigen Gegner der Geisteswissenschaft verstummen müßten. Daher betont er entschieden, daß die „anthroposophische Forschungsmethode" wohl die Grenzen heutiger Wissenschaft überschreite, nicht aber die Gesetze, die dem Gelehrten gelten, verletze, vielmehr allen Anforderungen, die strengste Systematik an sie stellen können, sorgfältig entspreche.

So könne jene oft verkündete Freiheit selbständigen Seelenlebens nur durch sorgfältige methodische Schulung erlangt werden, die nach Dr. Steiners Angaben etwa auf den folgenden Voraussetzungen beruht:

Unser Seelenleben beruht auf drei Funktionen. Vorstellen, Fühlen und Wollen, die von der heutigen Psychologie zu sehr zertrennt worden sind, in Wirklichkeit aber innig verschmolzen zu sein pflegen, besonders insofern der Wille stets in die Vorstellungswelt hineinspielt und die Tätigkeit der Phantasie beeinflußt. Dagegen vermag der Wille den Ablauf des außerseelischen, durch die Sinne vermittelten Geschehens nicht nach Belieben zu ändern, sondern findet sich da einer objektiven Gesetzlichkeit gegenüber, der Natur. Diese Umstände benutzt der Anthroposoph. Bewußt stellt er die Vorstellungswelt unter den Einfluß des Willens, und zwar so, daß die strenge, der Natur entsprechende Gesetzlichkeit auch in die Vorstellungswelt Einzug hält, daß dagegen alle subjektiven, unbewußten Regungen des Seelenlebens zurückgedrängt werden. So erreicht er es, daß die Gedanken ihm nicht mehr „kommen", wie man zu sagen pflegt, unwillkürlich und regellos, sondern, daß er sie sich holt, wie er sie braucht, wie sie den geistigen Gesetzen nach zueinander gehören. Also keineswegs will er die unbewußten halluzinatorischen oder suggestiv erzeugten Vorstellungen der Außenwelt aufschwatzen, durchaus nicht geht er von innen nach außen als unwissenschaftlicher Mystiker, sondern von außen nach innen sich bewegend, trägt er das Gesetz der Natur in sein eigenes Seelenleben hinein.

Auf Grund dieser Andeutungen über den Weg des Geisteswissenschaftlers weist Dr. Steiner alle Angriffe zurück, die die Schau geistiger Welten auf das Hervortreten verdrängter Nervenkräfte (Psychoanalyse), auf Suggestionen, Halluzinationen oder ähnliche dunkle Einwirkungen zurückführen, nein, gerade diese Erkenntnisart die „imaginative" sei ein glänzender Beweis für die Wissenschaftlichkeit der Anthroposophie.

Aus seinem eigenen Leben erzählte Dr. Steiner, daß ihm schon als 13jähriger Knabe bei der Lektüre eines Buches, das die Ungiltigkeit der „zu mystischen" Newton'schen Anziehungskrafthypothese mathematisch habe beweisen wollen, die Frage nach dem letzten Erkenntniswerte der mathematisch-mechanischen Methode aufgetaucht sei, die ihn nie wieder losgelassen und schließlich zur Anthroposophie, zur „Philosophie der Freiheit", geführt habe; denn, wo es sich um Organismen handelt, da müsse man erst das Leben selbst kennen, ehe man mit mathematischen Formeln an die Deutung der Erscheinungen gehen dürfe. Um aber das Leben kennen zu lernen, dazu bedürfe man der imaginativen Anschauung, dazu müsse man lernen, in Formen, in Bildern zu denken, die innere Anschauungskraft zu entwickeln. Dann aber müsse man auch das Vergessen lernen, die Seele — ohne Einschlafen! — reinigen können von allen Vorstellungen, denn nur so vermöge die geistige Welt im „inspirierten" Anschauen einem zu nahen, so vermöge einem sogar das „intuitive" Anschauen und mit ihm alle Erkenntnis von der Ordnung der Welt zuteil zu werden.

Leider verhinderte die mangelnde Zeit Herrn Dr. Steiner daran, die wissenschaftliche Grundlage gerade dieser Anschauungsarten vorzunehmen, die natürlich als die eigentlich übersinnlichen einer wissenschaftlichen Kritik besonders ausgesetzt sind. Er sprach vielmehr noch von einem Angriff auf seine Lehre, der ihm Autosuggestion zum Vorwurf machte und den er durch Hinweis auf alle seine bisherigen Aeußerungen zurückwies.

Der Aufforderung zur Diskussion, die nun erfolgen sollte, entsprach zum Bedauern mindestens der nicht anthroposophischen Zuhörer niemand, sodaß Dr. Steiner den Abend mit einem kurzen Hinweis auf die Bedeutung der anthroposophischen Erkenntnis für die Moral, die sie als Keimkraft einer zukünftigen Geisteswelt betrachtet, abschließen konnte. K. T.

Bericht in der Basler-Nationalzeitung vom 3. November 1921

Einladung

zu einem

Anthroposophischen Hochschulkurs

in

Zürich (Schwurgerichtssaal)

im Juni 1921.

In einem an den vier aufeinanderfolgenden Samstag Nachmittagen und Abenden des 4., 11., 18. und 25. Juni stattfindenden Kurs soll die Bedeutung der anthroposophischen Geisteswissenschaft für einige Hauptzweige des wissenschaftlichen und künstlerischen Lebens durch Fachleute dargestellt werden. Es soll gezeigt werden, wie die Geisteswissenschaft diese Zweige nicht nur in ihren speziellen Aufgaben zu fördern, sondern dieselben durch diese Förderung in eine Richtung zu bringen vermag, in der nicht durch abstrakte Allgemeinheiten, sondern durch konkrete Verbindungsfäden die Ueberwindung des so verderblich wirkenden einseitigen Spezialistentums angebahnt werden kann. Anthroposophie sucht nicht an den modernen Wissenschaften vorbei, sondern durch diese hindurch den Ausweg aus dem lebenfeindlichen Zustand, den sie unter der Wirkung dieses Spezialistentums in der neueren Zeit angenommen haben. Sie wird damit allen denjenigen Kräften der modernen Zivilisation einen gangbaren Weg zeigen, die mit der so mächtig heraufsteigenden Reaktion Kompromisse nicht eingehen wollen.

An den **Nachmittagen** sollen je zwei **Vorträge** von je fünf Viertelstunden Dauer gehalten werden.

Abends finden **Disputationen** über Fragen aus den an den Nachmittagen behandelten Gebieten statt; ausser am **Abend des vierten Kurstages**, an dem **Dr. Rudolf Steiner** über den Dornacher Bau der freien Hochschule für Geisteswissenschaft **Goetheanum** sprechen wird.

Am **Abend des 21. Juni** soll eine Aufführung **Eurhythmischer Kunst** veranstaltet werden, die sich von anderen Kunstbestrebungen dadurch unterscheidet, dass sie aus der sinnlich-übersinnlichen Anschauung der Gestaltungskräfte des menschlichen Organismus entwickelt ist.

Zur Teilnahme an **Eurhythmiekursen** während der Kurswochen ist Gelegenheit geboten.

Zürich, Mitte Mai 1921.

Anthroposophische Gesellschaft.
Bund für anthroposophische Hochschularbeit.

Auskunft über diesen Kurs und die anthroposophischen Bestrebungen erteilt Dr. J. Hugentobler, Hofacker 11, Zürich 7.

PROGRAMM:

Im Schwurgerichtssaal:

Samstag, den 4. Juni,	3½ Uhr:	**Dr. Rudolf Steiner**: „Naturwissenschaft und Anthroposophie".
	5 Uhr:	**Dr. med. Eugen Kolisko**: „Die Dreigliederung des menschlichen Organismus".
	8 Uhr:	**Disputation** über naturwissenschaftliche Fragen.
Samstag, den 11. Juni,	3½ Uhr:	**Dr. med. F. Husemann**: „Psychoanalyse, was sie will und nicht kann".
	5 Uhr:	**Dr. W. J. Stein**: „Menschheitsentwicklung und individuelle Pädagogik".
	8 Uhr:	**Disputation** über psychiatrisch-pädagogisch-psychologische Fragen.
Samstag, den 18. Juni,	3½ Uhr:	**Prof. Dr. Hermann Beckh**: „Etymologie und Lautbedeutung im Lichte der Geisteswissenschaft".
	5 Uhr:	**Dr. Roman Boos**: „Katholische Soziallehre und Anthroposophie".
	8 Uhr:	**Disputation** über philologische und soziologische Fragen.
Samstag, den 25. Juni,	3½ Uhr:	**Paul Baumann**: „Musik und Eurhythmie im Volksschul-Unterricht".
	5 Uhr:	**Albert Steffen**: „Geistesströmungen in der schweizerischen Dichtung d. 19. Jahrhunderts".
	8 Uhr:	**Dr. Rudolf Steiner**: „Der Baugedanke von Dornach". (Mit Lichtbildern.)

Im Pfauentheater:

Dienstag, den 21. Juni, abends 8 Uhr: Aufführung Eurhythmischer Kunst.

Von Anfang Juni an: **Eurhythmie-Kurse zu 10 bis 12 Stunden**; Anmeldungen bis 4. Juni an Dr. J. Hugentobler, Hofacker 11, Zürich.

Karten für alle Vorträge und Disputationen:	Fr. 15.—;		
„ für einzelne Vorträge od. Disputationen:	„ 2.—;		Studenten überall die Hälfte.
„ für zwei aufeinanderfolgende Vorträge:	„ 3.—;		
„ für einen Tag:	„ 4.—;		

„ für die Eurhythmie-Vorstellung laut besonderer Auskündung.

Allgemeiner Studenten-Ausschuß der Universität Leipzig

Leipzig, 20. XII. 1921.
Universität

Hochzuverehrender Herr Dr. S t e i n e r !

Der allg. Stud. Ausschuss an der Universität Leipzig hat die Absicht, durch sein Kulturamt eine Reihe geistig führender Persönlichkeiten nach Leipzig zu bitten, um die hiesige Studentenschaft mit geistigen Strömungen in Berührung zu bringen, die ausserhalb der Universität Bedeutung erlangt haben.

Wir bitten daher Euer Hochwohlgeboren ergebenst, an zwei Abenden im Januar Vorträge aus dem Gebiet der anthroposophisch orientierten Geistewissenschaft zu halten, die zu fruchtbarer Auseinandersetzung Gelegenheit geben sollen.

Wir dürfen wohl bestimmt auf Erfüllung unserer Bitte rechnen, da unsere Studentenschaft im Gegensatz zu vielen anderen noch nie durch Sie, sehr verehrter Herr Dr., über die von Ihnen vertretene Geistesrichtung unterrichtet worden ist und da andernseits von fremder Richtung her die hiesige Oeffentlichkeit mit Vorträgen über die Anthroposophie überfüttert wird, sodass der Wunsch auftauchen muss, endlich einmal aus erster Quelle Kenntnisse zu erhalten.

In der höflichen Erwartung, in dieser Angelegenheit recht bald einen positiven Bescheid zu erhalten,

mit akademischen Gruss

i. A. Nauersberger
Kulturamt.

i. A. Georg Dittrich, 2. Vors.
Universität Leipzig
Allgemeiner Studentenausschuss

Zu dieser Ausgabe

Der Vortrag Rudolf Steiners an der Technischen Hochschule Stuttgart erfolgte aufgrund einer Einladung, die auf eine Besprechung des damaligen Chemiestudenten Otto Eckstein (1894–1944) mit Rudolf Steiner im Dezember 1919 zurückging (siehe das Faksimile des Briefes von H. Schwalbe an Rudolf Steiner auf S. 325).

Der öffentliche Vortrag «Anthroposophie, ihr Wesen und ihre philosophischen Grundlagen» fand am Donnerstag, den 8. Juli 1920 um 20.15 Uhr auf Einladung der Freistudentenschaft Bern im Großratssaal des Berner Rathauses statt. Mit dem Titel «Freie Studentenschaft» oder «Freistudentenschaft» bezeichneten sich die Zusammenschlüsse der nichtkorporierten Studenten, die sich gegen Ende des 19. Jahrhunderts unter dem Einfluß der Jugendbewegung an den deutschen Hochschulen bildeten. Als wichtige Reformbewegung innerhalb der Studentenschaft war sie eine der Wegbereiterinnen der heutigen studentischen Selbstverwaltung. In einer Besprechung des «Bundes» vom 12. Juli 1920 (71. Jg. Nr. 292, S. 3) heißt es unter anderem: «Wie schon in früheren Vorträgen fesselte er [Rudolf Steiner] auch diesmal durch glänzende Beredsamkeit. Es war ein Sprühfeuer origineller Ideen und philosophischer Begriffe, das er über die zahlreiche, zum Teil recht andächtige Zuhörerschaft ausgoß [...]. Der Vortragende schloß, indem er die akademische Jugend an das Werk Fichtes gemahnte: ‹Der Mensch kann, was er soll.› – Reicher Beifall lohnte den Redner.» (Siehe das Faksimile des Zeitungsberichtes auf S. 326.)

Den Vortrag «Naturwissenschaft und Anthroposophie» hielt Rudolf Steiner am 4. Juni 1921 anläßlich des Anthroposophischen Hochschulkurses in Zürich. Der Anthroposophische Hochschulkurs war eine Veranstaltung des Bundes für anthroposophische Hochschularbeit und fand im Schwurgerichtssaal in Zürich mit einer Reihe von Veranstaltungen statt, die, wie es im Einladungsschreiben heißt, «die Bedeutung der anthroposophischen Geisteswissenschaft für einige Hauptzweige des wissenschaftlichen und künstlerischen Lebens durch Fachleute» zeigen wollten. Weiter heißt es im Einladungstext: «Es soll gezeigt werden, wie die Geisteswissenschaft diese Zweige nicht nur in ihren speziellen Aufgaben fördern, sondern dieselben durch diese Förderung in eine Richtung zu bringen vermag, in der nicht durch abstrakte Allgemeinheiten, sondern durch konkrete Verbindungsfäden die Überwindung des so verderblich wirkenden einseitigen Spezialistentums angebahnt werden kann. Anthroposophie sucht nicht an den modernen Wissenschaften vorbei, sondern durch diese hindurch den Ausweg aus dem lebensfeindlichen Zustand, den sie unter der Wirkung dieses Spezialistentums in der neueren Zeit angenommen haben. Sie wird damit allen denjenigen Kräften der modernen Zivilisation einen gangbaren Weg zeigen, die mit der so mächtig heraufsteigenden Reaktion Kompromisse nicht eingehen wollen.» (siehe das Faksimile der Einladung auf S. 328/ 329). Nach Steiners Vortrag, der um 15.30 Uhr begann, folgte am selben Nachmittag um 17.00 Uhr ein Vortrag Eugen Koliskos über «Die Dreigliederung des menschlichen Organismus» und am Abend eine «Disputation» genannte Erörterung mit den Teilnehmern über Rudolf Steiners Vortrag «Naturwissenschaft und Anthroposophie».

Der öffentliche Vortrag «Anthroposophie und Wissenschaft» fand im Rahmen einer Reihe von sechs öffentlichen Diskussionsabenden «mit freier Aussprache» unter dem Titel «Welt- und Menschheitsfragen der Vergangenheit und Gegenwart im Lichte der Anthroposophie» statt, die die Anthroposophische Gesellschaft Basel jeweils Mittwochabend um 20 Uhr im Basler Bernoullianeum veranstaltete. Eine Besprechung des öffentlichen Vortrages erfolgte am folgenden Tag in der Basler National-Zeitung mit dem Titel «Anthroposophie und Wissenschaft». (Siehe das Faksimile auf S. 327).

Der Vortrag «Agnostizismus in der Wissenschaft und Anthroposophie» fand am 11. Mai 1922 auf Einladung des Allgemeinen Studenten-Ausschusses der Universität Leipzig statt. In der ursprünglichen Einladung (siehe S. 330) war der Januar vorgesehen, was aber wohl aus zeitlichen Gründen nicht durchführbar war.

Der vorliegende Band ist in dieser Zusammenstellung eine Erstausgabe. Zu bisherigen Veröffentlichungen einzelner Vorträge siehe die bibliographischen Nachweise auf S. 371.

Textgrundlagen

Die Vorträge wurden von Karl Schubert (17.6.1921) und Helene Finckh stenographisch festgehalten. Die Stenogramme sind noch erhalten. Während die Stenogramme von Frau Finckh in der Regel eine ausgezeichnete Qualität aufweisen, sind ihre Aufzeichnungen vom 4. Juni 1921 ausnahmsweise unvollständig. Der Grund für diesen Umstand ist nicht bekannt. Nennenswerte Einfügungen des Herausgebers werden unter den Hinweisen zum Text an entsprechender Stelle vermerkt.

Die Titel der Vorträge stammen von Rudolf Steiner. Die Nachschriften der Vorträge wurden von Rudolf Steiner nicht durchgesehen.

Hinweise zum Text:

Die Werke Rudolf Steiners werden in den Hinweisen mit der Bibliographie-Nummer der Rudolf Steiner Gesamtausgabe (GA) angegeben.

TEIL I

Zum Vortrag Stuttgart, 17. Juni 1920

22 *ich muß dabei eines Mannes gedenken:* Friedrich Theodor Vischer, 1807–1887, Schriftsteller und Philosoph, Professor für Ästhetik und deutsche Literatur zunächst in Tübingen, ab 1855 am Eidgenössischen Polytechnikum und der kantonalen Hochschule in Zürich, ab 1866 am Polytechnikum in Stuttgart.

der immer wieder ... diesen Kampf betonte, in den der Mensch hineinkommt, wenn er an die Grenze der gewöhnlichen Wissenschaft kommt: Rudolf Steiner hat mehrfach darüber gesprochen, wie Friedrich Theodor Vischer an den Grenzen des Erkennens Widersprüche empfindet und diese Widersprüche zum Ausdruck bringt. So schreibt Vischer zum Beispiel in einer Besprechung des Büchleins von Johannes Volkelt über «Die Traum-Phantasie» (in der Sammlung «Altes und Neues», 1881): «Die Seele, als oberste Einheit aller Vorgänge, kann allerdings nicht im Leibe lokalisiert sein, obwohl sie anderswo als im Leibe nicht ist.» – Weiteres dazu findet sich in den Vorträgen Rudolf Steiners vom 18. Oktober 1917 (in GA 72), vom 5. November 1917 (in GA 73) und vom 7. Februar 1918 (in GA 67).

29 *was ich in meinem Buche «Vom Menschenrätsel» das «schauende Bewußtsein» genannt habe:* Im Kapitel «Ausblicke» des Buches «Vom Menschenrätsel» (1916), GA 20, schreibt Rudolf Steiner: «Über dasjenige, was die naturwissenschaftliche Vorstellungsart geben kann, kommt man nur hinaus, wenn man im inneren Seelenleben die Erfahrung macht, daß es ein Erwachen aus dem gewöhnlichen Bewußtsein gibt, ein Erwachen zu einer Art und Richtung des seelischen Erlebens, die sich zu der Welt des gewöhnlichen Bewußtseins verhalten, wie dieses zu der Bilderwelt des Traumes. Goethe spricht in seiner Art von dem Erwachen aus dem gewöhnlichen Bewußtsein und nennt die Seelenfähigkeit, die dadurch erlangt wird, ‹anschauende Urteilskraft›. Diese anschauende Urteilskraft verleiht der Seele, nach Goethes Ansicht, die Fähigkeit, das zu schauen, was sich als die höhere Wirklichkeit der Dinge dem Erkennen des gewöhnlichen Bewußtseins verbirgt. [...] Es wird im folgenden das erwachte Bewußtsein als schauendes Bewußtsein bezeichnet werden. Ein solches Erwachen kann nur eintreten, wenn

man zur Welt der Gedanken und des Willens ein anderes Verhältnis ausbildet, als im gewöhnlichen Bewußtsein erlebt wird.»

37 *wo man in Wien die erste Lehrkanzel für Technik einrichtete:* Im Jahr 1872 wurde das seit 1815 bestehende Polytechnische Institut in eine Technische Hochschule umgewandelt. Zu der Zeit, als Rudolf Steiner an dieser Hochschule studierte (1879–1882), war sie noch im Aufbau; es war damals zum Beispiel noch nicht möglich, dort zu promovieren.

39 *was Kopernikus, Galilei, Kepler gesehen haben:* Nikolaus Kopernikus, 1473–1542, war Astronom und gilt als Begründer des heliozentrischen Weltbildes. Galileo Galilei, 1564–1642, begründete die moderne Naturforschung, indem er das Prinzip aufstellte: Alles, was meßbar ist, messen, und alles, was nicht meßbar ist, meßbar machen. Johannes Kepler, 1571–1630, Astronom, entdeckte die Gesetze der Planetenbewegungen.

40 *seit Bacon und andere gewirkt haben:* Francis Bacon, 1561–1626, englischer Philosoph, gilt als Begründer der empirisch-experimentellen Naturforschung, die von Einzelerfahrungen ausgehend zu allgemeinen Sätzen gelangt.

41 *zu erforschen, «was die Welt im Innersten zusammenhält»:* Aus Goethes «Faust» I, Vers 382–384, Monolog des Faust: «Daß ich erkenne, was die Welt / Im Innersten zusammenhält.»

42 *das Phorometrische:* Phorometrie ist die Lehre von der Bewegung, insofern dabei Größenverhältnisse in Betracht kommen.

46 *der sogenannte Pragmatismus:* Als Pragmatismus wird eine philosophische Position bezeichnet, die alles theoretische Erkennen nur nach praktischen Konsequenzen wertet. Die Wahrheit wird unter dem Gesichtspunkt der Nützlichkeit für Leben und Entwicklung betrachtet, das Erkennen sei nur Werkzeug menschlichen Handelns. Rudolf Steiner beschreibt den Pragmatismus als eine «Gedankenströmung, die an der Wende des 19. und 20. Jahrhunderts alles menschliche Wahrheitsstreben auf einen sicheren Boden stellen will. Der Name ‹Pragmatismus› stammt aus einem 1878 in der amerikanischen Zeitschrift ‹Popular Science› von Charles Peirce veröffentlichten Aufsatz. Die wirkungsvollsten Träger dieser Vorstellungsart sind William James (1842–1910) in Amerika und F.C. Schiller [1864–1937] in England. Man kann den Pragmatismus Unglauben an die Kraft des Gedankens nennen. Er spricht dem Denken, das in sich bleiben wollte, die Fähigkeit ab, etwas zu erzeugen, das sich als Wahrheit, als durch sich berechtigte Erkenntnis ausweisen kann. ...» («Die Rätsel der Philosophie in ihrer Geschichte als Umriß dargestellt», GA 18, Kapitel: «Der moderne Mensch und seine Weltanschauung.») Ausführlicher behandelt Steiner die Denkrichtung des Pragmatismus und

das Abhandenkommen von Wahrheitskriterien im Vortrag vom 21. August 1916 (GA 170, S. 173 ff.).

51 *daß man nicht reden kann wie Spengler:* Zu Oswald Spengler siehe den Hinweis zu Seite 116.

als der neue Rektor für Mechanik und Maschinenbau seine Rektorats-Antrittsrede hielt: Rektor der Technischen Universität in Wien für das Jahr 1881/1882 war Professor Leopold Hauffe.

53 *der zweiten Auflage meines Buches «Die Rätsel der Philosophie»:* Das Werk erschien erstmals 1901 in Berlin unter dem Titel «Welt- und Lebensanschauungen im neunzehnten Jahrhundert» und wurde im Jahr 1914 in erweiterter Form und mit neuem Titel wieder aufgelegt. Das letzte Kapitel dieser Neuausgabe (GA 18) trägt die Überschrift «Skizzenhaft dargestellter Ausblick auf eine Anthroposophie».

54 *den Du Bois-Reymond in seiner Rede:* Der Physiologe Emil Du Bois-Reymond, 1818–1896, hielt in der zweiten öffentlichen Sitzung der 45. Versammlung deutscher Naturforscher und Ärzte zu Leipzig am 14. August 1872 eine Rede mit dem Thema «Über die Grenzen des Naturerkennens», die vor allem durch die Schlußworte berühmt geworden ist: «In bezug auf die Rätsel der Körperwelt ist der Naturforscher längst gewöhnt, mit männlicher Entsagung sein ‹Ignoramus› auszusprechen. Im Rückblick auf die durchlaufene siegreiche Bahn trägt ihn dabei das stille Bewußtsein, daß, wo er jetzt nicht weiß, er wenigstens unter Umständen wissen könnte, und dereinst vielleicht wissen wird. In bezug auf das Rätsel aber, was Materie und Kraft seien, und wie sie zu denken vermögen, muß er ein für allemal zu dem viel schwerer abzugebenden Wahrspruch sich entschließen: ‹Ignorabimus› (lat. ‹wir werden [es] nicht wissen› im Sinne von ‹wir werden es niemals wissen›).» Die Rede wurde noch im gleichen Jahr veröffentlicht. In dem am 8. Juli 1880 in der öffentlichen Sitzung der Königlichen Akademie der Wissenschaften zu Berlin gehaltenen Vortrag «Die sieben Welträtsel» nennt Du Bois-Reymond sieben Daseinsrätsel, die die naturwissenschaftliche Erkenntnis niemals werde erklären können.

den sogenannten Laplaceschen Geist: Pierre Simon Marquis de Laplace, 1749–1827, französischer Physiker, Mathematiker und Astronom. In seinem «Essai philosophique sur les probabilités» (1814) schreibt er: «Ein Geist, der für einen gegebenen Augenblick alle Kräfte kennt, welche die Natur beleben, und die gegenseitige Lage der Wesen, aus denen sie besteht, wenn sonst er umfassend genug wäre, um diese Angaben der Analyse zu unterwerfen, würde in derselben Formel die Bewegungen der größten Weltkörper und des leichtesten Atoms begreifen: Nichts wäre ungewiß für ihn, und die Zukunft wie Vergangenheit wäre seinem Blicke gegenwärtig. Der menschliche Verstand bietet in der Vollendung, die er der Astronomie zu geben gewußt hat, ein schwaches Abbild eines solchen Geistes dar.» Vgl. Rudolf Steiners «Die Rätsel der Philosophie», GA 18, Kap. ‹Die Welt als Illusion›. Zu Laplace siehe ferner den Hinweis zu S. 125.

55 *hier einen pädagogischen Kursus gehalten:* Der Eröffnung der Freien Waldorfschule in Stuttgart im Herbst 1919 ging ein pädagogischer Kurs voraus, den Rudolf Steiner vom 21. August bis 5. September 1919 für die zukünftigen Lehrer der Waldorfschule hielt. Dieser Kurs umfaßte drei Veranstaltungen: Zunächst wurden vierzehn Vorträge gehalten über «Allgemeine Menschenkunde als Grundlage der Pädagogik», GA 293, daran anschließend Vorträge über «Erziehungskunst – Methodisch-Didaktisches», GA 294. Den Vorträgen folgten Besprechungen in seminaristischer Form, in denen Rudolf Steiner mit den Lehrern die praktische Ausarbeitung der einzelnen Unterrichtsgebiete erörterte: «Erziehungskunst – Seminarbesprechungen und Lehrplanvorträge», GA 295.

einen Kursus ..., der versuchte, das das Therapeutische in der Medizin zu ergreifen: Vom 22. März bis 9. April 1920 hielt Rudolf Steiner in Dornach einen Kurs von 20 Vorträgen für Ärzte und Medizinstudenten: «Geisteswissenschaft und Medizin», GA 312.

58 *es war tatsächlich den zuhörenden Ärzten und Medizinstudierenden äußerst interessant:* Siehe dazu den zweiten Vortrag des Kurses für Ärzte «Geisteswissenschaft und Medizin», GA 312.

61 *weil wir nicht daran denken, daß wir:* Die Worte «nicht daran denken, daß wir» wurden vom Herausgeber hinzugefügt.

63 *dann dazu zu kommen, das Geistige im Materiellen zu finden:* Die Worte «das Geistige im Materiellen zu finden» wurden vom Herausgeber hinzugefügt.

Tempel in Delphi: Der Apollo-Tempel zu Delphi trug die Inschrift: Erkenne dich selbst!

so hat auch ... Ernst Haeckel: Ernst Haeckel, 1834–1919, Professor der Zoologie in Jena, den Rudolf Steiner einmal als den monumentalsten Vertreter der naturwissenschaftlichen Denkweise seiner Zeit bezeichnet hat, war mit dem «Ignorabimus» Du Bois-Reymonds nicht einverstanden. Sein 1899 erschienenes Buch «Die Welträtsel. Gemeinverständliche Studien über monistische Philosophie» verfaßte er als eine Art Erwiderung auf Du Bois-Reymonds unlösbare sieben Welträtsel. Siehe dazu Rudolf Steiners Aufsätze «Ernst Haeckel und die Welträtsel» (1899), «Haeckel und seine Gegner» (1899) und «Die Kämpfe um Haeckels ‹Welträtsel›» (1900), alle in GA 30.

67 *meine Interpretation der Goetheschen Weltanschauung:* «Goethes Naturwissenschaftliche Schriften», mit Einleitungen, Fußnoten

und Erläuterungen im Text herausgegeben von Rudolf Steiner in Kürschners «Deutscher National-Litteratur» (1884–1897). Innerhalb der Rudolf Steiner Gesamtausgabe gedruckt mit dem Titel «Einleitungen zu Goethes Naturwissenschaftlichen Schriften», GA 1.

68 *mein Buch «Die Mystik im Aufgange des neuzeitlichen Geisteslebens»:* Im Jahr 1901 erschien Rudolf Steiners Buch «Die Mystik im Aufgange des neuzeitlichen Geisteslebens und ihr Verhältnis zu modernen Weltanschauungen» (GA 7) als Zusammenfassung von 27 Vorträgen, die er im Winterhalbjahr 1900/1901 auf Einladung der damaligen Theosophischen Gesellschaft in Berlin gehalten hatte.

daß ... diese Vorträge ins Englische übersetzt wurden: Der englische Theosoph Bertram Keightley (1860–1949) hatte in der «Theosophical Review» vom 15. Januar 1902 eine referatartige Teilübersetzung von Steiners Vortragen veroffentlicht, die von den Lesern sehr positiv aufgenommen wurde.

69 *kündigte ich meine Vorträge an ... als anthroposophische Betrachtungen der Menschheitsentwicklung:* Rudolf Steiner begann im Oktober 1902 in der literarischen Vereinigung «Die Kommenden» in Berlin einen Zyklus von 27 Vorträgen mit dem Titel «Von Zarathustra bis Nietzsche. Entwicklungsgeschichte der Menschheit an der Hand der Weltanschauungen von den ältesten orientalischen Zeiten bis zur Gegenwart». In seinem einleitenden Vortrag sagte er damals, daß er etwas geben möchte, das man am besten mit dem Wort «Anthroposophie» bezeichnen könne (vgl. den Vortrag in Berlin vom 3. Februar 1913 «Das Wesen der Anthroposophie»).

Thales bis Eucken ..., also von den Anfängen der Philosophie bis zum beginnenden 20. Jahrhundert: Dies ist auch der Zeitraum, den Rudolf Steiner in seinem Buch «Die Rätsel der Philosophie» behandelt. Die Darstellungen der meisten Philosophiegeschichten beginnen mit Thales von Milet, der um 600 v. Chr. lebte. Der deutsche Philosoph Rudolf Eucken lebte von 1846 bis 1926.

daß der Eine die Welterscheinungen von einem Standpunkte aus betrachtet, der Andere von einem anderen Standpunkte aus: Die Worte «der Andere von einem anderen Standpunkte aus» wurden vom Herausgeber hinzugefügt.

70 *weil man überhaupt nicht zu einer einzigen Wahrheit kommen kann:* Das Wort «einzigen» wurde vom Herausgeber hinzugefügt.

nachdem ich zuerst mit allen Kräften hineingezerrt worden bin: Im Herbst 1900 war Rudolf Steiner eingeladen worden, in der Deutschen Theosophischen Gesellschaft zu sprechen. Er hielt dort – nach Einzelvorträgen über Nietzsche und über Goethes «Märchen» – im Winterhalbjahr 1900/1901 eine Reihe von 27 Vorträgen über «Die

Mystik im Aufgange des neuzeitlichen Geisteslebens und ihr Verhältnis zu modernen Weltanschauungen» und im folgenden Winterhalbjahr 1901/1902 einen Zyklus von 24 Vorträgen über «Das Christentum als mystische Tatsache». Zusammenfassungen der beiden Vortragsreihen erschienen alsbald in Buchform (GA 7 und GA 8). Obgleich weder die Thematik noch die Ausführungen Steiners der in der Theosophischen Gesellschaft vorwiegend herrschenden orientalisierenden Mystik entsprachen, wurde er im Herbst 1902 zum Generalsekretär der Deutschen Sektion der Theosophical Society ernannt. In «Mein Lebensgang», XXX, Kap., schreibt er darüber: «Niemand blieb im Unklaren darüber, daß ich in der Theosophischen Gesellschaft nur die Ergebnisse meines eigenen forschenden Schauens vorbringen werde. Denn ich sprach es bei jeder in Betracht kommenden Gelegenheit aus.»

71 *bin ich ... herausgeschmissen worden:* Zunächst konnte Rudolf Steiner seine eigene Weltanschauung – die Anthroposophie – frei und ohne Einschränkung im Rahmen der Theosophischen Gesellschaft vortragen. Nach einigen Jahren traten jedoch Differenzen auf, vor allem nachdem Annie Besant sich zur Präsidentin der Theosophical Society hatte wählen lassen. Zwar hatte sie noch im Jahr 1907 erklärt, sie fühle sich in Fragen des Christentums nicht kompetent, doch begann sie bald danach Vorträge über Christus zu halten und verkündete schließlich, daß ein neuer Weltheiland, der in einem indischen Knaben wiedergeborene Christus, bereits erschienen sei. Sie gründete 1910 den «Orden vom Stern im Osten», der den neuen Weltlehrer verkünden sollte. Die meisten deutschen Mitglieder wollten diese Entwicklung nicht unterstützen, und so kam es zu Auseinandersetzungen, die letztendlich dazu führten, daß Annie Besant im Januar 1913 die gesamte Deutsche Sektion aus der Theosophical Society ausschloß. Dokumente zu diesen Vorgängen sind nachzulesen in den «Mitteilungen für die Mitglieder der Deutschen Sektion der Theosophischen Gesellschaft» (Scholl-Mitteilungen), Jahrgänge 1912–1914, Reprint Dornach 1999.

einen indischen Knaben: Der junge Inder Jiddu Naraniah, genannt Krishnamurti (der Krishnaförmige), 1895–1986, wurde von der Präsidentin der Theosophical Society den Europäern als reinkarnierter Christus, den Indern als Lord Maitreya präsentiert. Sie ließ unter dem Namen Alcyone eine Schrift des Jungen erscheinen mit dem Titel «Zu den Füßen des Meisters» und gründete den «Order of the Star in the East». Trotz großen Propaganda-Aufwandes war dem Orden kein Erfolg beschieden. Krishnamurti – später als eigenständiger Philosoph bekannt und geschätzt – distanzierte sich ab 1922 immer mehr von dem Orden und löste ihn im Jahre 1929 auf; im darauffolgenden Jahr trat er aus der Theosophischen Gesellschaft aus.

74 *als ich mein Buch «Theosophie» schrieb:* Im letzten Abschnitt der Einleitung zur ersten Auflage seines Buches «Theosophie», GA 9, schrieb Rudolf Steiner: «Der [diese Schrift] niedergeschrieben hat, will nichts darstellen, was für ihn nicht in einem ähnlichen Sinne Tatsache ist, wie ein Erlebnis der äußeren Welt Tatsache für Augen und Ohren und den gewöhnlichen Verstand ist.»

79 *Standpunkt, auf dem Haller gestanden hat:* Albrecht von Haller, 1707–1777, Schweizer. Mediziner, Botaniker und Dichter. Die Passage «Ins Innere der Natur...» findet sich in dem Lehrgedicht «Die Falschheit der menschlichen Tugenden».

daß Goethe angesichts der Worte Hallers sagt: Vgl. «Goethes Naturwissenschaftliche Schriften» Band I, «Freundlicher Zuruf». Das Gedicht wurde in gekürzter Form zitiert.

Zum Vortrag Bern, 8. Juli 1920

81 *auf Einladung der hiesigen Freien Studentenschaft:* Siehe «Zu dieser Ausgabe» auf S. 331.

86 *Man hat ja viel philosophisches Denken an solche Begriffe wie Kraft und Stoff angeknüpft:* Rudolf Steiner spielt hier auf das populärphilosophische Werk Ludwig Büchners (1824–1899) «Kraft und Stoff» an, das ab 1855 in 21 Auflagen und 15 Übersetzungen erschien und vornehmlich vom Kleinbürgertum und der Arbeiterschaft gelesen wurde. Büchner vertrat im Materialismusstreit um die Mitte des 19. Jahrhunderts zusammen mit dem Naturwissenschaftler Carl Vogt (1817–1895) und dem Arzt Jakob Moleschott (1822–1893) den wissenschaftlichen Materialismus.

daß man eine Philosophie des «Als ob» begründen wollte: Rudolf Steiner bezieht sich hier auf den deutschen Philosophen Hans Vaihinger (1852–1933), der in seinem Hauptwerk «Philosophie des Als Ob» (Berlin 1911) Gott, Seele und Atom als Hilfsbegriffe des Denkens und nützliche Fiktionen betrachtete.

92 *das unmittelbar im Akt des Denkens des Menschen:* Die Worte «Akt des» wurden vom Herausgeber hinzugefügt.

95 *wie Nietzsche es nannte:* Man findet den Ausdruck «einverleiben» bei Nietzsche z.B. in dem im Sommer 1881 niedergeschriebenen Entwurf zu dem geplanten Werk «Die Wiederkunft des Gleichen» (Kapitel «Die Einverleibung der Grundirrthümer», «Die Einverleibung der Leidenschaften», «Die Einverleibung des Wissens und des verzichtenden Wissens»).

97 *daß man das Leben in unmittelbarer Gegenwart:* Die Worte «das Leben» wurden vom Herausgeber hinzugefügt.

98 *sondern durch unmittelbares Erleben –, in das Seelische an sich, daß man auf der andern Seite hineingelangt:* Die Worte «in das Seelische an sich» und «auf der andern Seite» wurden vom Herausgeber hinzugefügt.

99 *und da versuchen wir nach dem Ausgangspunkte von Lyell und anderen Geologen:* Sir Charles Lyell (1797–1875), britischer Geologe, zeigte in seinem Hauptwerk «Principles of Geology», einem umfassenden Lehrbuch, daß die beobachtbaren geologischen Vorgänge ausreichen, um den Bau der Erdkruste zu erklären. Rudolf Steiner hatte im «Magazin für Literatur» (66. Jg. Nr. 47, Nov. 1897) einen Artikel über Charles Lyell mit dem Titel «Charles Lyell. Zur hundertjährigen Wiederkehr seines Geburtstages» verfasst (GA 30, S. 359–364).

andere Forscher gehen Jahrmillionen vorwärts, indem sie dies oder jenes über das Erdenende aus Physikalischem oder Geologischem heraus prophetisch voraussehen: In Rudolf Steiners Bibliothek findet sich u. a. das Werk von M. W. Meyer, «Wie kann die Welt einmal untergehen?» Stuttgart o. J. [1904], sowie M. Valler, «Untergang der Erde», Berlin 1922.

Nun aber, ich kann nicht in der kurzen Zeit eines Vortrages über die ja immerhin vorhandenen geisteswissenschaftlichen Forschungsergebnisse einen vollständigen Einblick geben: Die Worte «geisteswissenschaftlichen Forschungsergebnisse einen vollständigen Einblick geben» wurden vom Herausgeber hinzugefügt

101 *einen wochenlangen Kursus vor vierzig Ärzten und Medizinstudierenden halten konnte:* Rudolf Steiner hielt diesen als «Geisteswissenschaftlicher Fachkurs für Ärzte und Medizinstudierende» angekündigten Kurs von zwanzig Vorträgen in Dornach vom 21. März bis 9. April 1920. Die Einladungen ergingen persönlich an Ärzte und Medizinstudierende, die Mitglieder der Anthroposophischen Gesellschaft waren. Der Kurs ist dokumentiert in Rudolf Steiner, «Geisteswissenschaft und Medizin», GA 312.

102 *parallelistische Theorien, Wechselwirkungstheorien und so weiter sind aufgestellt worden:* Der «psychophysische Parallelismus» Gustav Theodor Fechners (1801–1887) fand unter Physiologen, Psychologen, Philosophen und Physikern des 19. und frühen 20. Jahrhunderts große Verbreitung.

106 *das kosmische Licht, die kosmische Gravitation ist im Menschen wirksam bis zum Zahnwechsel hin:* In einem 1924 in Dornach gehaltenen pastoralmedizinischen Kurs vor Ärzten und Priestern charakterisierte Rudolf Steiner die Bedeutung des Lichtes für die menschliche Gestalt bis zum Zahnwechsel: «Sehen Sie, innerhalb des Kosmos sind diejenigen Kräfte, mit denen da die Seele in den ersten sieben Lebensjahren arbeitet, die Sonnenkräfte. Von der

Sonne scheinen nicht nur die physisch-ätherischen Sonnenstrahlen herab, sondern es scheinen von der Sonne in den physisch-ätherischen Sonnenstrahlen Kräfte herab, die identisch sind mit denjenigen, mit denen unser Ätherleib in den ersten sieben Jahren seinen Leib erneuert: Sonnenentität ist es, die da wirkt. Sehen Sie sich das Kind an, wie es sich nach dem Modell seinen physischen zweiten Leib arbeitet! Das sind lauter Kräfte, die aus dem Sonnenschein absorbiert sind. Verstehen muß man das, wie sich der Mensch in den Kosmos hineinstellt. Und wenn der Mensch in der Art, wie ich das geschildert habe, gewisse ätherische Kräfte freibekommt mit dem Zahnwechsel, die dann wieder zurückwirken auf die astralische Organisation und Ich-Organisation, wird der Mensch zugänglich in der zweiten Epoche seines Lebens für das, was er gar nicht war in der ersten Epoche, er wird zugänglich für die Mondenkräfte.» (GA 318, S. 55 f.)

107 *anthropozentrisch:* die Anschauung, nach der der Mensch Mittelpunkt, Ziel und Zweck der Welt und des Weltgeschehens ist.

anthropomorphisch: die Dinge vermenschlichend, den Dingen menschliche Eigenschaften zusprechen.

108 *wie ich versucht habe in den achtziger Jahren des vorigen Jahrhunderts, Goethe kommentierend, eine Erkenntnistheorie auszuarbeiten:* R. Steiner, «Grundlinien einer Erkenntnistheorie der Goetheschen Weltanschauung mit besonderer Rücksicht auf Schiller», Berlin 1886, GA 2.

109 *durch Jahrzehnte hindurch ein hartnäckiger Kampf geführt werden gegen den Kantianismus:* Rudolf Steiner führte diesen Kampf in vielen seiner erkenntnistheoretischen Schriften bis 1900, in denen er sich insbesondere gegen den damals weitverbreiteten Neukantianismus wandte. So lautet der erste Satz der Vorrede von «Wahrheit und Wissenschaft»: «Die Philosophie der Gegenwart leidet an einem ungesunden Kant-Glauben» (GA 3, S. 9). Rückblickend auf diese Zeit heißt es in «Mein Lebensgang»: «Das Reden von Erkenntnisgrenzen hatte für mich keinen Sinn. Erkennen war mir das Wiederfinden der durch die Seele erlebten Geistes-Inhalte in der wahrgenommenen Welt. Wenn jemand von Erkenntnisgrenzen sprach, so sah ich darinnen das Zugeständnis, daß er die wahre Wirklichkeit nicht geistig in sich erleben und sie deshalb auch in der wahrgenommenen Welt nicht wiederfinden könne. Auf die Widerlegung der Anschauung von Erkenntnisgrenzen kam es mir beim Vorbringen meiner eigenen Einsichten in erster Linie an.» (GA 28, 162)

110 *Nicht das, was Kant aufgebracht hat in der «Kritik der reinen Vernunft» und dergleichen:* Immanuel Kant (1724–1804), «Critik der reinen Vernunft». 1. Auflage Riga 1781.

113 *Und diese zwei Gesetze sind das Gesetz von der Erhaltung der Kraft und von der Unzerstörbarkeit des Stoffes:* Das Gesetz von der «Erhaltung des Stoffes und der Kraft» geht auf den Arzt und Naturforscher Robert Mayer (1814–1878) zurück, der es erstmals in seinem Beitrag «Bemerkungen über die Kräfte der unbelebten Natur» (in Heft 42, 2 von «Liebigs Annalen», Heidelberg 1842) formulierte: «In allen Fällen, wo durch Arbeit Wärme entsteht, wird eine der erzeugten Arbeit proportionale Wärmemenge verbraucht, und umgekehrt kann durch Verbrauch einer ebenso großen Arbeit dieselbe Wärmemenge erzeugt werden.» Dieser erste Hauptsatz der mechanischen Wärmetheorie wird heute als Energieerhaltungssatz bezeichnet. Es besagt, daß in einem energetisch abgeschlossenen System, auch wenn alle denkbaren Änderungen stattfinden, doch immer der Betrag, der an einer Energieart gewonnen wird, an andern Energiearten verlorengeht. Die von Mayer entdeckte physikalische Gesetzmäßigkeit diente dem aufkommenden naturwissenschaftlichen Materialismus als eine wichtige Grundlage.

Rudolf Steiner berichtete im Vorwort zur ersten Auflage der «Geheimwissenschaft im Umriß» (Leipzig 1910, GA 13) über sein eigenes Studium der Wärmelehre: «Er [der Autor R. S.] war vor nunmehr dreißig Jahren in der Lage, ein Studium der Physik durchzumachen, welches sich in die verschiedenen Gebiete dieser Wissenschaft verzweigte. Auf dem Felde der Wärmeerscheinungen standen damals die Erklärungen im Mittelpunkte des Studiums, welche der sogenannten ‹mechanischen Wärmetheorie› angehören. Und diese ‹mechanische Wärmetheorie› interessierte ihn sogar ganz besonders. Die geschichtliche Entwicklung der entsprechenden Erklärungen, die sich an Namen wie Jul[ius] Robert Mayer, Helmholtz, Joule, Clausius und so weiter damals knüpfte, gehörte zu seinen fortwährenden Studien. Dadurch hat er sich in der Zeit seiner Studien die hinreichende Grundlage und Möglichkeit geschaffen, bis heute alle die tatsächlichen Fortschritte auf dem Gebiete der physikalischen Wärmelehre verfolgen zu können und keine Hindernisse zu finden, wenn er versucht, einzudringen in alles das, was die Wissenschaft auf diesem Felde leistet.»

das ist doch das, was mehr oder weniger unbewußt aus diesem völligen Versagen eines Brückenschlags zwischen Naturerkenntnis und geistiger Erfassung des Moralischen, des Religiösen als Seelenstimmung vorhanden ist: Die Worte «als Seelenstimmung» wurden vom Herausgeber hinzugefügt.

114 *eine Rickertsche oder eine Windelbandsche Werttheorie:* Heinrich Rickert (1863–1936) und Wilhelm Windelband (1848–1915) gehören zu den herausragenden Vertretern der sogenannten «südwestdeutschen Schule» des Neukantianismus, die allein aus dem denkenden Subjekt ihre Werte zu begründen versuchte. Im allgemeinen wird

mit dem Terminus Wertphilosophie eine philosophische Richtung bezeichnet, die ein Reich der Werte vom wertfreien Wirklichen unterscheidet: Während die Natur als wertfrei verstanden wird, definiert sich die geschichtliche Kultur durch ihre Leitwerte. Diese Werte sollen unbedingte Geltung besitzen, obwohl sie nicht real existieren, sondern kulturell-historischer Natur sind.

114 *Wir fühlen die Verpflichtung, den Wert in die Strömungen des Seins:* Diese im Stenogramm nur unvollständig nachgeschriebene Stelle wurde aufgrund der Ausführungen rekonstruiert, die Rudolf Steiner in seinem Schlußwort zum Vortrag von Paula Matthes am 11. Mai 1920 in Dornach gemacht hatte (vgl. GA 73a).

115 *Was uns heute sinnlich umgibt – verflogen wird es sein:* Vgl. zu diesem Motiv Rudolf Steiners Vortrag vom 18. Dezember 1920 in Dornach (GA 202, S. 183–198).

116 *Jetzt schreibt ein geistreicher Mann – der Oswald Spengler – über den Untergang der abendländischen Zivilisation:* Vgl. Anm. zu S. 51.

die wohl vielleicht am ärgsten beherrscht war von dem «Wie haben wir's so herrlich weit gebracht»: Das Zitat aus Goethes Faust «... zu schauen, wie vor uns ein weiser Mann gedacht, und wie wir's dann zuletzt so herrlich weit gebracht», das den naiven Umgang Wagners mit der Gelehrsamkeit beschreibt und wie viele Zitate aus dem Faust schnell zu stehenden Redewendungen aufstiegen, wurde zu Steiners Zeit auch häufig mit Kaiser Wilhelm II. in Verbindung gebracht, der damit selbstgefällig auf die Entwicklung Deutschlands nach der Reichsgründung 1871 und speziell während seiner Amtszeit zurückblickte. Es charakterisiert darüber hinaus recht gut den Fortschrittsoptimismus der Gründerzeit-Jahre bis zum Ersten Weltkrieg, und in diesem Sinne verwendet Rudolf Steiner hier wie auch anderswo das Zitat. Nach dem Ersten Weltkrieg und der jähen Auflösung der wilhelminischen Großmachtträume war die Redewendung häufig als ironischer Kommentar auf das Desaster von 1914–1918 und die Misere nach dem Krieg zu hören.

117 *in jene Fichteschen Worte, die da lauten: «Der Mensch kann, was er soll; und wenn er sagt, ich kann nicht, so will er nicht.»:* Das Zitat stammt aus J. G. Fichtes «Beiträge zur Berichtigung der Urtheile des Publicums über die französische Revolution» (1793), in: «Sämtliche Werke», Berlin 1845, Band 6, S. 73.

TEIL II

Zum Vortrag Zürich, 4. Juni 1921

121 *Jakob Hugentobler:* Dr. Jakob Hugentobler (1877–1961), Postbeamter und Lehrer, Vorstandsmitglied des anthroposophischen

Zweiges zunächst in Zürich, später in Bern.

122 *hier an Eurythmie-Fachkursen teilzunehmen:* Parallel zu den Veranstaltungen im Schwurgerichtssaal wurden im Züricher «Pfauentheater» Eurythmiekurse angeboten. Am 21. Juni fand dort eine «Aufführung Eurhythmischer Kunst» statt.

125 *so zum Beispiel über die Kant-Laplacesche Weltentstehungshypothese:* Die Theorie wurde vom deutschen Philosophen Immanuel Kant (1724–1804) und dem französischen Mathematiker und Astronomen Pierre Marquis de Laplace (1749–1827) entwickelt. Kant hatte in seinem Werk «Allgemeine Naturgeschichte und Theorie des Himmels oder Versuch von der Verfassung und dem mechanischen Ursprunge des ganzen Weltgebäudes nach Newtonschen Grundsätzen» (1755) die sogenannte «Nebularhypothese» vertreten. Aus der gleichmäßigen Bewegungsrichtung der Planeten um ihre Zentralkörper und um sich selbst folgerte er, daß diese aus einer in demselben Sinne bewegten und über den gesamten Raum verstreuten Urmaterie hervorgegangen seien. In seinem Werk «Exposition du système du monde» (1796) bezog sich Laplace, der einen eigenständigen Ansatz in der gleichen Richtung entwickelt hatte, auf die Hypothese von Kant und entwickelte sie in einigen Punkten weiter.

130 *gerade nicht an das heran:* Das Wort «nicht» wurde vom Herausgeber hinzugefügt.

131 *in meiner 1893 erschienenen «Philosophie der Freiheit»:* Die im November 1893 erschienene (im Innentitel auf 1894 datierte) «Philosophie der Freiheit» trägt den Untertitel «Grundzüge einer modernen Weltanschauung – Seelische Beobachtungsresultate nach naturwissenschaftlicher Methode».

auf einen ausgezeichneten Denker der neuesten Zeit: Franz Brentano (1838–1917), Neffe des Dichters Clemens Brentano, war 1864 nach dem Studium der katholischen Theologie zum Priester geweiht worden und nahm nach seiner Habilitation an der Universität Würzburg 1866 seine Lehrtätigkeit auf. 1873 legte er Priesteramt und Professur aus Protest gegen das Dogma der päpstlichen Unfehlbarkeit nieder, 1879 trat er aus der katholischen Kirche aus und heiratete die Jüdin Ida von Lieben, was zum Verlust seiner Professur führte. Er lehrte als Privatdozent bis 1895 und verlegte ein Jahr später seinen Wohnsitz endgültig nach Florenz. Abgestoßen vom italienischen Nationalismus verließ er 1915 Italien und siedelte nach Zürich über, wo er 1917 auf dem Zürichberg starb. Zu Brentano siehe R. Steiner, «Franz Brentano (Ein Nachruf), in «Von Seelenrätseln» (GA 21).

als er zuerst in Würzburg seine Thesen formte: Anlässlich seiner Habilitation an der Universität Würzburg im Jahre 1866 stellte Brentano 25 Thesen in lateinischer Sprache auf, die er in einer öffentlichen Disputation zu verteidigen hatte. Bekannt wurde er vor allem mit seiner vierten These, die lautete: «Die wahre Methode der Philosophie ist keine andere als die der Naturwissenschaften.»

131 *1874 hat dann Franz Brentano den ersten Band ... veröffentlicht:* Der erste Band seiner «Psychologie vom empirischen Standpunkt» erschien 1874 in Leipzig. Das Werk war zunächst auf zwei Bände angelegt, dem später noch vier weitere folgen sollten. Im «Vorwort» des ersten Bandes heißt es dazu: «Näher wird sich die Weise, wie ich die Methode der Psychologie auffasse, in dem ersten der sechs Bücher zu erkennen geben, in welche das Werk zerfällt. Dieses Buch bespricht die Psychologie als Wissenschaft, das nächste die psychischen Phänomene im allgemeinen; und ihnen werden der Reihe nach folgen ein Buch, welches die Eigentümlichkeiten und Gesetze der Vorstellungen, ein anderes, welches die der Urteile, und wieder eines, welches die der Gemütsbewegungen und des Willens im besonderen untersucht. Das letzte Buch endlich soll von der Verbindung unseres psychischen mit unserem physischen Organismus handeln, und dort werden wir uns auch mit der Frage beschäftigen, ob ein Fortbestand des psychischen Lebens nach dem Zerfalle des Leibes denkbar sei. So umfaßt der Plan des Werkes die verschiedenen Hauptgebiete der Psychologie sämtlich.»

132 *Franz Brentano sagt ja in diesem seinem ersten Band:* Im Vorwort der «Psychologie vom empirischen Standpunkt» heißt es: «Eine Philosophie, die sich in unseren Tagen für einen Augenblick das Ansehen eines Abschlusses aller Wissenschaft zu geben wußte, wurde sehr bald, nicht als unübertrefflich, wohl aber als unverbesserlich erkannt. Jede wissenschaftliche Lehre, die keine weitere Entfaltung zu vollkommenerem Leben zuläßt, ist ein totgeborenes Kind. Die Psychologie aber insbesondere ist gegenwärtig in einem Zustande, bei welchem diejenigen eine geringere Kenntnis von ihr verraten, welche viel in ihr zu wissen behaupten, als jene, welche mit Sokrates bekennen: ‹Ich weiß nur eines, nämlich – daß ich nichts weiß.›»

sich zuerst würde eingestehen müssen, eigentlich nichts zu wissen. Wenn man das Verbinden der Vorstellungen betrachtet: Die Worte «eingestehen müssen, eigentlich nichts zu wissen» und «das Verbinden der Vorstellungen» wurden vom Herausgeber hinzugefügt.

für eine solche Psychologie, wie sie Plato und Aristoteles sich erhofft hatten: Im ersten Kapitel der «Psychologie vom empirischen Standpunkt» heißt es unter der Überschrift ‹Begriff und Aufgabe›: «Für die Hoffnungen eines Platon und Aristoteles, über das Fortleben unseres besseren Teiles nach der Auflösung des Leibes Sicherheit zu gewinnen, würden dagegen die Gesetze der Assoziation von Vorstellungen, der Entwicklung von Überzeugungen und Meinungen und des Keimens und Treibens von Lust und Liebe alles andere, nur nicht eine wahre Entschädigung sein.»

132 *Franz Brentano wollte dieses Problem, welches man im populären Sinne das Unsterblichkeitsproblem nennen kann:* Im ersten Band «Von der Psychologie als Wissenschaft» heißt es (Kap. 4. § 4: Von dem Verfahren, welches bei der Untersuchung über die Unsterblichkeit einzuhalten ist): «Ob es uns freilich möglich sein wird, durch Induktion auf psychischem Gebiete allgemeine Tatsachen zu finden, welche für eine Deduktion zur Entscheidung der Unsterblichkeitsfrage die Prämissen liefern, ob wir nicht genötigt sein werden, so tief in die Metaphysik einzugehen, daß der sichere Pfad in unbestimmten, haltlosen Träumereien sich verliert, ob nicht auch die Tatsachen, welche wir der Physiologie zu entlehnen haben, bei dem jetzigen Zustande dieser Wissenschaft, auf allzu wenig Vertrauen Anspruch machen können: das sind Fragen, die wohl nicht mit Unrecht aufgeworfen werden dürften, über die aber hier zu entscheiden nicht des Ortes ist.» Brentano war sich aber über den Erfolg dieser Methode doch nicht so sicher, meinte er doch gleich anschließend: «Auch im übrigen wollen wir auf die Methode, die bei der Untersuchung dieses Punktes zu befolgen sein wird, hier nicht weiter eingehen. Wie jede frühere Wissenschaft in ihrer Entwicklung für die Methode der späteren Winke gibt, so kann auch oft bei ein und derselben Wissenschaft die Entwicklung des früheren Teiles über die Weise der Behandlung des späteren Aufschlüsse gewähren. Und diese Untersuchung ist ja der Natur der Sache nach diejenige, der in der Reihe der psychologischen Erörterungen jedenfalls am besten die letzte Stelle angewiesen wird.»

134 *die alte Lichthypothese durch eine andere, von den elektrischen Erscheinungen hergenommene, zu ersetzen:* Die elektromagnetische Lichttheorie wurde zuerst, d. h. ab 1865, im Zusammenhang mit den Maxwellschen Gleichungen gedacht, dann wurde von Heinrich Hertz ab 1884 in Experimenten gezeigt, dass sich elektromagnetische Wellen wie Licht verhalten. Seit Planck (1900) und Einstein (1905) hat man die (erst später so genannte) Quantenoptik entwickelt, die eine Erweiterung der elektromagnetischen Lichttheorie darstellt. Die Quantenoptik wurde historisch auch vom (sog. äusseren) lichtelektrischen Effekt abgeleitet (Einstein).

137 *Dieses Denken habe ich in meiner «Philosophie der Freiheit» das reine Denken genannt:* R. Steiner «Die Philosophie der Freiheit», Kap. IX, «Die Idee der Freiheit»: «Die höchste Stufe des individuellen Lebens ist das begriffliche Denken ohne Rücksicht auf einen bestimmten Wahrnehmungsgehalt. Wir bestimmen den Inhalt eines Begriffes durch reine Intuition aus der ideellen Sphäre heraus. Ein solcher Begriff enthält dann zunächst keinen Bezug auf bestimmte Wahrnehmungen. Wenn wir unter dem Einflusse eines auf eine Wahrnehmung deutenden Begriffes, das ist einer Vorstellung, in das Wollen eintreten, so ist es diese Wahrnehmung, die

uns auf dem Umwege durch das begriffliche Denken bestimmt. Wenn wir unter dem Einflusse von Intuitionen handeln, so ist die Triebfeder unseres Handelns das reine Denken. Da man gewohnt ist, das reine Denkvermögen in der Philosophie als Vernunft zu bezeichnen, so ist es wohl auch berechtigt, die auf dieser Stufe gekennzeichnete moralische Triebfeder die praktische Vernunft zu nennen.» (GA 4, S. 153)

138 *die neuere Philosophie noch immer mehr oder weniger bewußt oder unbewußt ausgeht von dem Satze des Descartes:* Die berühmte These «Cogito ergo sum» (lat. Übersetzung des Satzes aus dem «Discourse de la méthode», Teil IV: «Je pense, donc je suis») wird u.a. in Descartes' «Principia Philosophiae» (Teil 1, § 7) erwähnt: «Indem wir so alles nur irgend Zweifelhafte zurückweisen und es selbst als falsch gelten lassen, können wir leicht annehmen, daß es keinen Gott, keinen Himmel, keinen Körper gibt; daß wir selbst weder Hände noch Füße, überhaupt keinen Körper haben; aber wir können nicht annehmen, daß wir, die wir solches denken, nichts sind; denn es ist ein Widerspruch, daß das, was denkt, zu dem Zeitpunkt, wo es denkt, nicht existiert. Demnach ist der Satz: Ich denke, also bin ich (ego cogito, ergo sum) die allererste und gewisseste aller Erkenntnisse, die sich jedem ordnungsgemäß Philosophierenden darbietet.»

142 *Da ist notwendig, daß wir eine leicht überschaubare Vorstellung in den Mittelpunkt unseres Bewußtseins stellen:* Die Worte «in den Mittelpunkt unseres Bewußtseins stellen» wurden vom Herausgeber hinzugefügt.

Das alles habe ich beschrieben in Bezug auf diese anthroposophische Forschungsmethode in meinen Büchern: Vgl. R. Steiner, «Wie erlangt man Erkenntnisse der höheren Welten?», Berlin 1909, GA 10, sowie «Die Geheimwissenschaft im Umriß», Leipzig 1910 (GA 13).

143 *Jetzt aber macht man sich von jenen äußeren Tatsachen und Erlebnissen frei:* Das Wort «frei» wurden vom Herausgeber hinzugefügt.

die sich sonst nur an äußeren Tatsachen entzündet: Die Worte «an äußeren Tatsachen entzündet» wurden vom Herausgeber hinzugefügt.

145 *Ich muß dieses Bild, das ich zunächst vorbereitet habe, als eine Frage irgendeiner Tatsache der geistigen Welt gegenüberstellen:* Das Wort «gegenüber» wurde vom Herausgeber hinzugefügt.

149 *Wir können sagen: Im gewöhnlichen Erleben schreiten wir vor vom äußeren Erlebnis zum gewöhnlichen Gedächtnis dadurch, daß die äußeren Bilder eine gewisse innere Metamorphose durchmachen:*

Die Worte «äußeren Erlebnis» und «daß die äußeren Bilder eine» wurden vom Herausgeber hinzugefügt.

150 *ich habe das charakterisiert, lesen Sie es nach in meiner «Philosophie der Freiheit»:* In Kapitel VII («Gibt es Grenzen des Erkennens?») heißt es: «Du Bois-Reymond denkt, daß die unwahrnehmbaren Atome der Materie durch ihre Lage und Bewegung Empfindung und Gefühl erzeugen, um dann zu dem Schlusse zu kommen: Wir können niemals zu einer befriedigenden Erklärung darüber kommen, wie Materie und Bewegung Empfindung und Gefühl erzeugen, denn ‹es ist eben durchaus und für immer unbegreiflich, daß es einer Anzahl von Kohlenstoff-, Wasserstoff-, Stickstoff-, Sauerstoff- usw. Atomen nicht sollte gleichgültig sein, wie sie liegen und sich bewegen, wie sie lagen und sich bewegten, wie sie liegen und sich bewegen werden. Es ist in keiner Weise einzusehen, wie aus ihrem Zusammenwirken Bewußtsein entstehen könne›. Diese Schlußfolgerung ist charakteristisch für die ganze Denkrichtung. Aus der reichen Welt der Wahrnehmungen wird abgesondert: Lage und Bewegung. Diese werden auf die erdachte Welt der Atome übertragen. Dann tritt die Verwunderung darüber ein, daß man aus diesem selbstgemachten und aus der Wahrnehmungswelt entlehnten Prinzip das konkrete Leben nicht herauswickeln kann.»

wenn man im Goetheschen Sinne – wie das in seinen naturwissenschaftlichen Schriften ausgeführt ist: Im «Berliner Hochschulkurs» von 1922 (GA 81, S. 17) charakterisiert Rudolf Steiner Goethes Methodik in enger Anlehnung an dessen Formulierungen: «Es handelt sich bei Goethe einfach um das, was in seinen Worten liegt: Die Erscheinungswelt selbst ist schon genügend Theorie, man braucht nicht erst zu künstlichen Theorien fortzuschreiten.»

151 *Man kommt auf diese physikalisch-naturwissenschaftliche Betrachtungs- und Forschungsart eben nur an die äußeren Erscheinungen heran:* Die Worte «physikalisch-naturwissenschaftliche Betrachtungs- und Forschungs-» sowie «nur» wurden vom Herausgeber hinzugefügt.

überwinden wir auf der anderen Seite durch anthroposophische Forschung die Bindung an die physische Organisation: Die Worte «die Bindung an die physische Organisation» wurden vom Herausgeber hinzugefügt.

153 *selbst bei der heiligen Therese oder bei Mechthild von Magdeburg:* Mechthild von Magdeburg (1212–1285) gilt als bedeutendste Dichterin der deutschen Mystik. Nach eigenem Bekunden waren es immer wieder Krankheiten, die ihre visionären Erlebnisse begünstigten oder bedingten. Im letzten Kapitel ihres Werkes «Das fließende Licht der Gottheit» nennt sie Siechtum, Krankheit, Anfechtung «die Hochzeitskleider», mit denen sich die gotterge-

benen Jungfrauen nach dem Willen des himmlischen Bräutigams Jesus schmücken. Auch Theresa von Avila (1515–1582) hatte ihre ersten mystischen Visionen nach einer längeren lebensbedrohenden Krankheit, bei der sie mehrere Tage in eine komatöse Starre fiel, so daß man sie für tot hielt und beinahe lebendig begraben hätte. Es dauerte mehrere Jahre, bis sie von ihrer Lähmung vollständig geheilt war.

154 *Sie zeigt, wie diese Seele aus ihrem umfassenderen Sein herunterwirkt, um das, was im Mutterleibe geformt wird, aus dem Geistigen heraus zu gestalten:* Die Worte «umfassenderen» und «aus dem Geistigen heraus zu gestalten» wurden vom Herausgeber hinzugefügt.

155 *Er kommt an den Punkt, wo er aus einem inneren Drange heraus – eigentlich vom inneren Fühlen und Wollen aus – unmittelbar hinüberschreitet zum Erkennen. Es geht daraus hervor, daß wir ohne dieses Erkennen uns immer genötigt sehen:* Die Worte «Er kommt an den Punkt» und «ohne dieses Erkennen» wurden vom Herausgeber hinzugefügt.

Das Leben des heutigen Menschen muß ein tragisches sein, kommt er doch unweigerlich an Grenzen des Erkennens, die ihn die Weltenrätsel als unlösbar erscheinen lassen: Die Worte «kommt er doch unweigerlich an Grenzen des Erkennens, die ihn die Weltenrätsel als unlösbar erscheinen lassen» wurden vom Herausgeber hinzugefügt.

156 *was da bekannt geworden ist in der letzten Zeit als Agnostizismus:* Der Ausdruck «Agnostiker» (agnostics) wurde erstmals von dem britischen Naturforscher Thomas H. Huxley (1825–1895) verwendet, um diejenigen Philosophen und Wissenschaftler zu bezeichnen, die davon überzeugt sind, daß die letzten Gründe des Seins unerkennbar seien (vgl. hierzu auch den Hinweis zu S. 255).

Immer wieder haben diejenigen ... von einem Ignorabimus geredet: Zu Emil Du Bois-Reymond siehe den Hinweis zu S. 54.

Zum Disputationsabend Zürich, 4. Juni 1924

159 *was Kepler, Newton und alle jene Männer bis zu Einstein hervorgebracht haben:* Johannes Kepler (1571–1630), deutscher Naturforscher, von 1594 bis 1600 Professor für Mathematik und Moral in Graz sowie bis 1612 Assistent des Astronomen Tycho de Brahe in Prag, fand die drei nach ihm benannten Gesetze der Planetenbewegung, die ersten mathematisch formulierten Naturgesetze. Isaac Newton (1643–1727), englischer Mathematiker, Naturforscher und Philosoph, stellte zur Rechtfertigung der Keplerschen Gesetze die

Gravitationshypothese auf, nach der es die gleiche Kraft ist, die den fallenden Apfel zur Erde zieht und die Planeten in ihrer Bahn hält. Albert Einstein (1879–1955), deutscher Physiker und Nobelpreisträger, revolutionierte mit seinen Forschungen zur «Allgemeinen Relativitätstheorie», die bis dahin geltende physikalische Erklärungsansätze ersetzt, die Grundlagen der Physik durch eine neue Auffassung über das Wesen von Raum und Zeit sowie eine neue Sicht der Schwerkraft.

159 *was ein Gauß oder Beyer hervorgebracht haben:* Zu Gauß siehe den Hinweis zu S. 162. Bei dem anschließend genannten «Beyer» konnte bislang keine entsprechende Persönlichkeit gefunden werden; wahrscheinlich handelt es sich um einen Hörfehler.

kann Plato, Feuerbach, Averroes durchgelesen haben: Platon (427–347 v. Chr), griechischer Philosoph; Averroes (Mohammed ibn Ruschd, 1126–1198), führender Philosoph des West-Islams und durch seine Aristoteles-Kommentare von großem Einfluß auf die Entwicklung der mittelalterlichen Scholastik; Ludwig Feuerbach (1804–1872), deutscher Philosoph und durch seine Religions- und Idealismuskritik ein wichtiger Wegbereiter des Marxismus. Mit der Aufzählung unterschiedlicher Denker aus verschiedenen Kulturepochen und -kreisen will der Redner seine Meinung unterstreichen, daß selbst ein umfassend gebildeter Mensch die Anthroposophie nicht ohne weiteres verstehen kann.

162 *durch Gauß das Mathematische über das Mathematische hinaus getrieben worden ist:* Karl Friedrich Gauß (1777–1855), deutscher Mathematiker, Astronom und Physiker. Er entdeckte unabhängig von Bolyai und Lobatschewski, daß das euklidische Parallelenaxiom nicht denknotwendig ist und das Axiomensystem der klassischen Euklidischen Geometrie nur eines unter mehreren möglichen Axiomensystemen darstellt.

163 *ebensowenig eigentlich durch die erkenntnistheoretischen Positionen, die von Descartes bis zu Mach und Avenarius hinaufgehen:* René Descartes (1596–1650), französischer Mathematiker und Philosoph, wollte die Philosophie auf eine Grundlage stellen, die so klar und konsequent sein sollte wie die mathematischen Wahrheiten. Die Erkenntnistheoretiker Ernst Mach (1838–1916) und Richard Avenarius (1843–1896) waren Wegbereiter des sogenannten «Wiener Kreises», einer Schule von Wissenschaftstheoretikern, die eine strikt antimetaphysische Haltung vertraten, von den Mitgliedern auch «logischer Empirismus» oder «logischer Positivismus» genannt.

in bezug auf die ästhetische Weltauffassung: Rudolf Steiner bezieht sich hier auf den Diskussionsteilnehmer, der die Anthroposophie als «ästhetische Weltanschauung» bezeichnet hatte; das bedeutet hier: eine Weltanschauung für Menschen, die nicht im Leben stehen und daher Zeit finden, sich mit solchen Fragen zu beschäftigen.

164 *an Björnsons «Über unsere Kraft»:* Bjørnstjerne Bjørnson (1832–1910), norwegischer Dichter, erhielt 1903 den Nobelpreis für Literatur. Sein Drama «Über unsere Kraft» erschien 1886.

in solche Zustände hineinkommen will, wie sie Oswald Spengler schildert in seinem «Untergang des Abendlandes»: Der erste Band des kulturphilosophischen Werkes von Oswald Spengler war im Jahre 1918 erschienen und wurde von den Zeitgenossen viel diskutiert. Spengler versucht darin den Aufstieg und den Niedergang von Kulturen als ein gleichsam naturgesetzlich verlaufendes Geschehen zu beschreiben und analysiert die zeitgenössische Kultur als eine solche, die sich in der Phase des Unterganges befindet. Band 2 erschien 1922.

165 *was gerade im letzten Drittel des 19. Jahrhunderts aufgetaucht ist in Friedrich Nietzsche:* Friedrich Nietzsche (1844–1900), deutscher Philosoph, Dichter und Philologe. Vgl. dazu R. Steiner, «Friedrich Nietzsche – ein Kämpfer gegen seine Zeit» (1895), GA 5.

was diese Seele an Leid durchgemacht hat in der Aufeinanderfolge von drei Entwicklungsstadien: Rudolf Steiner teilt hier wie noch heute üblich Nietzsches Werk in drei Epochen ein, die in Grundzügen auf Nietzsche selbst zurückgehen: 1. Die Wagnerianisch-Schopenhauerische Zeit (1872–1876), die romantische Einflüsse zeigt und in der die Werke «Die Geburt der Tragödie aus dem Geiste der Musik» (1872) sowie die «Unzeitgemäßen Betrachtungen» (1873–1876) entstehen; 2. die Zeit, in der sich Nietzsche zunehmend vom persönlichen Einfluß Wagners und von der philosophischen Prägung durch Schopenhauer löst (1876–1882) und der wissenschaftlich-empirischen Erkenntnis zuwendet, mit Werken wie «Menschliches, Allzumenschliches» (1878–1879), «Morgenröte» (1881) sowie «Die fröhliche Wissenschaft» (1882); 3. die späte Zeit (1886–1888), in denen die bisherigen Ansätze weiter ausgeführt und polemisch zugespitzt werden, mit dem zentralen Werk «Also sprach Zarathustra» (1883–1885) und als letzter Schrift «Der Antichrist» (1894), die kurz vor Nietzsches Umnachtung erschien.

167 *daß ein ausgezeichneter Psychiater über den Krankheitsfall Nietzsches nur das Urteil abzugeben wußte:* Nach dem Zusammenbruch in Turin zum Jahreswechsel 1888/1889 wurde Nietzsche zunächst in Basel in die neue «Kantonale Irrenanstalt Basel Stadt» eingeliefert, die vom dortigen Chefarzt Prof. Dr. Ludwig Wille geleitet wurde, der Nietzsche aus seiner Basler Zeit kannte und eine «Paralysis progressiva» diagnostizierte. Die Diagnose einer progressiven Paralyse gilt heute als allgemein anerkannt.

167 *mit dem späteren Erforschers des indischen Altertums, der indischen Philosophie, mit Paul Deussen zusammen:* Paul Deussen (1845–1919), deutscher Philosophiehistoriker und Indologe, war Gründer der Schopenhauergesellschaft. Deussen hat den von ihm bewunderten Nietzsche mehrmals nach dessen Erkrankung in Naumburg besucht, zum letzten Mal an Nietzsches 50. Geburtstag am 15. Oktober 1894. Vgl. P. Deussen, «Erinnerungen an Friedrich Nietzsche», Leipzig 1901, S. 97: «Ich erzählte von Spanien, welches ich im Jahre vorher mit meiner Frau bereist hatte. ‹Spanien!› rief er und wurde lebhaft, ‹da war ja auch der Deussen!› – Aber ich bin ja der Deussen›, erwiderte ich. Da sah er mich starr an und konnte es nicht fassen.»

168 *Ich habe einmal vor zwanzig Jahren eine Abhandlung geschrieben:* R. Steiner, «Die Philosophie Nietzsches als psycho-pathologisches Phänomen» in: «Wiener Klinische Rundschau» 14. Jg. 1900, Nr. 30 (1. Teil) und Nr. 31 (2. Teil), sowie R. Steiner, «Friedrich Nietzsches Persönlichkeit und die Psycho-Pathologie», in: «Wiener Klinische Rundschau» 14. Jg. 1900, Nr. 37, beide wiederabgedruckt in der Neuauflage von R. Steiner, «Friedrich Nietzsche – Ein Kämpfer gegen seine Zeit» (GA 5), S. 127–170.

169 *so kann das doch eigentlich nur «cum grano salis» gesagt werden:* cum grano salis, lat. «mit einem Korn Salz«, d.h. mit einer angemessenen und vertretbaren Verstärkung.

des Übergangs von der gewöhnlichen Geometrie und Mathematik zur synthetischen Geometrie: Vgl. dazu R. Steiner, «Mein Lebensgang» (GA 28, S. 64): «Durch die neuere (synthetische) Geometrie, die ich durch Vorlesungen und im Privatstudium kennenlernte, trat vor meine Seele die Anschauung, daß eine Linie, die nach rechts ins Unendliche verlängert wird, von links wieder zu ihrem Ausgangspunkt zurückkommt. Der nach rechts liegende unendlich ferne Punkt ist derselbe wie der nach links liegende unendlich ferne.» Mündliche Ausführungen Rudolf Steiners über die synthetische Geometrie finden sich in Vorträgen über die vierte Dimension ab 1905 (GA 324a), ferner in den Vorträgen vom 21. März 1921 (GA 324, S. 77–95) und vom 8. April 1922 (GA 82, S. 48–76).

Funktionentheorie: Teilgebiet der Mathematik, das sich mit den differenzierbaren komplexwertigen Funktionen komplexer Variablen befaßt. R. Steiner berichtet im Vortrag vom 11. Mai 1917 (GA 174b, S. 192 f.), dass er in Wien Vorlesungen zur elliptischen Funktionenlehre bei Leo Königsberger (1837–1921) besucht habe. Im Vortrag vom 18. März 1921 (GA 324, S. 45–47) charakterisiert R. Steiner das Mathematisieren sowie explizit die Funktionentheorie als Vorstufe der imaginativen Erkenntnis: «Dasjenige, was wir da innerhalb des arithmetisch-algebraisch-geometrischen Feldes in innerer Anschaulichkeit uns vor die Seele stellen – ganz gleichgültig, ob es auf elementarem Gebiete der Pythagoreische Lehrsatz oder ob es irgend etwas aus der höheren Funktionentheorie ist –, das ist etwas, [...] was also erfahren wird im fortwährenden Tätigsein und im Anschauen der eigenen Tätigkeit. [...] Sehen Sie, was da in der Bewußtseinsverfassung vorliegt im Mathematischen, das strebt derjenige an, welcher sich hinaufringen will zu dem, was ich nenne imaginatives Vorstellen.» Weitere mündliche Ausführungen von R. Steiner im Zusammenhang mit der Funktionentheorie finden sich in den Vorträgen vom 1. Januar 1921 (GA 323, S. 27) und vom 10. April 1922 (GA 82, S. 118).

170 *Nur durch die Erkenntnis der wirklichen geistigen Welt:* Die Worte «durch die Erkenntnis» wurden vom Herausgeber hinzugefügt.

von dem allgemeinen Reden von einem Geistigen im pantheistischen Sinne haben wir eigentlich genug: Der Pantheismus ist die religionsphilosophische Lehre, nach der Gott und die Welt als schöpferische Natur identisch sind. Herausragende Vertreter waren insbesondere Giordano Bruno, Spinoza und der frühe Schelling. Rudolf Steiner verwendet den Begriff im negativen Sinne dort, wo er eine abstrakte Philosophie des Geistes oder eine verschwommene Einheitsmystik kennzeichnen will.

171 *Meine Frage ist nun: Muß denn Anthroposophie nicht in einem viel umfassenderen Sinn verstanden werden?:* Der Satz wurde vom Herausgeber eingefügt.

172 *Im letzten Vortrag, der hier angekündigt ist, werde ich ja über den Bau in Dornach sprechen:* Von dem Vortrag, der am Samstag, den 25. Juni 1921 unter dem Titel: «Der Baugedanke von Dornach (mit Lichtbildern)» stattfand, haben sich keine Nachschriften erhalten. Gesammelte Vorträge Rudolf Steiners zum Dornacher Bau sind für den Band GA 289 in Vorbereitung.

173 *die Dinge, die Herr Dr. Kolisko heute ausgeführt hat über den dreigliedrigen Menschen:* Der Vortrag von Eugen Kolisko (1893–1939), Schularzt an der Stuttgarter Waldorfschule, mit dem Titel «Die Dreigliederung des menschlichen Organismus» ist nicht dokumentiert.

175 *ich habe diese «Kernpunkte der Sozialen Frage» geschrieben, und sie werden ja in der heutigen Zeit viel gelesen:* Rudolf Steiners «Die Kernpunkte der Sozialen Frage» entstanden noch während des Ersten Weltkrieges und erschienen 1919 in Basel, Dornach/Stuttgart und Wien. Im folgenden Jahr erreichte die 4. Auflage bereits eine Stückzahl von 80000 Exemplaren.

177 *das Hinaufsteigen in die Devachan-Ebene:* Mit dem Ausdruck Devachan wurde in der theosophischen Terminologie die geistige

Welt, die Welt der schöpferischen Urbilder bezeichnet. Vgl. R. Steiner, «Über die astrale Welt und das Devachan» (GA 88).

178 *Expressionismus, Futurismus und so weiter:* Zu den damals neueren Strömungen der Kunst siehe Rudolf Steiners Vortrag im Münchner Kunsthaus «Das Reich» vom 15. Februar 1918 (GA 271, S. 81–104).

179 *Ich habe mich seit vierzig Jahren gründlich mit Goethe befaßt, mein erstes schriftstellerisches Bemühen war auf Goethe gerichtet:* Auf Empfehlung des Wiener Literaturprofessors Karl Julius Schröer wurde Rudolf Steiner 1882 Herausgeber von Goethes Naturwissenschaftlichen Schriften in Kürschners «Deutscher National-Litteratur», deren Bände zwischen 1884 und 1897 erschienen. Auch Rudolf Steiners erste eigenständige Schrift «Grundlinien einer Erkenntnistheorie der Goetheschen Weltanschauung» (1886) ist der Goetheschen Erkenntnismethode verpflichtet.

denken Sie an die «Pandora», denken Sie an «Die natürliche Tochter» und so weiter oder so etwas wie die «Nausikaa»: «Pandora», ein «dramatisches Festspiel» blieb Fragment. Auf Bitten von Goethes Freunden Leo von Seckendorff und Joseph Ludwig Stoll zwischen November 1807 und Juni 1808 geschrieben, erschien das Stück in den ersten beiden Heften des Journals «Prometheus» 1807/1808. Es lag dann 1810 im Druck vor. Goethe hat die Fortsetzung später allerdings zugunsten der «Wahlverwandtschaften» ganz aufgegeben. «Die natürliche Tochter» ist ein Trauerspiel in fünf Aufzügen. Zwischen Oktober 1801 und März 1803 entstanden, wurde das Stück am 2. April 1803 in Weimar uraufgeführt und lag im Herbst 1803 im Druck vor. Eine geplante Fortsetzung des Dramas hat jedoch nie stattgefunden. Goethe schreibt 1804 an Carl Friedrich Zelter: «Leider steht es mit der Fortsetzung der natürlichen Tochter noch im weiten Felde.» Fast zehn Jahre später, im Gespräch mit Johannes Daniel Falk am 25. Januar 1813, gibt er zu: «Ich wüßte in der That nicht, wo die äußeren Umstände zur Fortsetzung oder gar zur Vollendung derselben herkommen sollten.» Wieder zwölf Jahre später konstatiert er im Gespräch mit Riemer, Eckermann und Wilhelm Rehbein am 18. Januar 1825: «Meine Eugenie ist eine Kette von lauter Motiven, und dies kann auf der Bühne kein Glück machen.» Auch die Tragödie «Nausikaa» blieb Fragment. Während seines zweiten Aufenthalts in Rom (1787) hatte Goethe Entwürfe zu ihr und der Tragödie «Iphigenie in Delphi» geschaffen, die jedoch beide nie zur Ausführung kamen.

180 *wie Goethe auf der Italienischen Reise diesen Metamorphosegedanken ausbildet:* Der «Versuch die Metamorphose der Pflanzen zu erklären» von 1790 gilt als die bedeutendste naturwissenschaftliche Leistung Goethes. Wie Rudolf Steiner schreibt, befaßte sich Goethe schon während der Italienischen Reise intensiv damit. In

einer Aufzeichnung aus Rom vom 17. Mai 1787 formuliert er, «daß in demjenigen Organ der Pflanze, welches wir als Blatt gewöhnlich anzusprechen pflegen, der wahre Proteus verborgen liege, der sich in allen Gestaltungen verstecken und offenbaren könne».

181 *Nehmen Sie selbst den zweiten Teil des «Faust»:* Nachdem Goethe 1805 den ersten Teil des «Faust» vollendet hat, nimmt er erst zwanzig Jahre später die Arbeit am zweiten Teil wieder auf. Sechs Jahre lang arbeitet er intensiv daran und zieht sich hierzu fast gänzlich aus dem gesellschaftlichen Leben zurück. Im Juli 1831 schreibt er in sein Tagebuch, alles sei ins Reine geschrieben und verfügt die Veröffentlichung für die Zeit nach seinem Tode. Kurz vor seinem Tod im März 1832 entsiegelt er das Manuskript noch ein Mal, um letzte Änderungen vorzunehmen. Das Werk wird noch im selben Jahr 1832, einige Monate nach seinem Tod, veröffentlicht.

182 *wie zum Beispiel Dr. Kolisko:* Siehe den Hinweis zu S. 173.

Herr Kommerzienrat Molt sitzt heute unter uns; er hat sich vor allen Dingen nach dieser Richtung hin bemüht: Emil Molt (1876–1936), Direktor der Waldorf-Astoria-Zigarettenfabrik in Stuttgart, richtete zunächst für die Angehörigen seines Unternehmens Arbeiterbildungskurse ein, woraus schließlich der Gedanke entstand, eine Schule für die Kinder der Arbeiter einzurichten. Für die Konzeption und den Aufbau dieser «Waldorf-Schule» berief er Rudolf Steiner. Siehe E. Molt, «Entwurf einer Lebensbeschreibung», Stuttgart 1972, sowie einige seiner Aufsätze in der Schriftenreihe «Beiträge zur Rudolf Steiner Gesamtausgabe», Heft 103, 1989.

184 *Es wurde ja von verschiedenen Seiten dieses okkulte Gebiet wieder aufgegriffen, zum Beispiel von Schrenck-Notzing in München:* Albert Freiherr von Schrenck-Notzing (1862–1929), deutscher Mediziner und Parapsychologe, beschäftigte sich mit Hypnoseforschung und Mediumismus (vgl. auch den Hinweis zu S. 241).

186 *eine Kenntnis dieser Dinge:* Die Worte wurden vom Herausgeber hinzugefügt.

Und als Lessing in seiner «Erziehung des Menschengeschlechts» die Anschauung von den wiederholten Erdenleben aufnahm: Die betreffenden Gedanken sind in den 7 letzten Paragraphen der «Erziehung des Menschengeschlechts» formuliert: «§. 94. Aber warum könnte jeder einzelne Mensch auch nicht mehr als einmal auf dieser Welt vorhanden gewesen seyn? §. 95. Ist diese Hypothese darum so lächerlich, weil sie die älteste ist? Weil der menschliche Verstand, ehe ihn die Sophisterey der Schule zerstreut und geschwächt hatte, sogleich darauf verfiel? §. 96. Warum könnte auch Ich nicht hier bereits einmal alle die Schritte zu meiner Vervollkommung gethan haben, welche blos zeitliche Strafen und Belohnungen den Menschen bringen können? §. 97. Und warum nicht ein andermal alle die, welche zu thun, uns die Aussichten in ewige Belohnungen, so mächtig helfen? §. 98. Warum sollte ich nicht so oft wiederkommen, als ich neue Kenntnisse, neue Fertigkeiten zu erlangen geschickt bin? Bringe ich auf Einmal so viel weg, daß es der Mühe wieder zu kommen etwa nicht lohnet? §. 99. Darum nicht? – Oder, weil ich es vergesse, daß ich schon da gewesen? Wohl mir, daß ich das vergesse. Die Erinnerung meiner vorigen Zustände, würde mir nur einen schlechten Gebrauch des gegenwärtigen zu machen erlauben. Und was ich auf itzt vergessen muß, habe ich denn das auf ewig vergessen? §. 100. Oder, weil so zu viel Zeit für mich verloren gehen würde? – Verloren? – Und was habe ich denn zu versäumen? Ist nicht die ganze Ewigkeit mein?»

186 *Lessing ist ein großer Mann, aber die «Erziehung des Menschengeschlechts» war ein Machwerk des Alters:* Die «Erziehung des Menschengeschlechts» gehört zu Lessings Spätwerk. Die Paragraphen 1–53 erschienen erstmals im Jahre 1777, die komplette Schrift 1780, also ein Jahr vor Lessings Tod 1781. Auf welchen oder welche der «heutigen Literaturforscher» sich Rudolf Steiner hier bezieht, konnte bisher nicht ermittelt werden.

188 *Das ist das, was weiterführt:* Das Wort «weiterführt» wurde vom Herausgeber hinzugefügt.

die katholische Kirche fand es bis 1827 höchst unangemessen zuzugeben: Nikolaus Kopernikus ließ sein Hauptwerk «Von den Umdrehungen der Himmelskörper» (De Revolutionibus Orbium Coelestium) erst in seinem Todesjahr 1543 erscheinen und widmete es Papst Paul III. Diese Widmung schützte das Werk, bis es 1616 im Zuge der Wirren um Galileo Galilei auf den Index der verbotenen Bücher («Index librorum prohibitorum») gesetzt wurde. Erst etwa 150 Jahre später hob Papst Benedikt XIV. am 17. April 1757 den Bann gegen jene Werke auf, die ein heliozentrisches Weltbild vertreten, 1822 wurde ihr Druck von der Kongregation der römischen und allgemeinen Inquisition erlaubt und dies kurz darauf durch Papst Pius VII. ratifiziert. Die eigentliche Rehabilitation von Kopernikus und Galilei erfolgte jedoch erst 1992 bzw. 1993 durch Papst Johannes Paul II. Weshalb sich Steiner hier speziell auf die Jahreszahl 1827 bezieht, konnte bislang nicht nachgewiesen werden.

189 *also zum Beispiel durch die Blatternimpfung:* Blattern = Pocken. Die gesetzliche Pockenschutzimpfung, die gegen den Widerstand der Kirche durchgesetzt werden mußte, wurde 1807 in Bayern eingeführt.

192 *Ein Beispiel, das auch in der Literatur verzeichnet ist:* Das Beispiel stammt aus dem Buch von Louis Waldstein (1853–1915), «Das

unterbewußte Ich, sein Verhältnis zu Gesundheit und Erziehung», Wiesbaden 1908, S. 34, das sich in Rudolf Steiners Bibliothek befindet.

195 *ich habe die Methode von Dr. Hanish kennengelernt:* Otoman Zar-Adusht Ha'nish, mit bürgerlichem Namen Otto Hanisch, gab an, am 19. Dezember 1844 in Teheran geboren zu sein; er starb am 29. Februar 1936 in Los Angeles. Seine tatsächliche Herkunft ist jedoch umstritten. Die Anhänger der von ihm begründeten Mazdaznan-Lehre, zu denen auch Johannes Itten gehörte, befolgen eine eigene Ernährungslehre und legen Wert auf tägliche Atem- und Meditationsübungen.

Eugen Kolisko: Siehe den Hinweis zu S. 173. Kolisko hatte nach Steiners Vortrag um 17.00 Uhr über «Die Dreigliederung des menschlichen Organismus» gesprochen.

197 *daß dieses ganze Körpersein zwischen Geburt und Tod der feste Boden ist, auf dem sich das Bewußtsein entwickelt:* Die Worte «auf dem sich das Bewußtsein entwickelt» wurden vom Herausgeber hinzugefügt.

198 *Ich bekam vor vielleicht 36 Jahren, als ich in eine Familie empfohlen war zum Privaterzieher:* 1884 begann Rudolf Steiner auf Empfehlung von Regierungsrat Walser, der den Vorsitz bei Steiners Maturitätsprüfung gehabt hatte (Resultat: «mit Auszeichnung»), eine Tätigkeit als Hauslehrer in der Familie des Wiener Kaufmanns Ladislaus Specht, wo er bis 1890 auch wohnte. Vgl. dazu R. Steiner, «Mein Lebensgang» (GA 28), S. 104–107, sowie «Rudolf Steiner als Hauslehrer und Erzieher Wien 1884–1890», Dornach 1994 (Beiträge zur Rudolf Steiner Gesamtausgabe Nr. 112/113).

Unter den vier Knaben der Familie war einer – er war dazumal etwa elf Jahre alt: Otto Specht (1873–1915), der zweite der vier Söhne der Familie Specht, war das Sorgenkind der Familie, da er als bildungsunfähig galt. Steiner berichtet: «Er hatte, als ich ins Haus kam, sich kaum die allerersten Elemente des Lesens, Schreibens und Rechnens erworben. Er galt als abnormal in seiner körperlichen und seelischen Entwickelung in einem so hohen Grade, daß man in seiner Familie an seiner Bildungsfähigkeit zweifelte. Sein Denken war langsam und träge. Selbst geringe geistige Anstrengung bewirkte Kopfschmerz, Herabstimmung der Lebenstätigkeit, Blaßwerden, besorgniserregendes seelisches Verhalten» (GA 28, 104). Rudolf Steiner entwickelte daraufhin einen eigens auf Otto zugeschnittenen Unterricht, der bewirkte, daß sich die organische Gehirnbeeinträchtigung zurückbildete und er bereits nach zwei Jahren ein Gymnasialstudium beginnen konnte, das schließlich zu einer Laufbahn als Arzt führte.

199 *Der Bub war im höchsten Grade ein Hydrozephalus:* Hydrozephalus (deutsch: Wasserkopf), pathologische Erweiterung der liquorgefüllten Flüssigkeitsräume (Ventrikel) des Gehirns auf Kosten der Hirnsubstanz.

TEIL III

Zum Vortrag Basel, 2. November 1921

205 *Anthroposophie [...] findet heute noch die mannigfaltigsten Gegner:* Vgl. dazu R. Steiner, «Die Anthroposophie und ihre Gegner (1919–1921)», GA 255b.

208 *Ich habe in meinen verschiedenen Büchern:* R. Steiner, «Wie erlangt man Erkenntnisse der höheren Welten», Berlin 1909, GA 10; «Die Geheimwissenschaft im Umriß», Leipzig 1910, GA 13.

211 *Diejenigen Vertreter der Wissenschaft, die das anthroposophische Schauen in dieser Art verwechseln:* Einer der damals prominenteren Kritiker, mit dessen Vorwürfen Steiner sich eingehend befaßte, war Max Dessoir (1867–1947), Professor für Philosophie in Berlin. In seinem 1917 in Stuttgart erschienenen Buch «Vom Jenseits der Seele. Die Geheimwissenschaften in kritischer Betrachtung» behauptete er, Steiners angeblich geistige Wahrnehmungen «... gehören zum Vorgang der Einfühlung oder der belebenden Apperzeption und zeigen denn auch sowohl in der Schilderung der alten Mystiker (z.B. der Victoriner) wie in der anthroposophischen Einkleidung die in der Psychologie bekannten Merkmale. Was vorgeht ist tatsächlich folgendes: Das eigene Selbst des Meditierenden wird so in ein Ding verlegt, daß er sich mit diesem eins fühlt; dadurch wird aber nicht bloß der Gegenstand belebt und verändert, sondern auch das Subjekt wird sich selbst zum Objekt. Grob gesagt: Es entsteht hinter der gewohnten Welt eine neue Welt und neben dem gewohnten Ich ein neues Ich. Solche Schöpfungen der Seele dürfen nicht den gleichen Wirklichkeitsrang wie Welt und Ich beanspruchen, und die aus ihnen abgeleiteten Sätze sind ersichtlich nicht in Tatsachen begründet» (S. 441 f.) Rudolf Steiners ausführliche Replik auf Dessoirs Buch findet sich in dem Buch «Von Seelenrätseln», GA 21, S. 11–77.

215 *aber er muß gerade durch die Übungen zur Erlangung höherer Erkenntnisse aus dem Vorstellungsleben herausgelöst werden:* Die Worte «aus dem Vorstellungsleben herausgelöst» wurden vom Herausgeber hinzugefügt.

216 *ich erinnere nur an die Lokalzeichen Lotzes:* Rudolf Hermann Lotze (1817–1881) galt in seiner Zeit als einer der wichtigsten deutscher Metaphysiker nach Hegel sowie bahnbrechender Naturfor-

scher und wurde bis weit ins zwanzigste Jahrhundert viel diskutiert. In seinen «Grundzügen der Psychologie» (§ 32 f.) heißt es über die «Lokalzeichen»: «Jeder Farbeneindruck r, z.B. Rot, bringt auf allen Stellen der Netzhaut, die er trifft, dieselbe Empfindung der Röte hervor. Nebenbei aber bringt er an jeder dieser verschiedenen Stellen a, b, c einen gewissen Nebeneindruck a, b, g hervor, welcher unabhängig ist von der Natur der gesehenen Farbe und bloß abhängig von der Natur der gereizten Stelle [...] Dies ist die Theorie von den Lokalzeichen. Ihr Grundgedanke besteht darin, daß alle räumlichen Verschiedenheiten und Beziehungen zwischen den Eindrükken auf der Netzhaut ersetzt werden müssen durch entsprechende unräumliche und bloß intensive Verhältnisse zwischen den in der Seele raumlos zusammenseienden Eindrücken, und daß hieraus rückwärts nicht eine neue wirkliche Auseinanderbreitung, sondern nur die Vorstellung einer solchen in uns entstehen muß.»

218 *Ich war etwa dreizehn Jahre alt, da kam ich über eine Abhandlung:* Es handelt sich um den Aufsatz «Die Anziehungskraft betrachtet als eine Wirkung der Bewegung» von Heinrich Schramm, Leiter der Oberrealschule Wiener Neustadt, an der Rudolf Steiner Schüler war. Der Aufsatz erschien 1873 im 8. Jahresbericht der Schule. In «Mein Lebensgang» (GA 28, S. 34 f.) schildert Rudolf Steiner, wie er diese Abhandlung entdeckte: «Der Schuldirektor hatte in einem der Jahresberichte, die am Ende eines jeden Schuljahres ausgegeben wurden, einen Aufsatz erscheinen lassen: ‹Die Anziehungskraft betrachtet als eine Wirkung der Bewegung›. Ich konnte als elfjähriger Junge von dem Inhalte zunächst fast nichts verstehen. Denn es fing gleich mit höherer Mathematik an. Aber von einzelnen Sätzen erhaschte ich doch einen Sinn.»

219 *Diese Abhandlung bemühte sich, selbst die letzten mystischen Begriffe aus der Naturerkenntnis herauszuwerfen:* In «Mein Lebensgang» heißt es dazu: «Der Schuldirektor hielt die von dem Stoffe aus in die Ferne wirkenden ‹Kräfte› für eine unberechtigte ‹mystische› Hypothese. Er wollte die ‹Anziehung› sowohl der Himmelskörper wie auch der Moleküle und Atome ohne solche ‹Kräfte› erklären. Er sagte, zwischen zwei Körpern befinden sich viele in Bewegung begriffene kleinere Körper. Diese stoßen, sich hin und her bewegend, auf die größeren Körper. Ebenso werden diese an den Seiten überall gestoßen, an denen sie von einander abgewandt sind. Die Stöße, die auf die abgewandten Seiten ausgeübt werden, sind zahlreicher als die in dem Raum zwischen den beiden Körpern. Dadurch nähern sich diese. Die ‹Anziehung› ist keine besondere Kraft, sondern nur eine ‹Wirkung der Bewegung›. Zwei Sätze fand ich ausgesprochen auf den ersten Seiten des Buches: ‹1. Es existiert ein Raum und in diesem eine Bewegung durch längere Zeit. 2. Raum und Zeit sind kontinuierliche homogene Größen; die Materie aber

besteht aus gesonderten Teilchen (Atomen).› Aus den Bewegungen, die auf die beschriebene Art zwischen den kleinen und großen Teilen der Materie entstehen, wollte der Verfasser alle physikalischen und chemischen Naturvorgänge erklären.»

220 *Phoronomie:* Bewegungslehre, Lehre von den Gesetzen der Bewegung (von gr. phora, Bewegung).

daß man all diese verschiedenen Erscheinungen mit der Mathematik erfassen kann: Die Worte «mit der Mathematik erfassen kann» wurden vom Herausgeber hinzugefügt.

222 *wie ich, von solchen Vorstellungen ausgehend, zu dem Kapitel in meiner «Philosophie der Freiheit» ... gekommen bin:* R. Steiner, «Die Philosophie der Freiheit», Berlin 1894, Kapitel XIII, «Der Wert des Lebens. Pessimismus und Optimismus»

223 *Dieser Pessimismus ging ja prinzipiell von Schopenhauer aus, aber systematisch wurde dieser Pessimismus von Eduard von Hartmann begründet:* Der deutsche Philosoph Eduard von Hartmann (1842–1906) war zu der Zeit, in der Steiner seine Philosophie der Freiheit schrieb, ein viel gelesener Autor. Sein Erstlingswerk «Über die dialektische Methode» erschien 1868, im darauffolgenden Jahr dann sein Hauptwerk «Philosophie des Unbewussten», dem Hartmann 1890 einen «Ergänzungsband zur ersten bis neunten Auflage» folgen ließ. Besonders die «Philosophie des Unbewußten» erregte großes Aufsehen in der Öffentlichkeit. Die «Besprechungen waren meist ermunternd und anerkennend, ja, oftmals geradezu glänzend, und was vielleicht noch wichtiger war, sie gingen zum Teil von literarisch hervorragenden Persönlichkeiten wie Rudolf v. Gottschall, Moritz Carriere, H. Lorm u.s.w. aus, auf deren Urteil das Publikum bereit war, etwas zu geben» (Arthur Drews). Das Werk erlebte insgesamt zwölf Auflagen, wobei es ständig erweitert wurde.

wie es Eduard von Hartmann meint: Vgl. E. von Hartmann, «Philosophie des Unbewußten», 7. Auflage, Berlin 1876, Band 2, S. 290.

224 *ich habe in meiner «Philosophie der Freiheit» gezeigt:* Vgl. R. Steiner, «Die Philosophie der Freiheit», Berlin 1894, GA 4, Kapitel XIII: «Der Wert des Lebens. Pessimismus und Optimismus».

225 *was Goethe eigentlich gemeint hat, als er seine Urpflanze:* Das Wort «Urpflanze» gebrauchte Goethe erstmals im Jahr 1787 in einem später in der «Italienischen Reise» publizierten Brief an Herder: «Ferner muß ich Dir vertrauen, daß ich dem Geheimnis der Pflanzenzeugung und -organisation ganz nahe bin und daß es das einfachste ist, was nur gedacht werden kann [...] Die Urpflanze wird das wunderlichste Geschöpf von der Welt, um welches mich die Natur selbst beneiden soll. Mit diesem Modell und dem Schlüssel dazu kann man alsdann noch Pflanzen ins Unendliche erfinden, die

konsequent sein müssen, das heißt, die, wenn sie auch nicht existieren, doch existieren könnten und nicht etwa malerische oder dichterische Schatten und Scheine sind, sondern eine innerliche Wahrheit und Notwendigkeit haben. Dasselbe Gesetz wird sich auf alles übrige Lebendige anwenden lassen.»

226 *was ich nun nennen möchte «Denken in Formen»:* Als Beispiel für dieses «Denken in Formen» hat Rudolf Steiner immer wieder Goethes Metamorphosenlehre angeführt, wie er sie in seinem Gedicht «Die Metamorphose der Pflanze» zum Ausdruck gebracht hat. Zu Steiners Formulierung siehe den Vortrag vom 25. Januar 1920 (in: «Architektur, Plastik und Malerei des Ersten Goetheanum, Dornach 1982, S. 46), wo es heißt «Man muß ebenso denken können in Farben, in Formen, wie man denken kann in Begriffen, in Gedanken.»

speziell in der ebenen Geometrie wie auch in der Stereometrie: Die «ebene Geometrie», auch Planimetrie genannt, ist ein Synonym für die euklidische Geometrie der Fläche; die Stereometrie (auch räumliche Geometrie oder Raumgeometrie genannt) befaßt sich im Gegensatz dazu mit geometrischen Gebilden im Raum.

230 *eine Welt zu schauen, die nicht für die äußerliche Sinneswahrnehmung da ist, sondern die diejenige Welt ist:* Die Worte «nicht» und «sondern» wurden vom Herausgeber hinzugefügt.

234 *Das heißt «Lesen in der Akasha-Chronik»:* R. Steiner, «Aus der Akasha-Chronik», 1904–1908, GA 11.

235 *Es erschien vor kurzem eine Schrift, in welcher dargetan werden soll:* Gemeint ist die Schrift von Albert Sichler, «Die Theosophie (Anthroposophie) in psychologischer Beurteilung», München und Wiesbaden 1921. Sichler, ein Berner Bibliothekar, stand in Verbindung mit dem Parapsychologen und Kritiker der Anthroposophie Traugott Oesterreich. In seiner Schrift bemerkte Sichler zwar einleitend: «Eines ist gewiß: Für die Priorität des Geistes zeugend, öffnet die Theosophie den Sinn für die Bedeutung und die Macht des Geistes und ist dadurch geeignet, die große Masse auf eine idealistische Weltauffassung hinzulenken. Und das ist sicher ein Verdienst.» Im Kapitel über «Das ‹höhere Schauen› der Theosophen» heißt es dann jedoch: «Die Frage, ob die transzendenten Erfahrungen der Theosophen objektiv-realer Art seien, läßt sich nach dem dermaligen Stand unserer psychologischen und metapsychischen Erkenntnisse folgendermaßen beantworten: Als metapsychische Phänomene sind sie tatsächlich möglich, denn neuere und neueste Beobachtungen und Erfahrungen an Medien haben das Hellsehen, die Telepathie, Telekinese und Teleplastie in einer Weise sichergestellt, daß die Realität dieser Phänomene nahezu als gewiß gelten darf. Dagegen sind alle rein philosophisch-theosophischen Speku-

lationen, wie zum Beispiel die Welt- und Menschenentwicklungslehre, als nur durch die theosophische Glaubenslehre bedingte Phantasien zu bewerten.»

235 *Und so kann man, wie der Verfasser dieser Schrift meint:* Im vierten Kapitel über «Das ‹höhere Schauen› der Theosophen» heißt es bei Albert Sichler: «Prinzipiell und innerhalb gewisser Grenzen ist gegen die Idee einer Neuschaffung von Organen durch psychischen Effort [= Bemühung, Anstrengung] nicht viel einzuwenden; da es sich hierbei aber um eine rein spekulative Idee handelt, mit der sich empirisch nichts anfangen läßt, so wird hier auf weitere Auseinandersetzung verzichtet. Was das übrige anbetrifft, so steht es sicher, daß die Mentalität der Theosophen, wie wir sie kennenlernten, eine außerordentlich günstige Vorbedingung für suggestive Einflüsse bildet. Da ferner ihre Lehre ein stufenmäßig fortschreitendes Erkennen in der Trance bekannt gibt, so verlaufen die damit verbundenen sukzessiven Suggestionen in einer einheitlichen Richtung und verstärken sich daher gegenseitig in ihrer Wirkung. Zugleich müssen wir auch mit einer zunehmenden geistigen Sensitivität, als Nebenwirkung, rechnen.»

Es wird gezeigt, wie ja die wunderbarsten Wirkungen aus der Seele heraus möglich sind: Im selben Kapitel heißt es weiter: «Was die Autosuggestion vermag, das ist unglaublich und gemeinhin viel zu wenig bekannt. Überaus instruktiv sind diesbezüglich die großen Erfolge der neuen Schule von Nancy unter Führung von Emile Coué. Nicht nur hartnäckigste Psychoneurosen, sondern auch ausgesprochen körperliche Leiden werden in relativ kurzer Zeit geheilt, wie zum Beispiel Tuberkulose, Metritis, Salingitis, Fibrome, Mal de Pott (tuberkulöse Deformation der Wirbelsäule) und anderes mehr.»

Metritis, Fibrome: «Metritis» ist eine Entzündung der Gebärmutter (Uterus), «Fibrome» sind gutartige Hautveränderungen bzw. Geschwülste, die an allen Organen auftreten können.

236 *Und da wird zum Beispiel das folgende behauptet:* Dieses Zitat und die folgenden Äußerungen sind alle dem Kapitel über «Das ‹höhere Schauen› der Theosophen» in Albert Sichlers Buch «Die Theosophie (Anthroposophie) in psychologischer Beurteilung» entnommen.

237 *Also hier wird behauptet, ich hätte am 8. Juli in Bern in einem Vortrag gesagt:* Es handelt sich um den in diesem Band enthaltenen Vortrag über «Anthroposophie, ihr Wesen und ihre philosophischen Grundlagen».

daß Coué einmal die Suggestion als eine selbständige … Kraft auffaßt: Der französische Apotheker und Autor Émile Coué (1857–1926) gilt als Begründer der Methode der bewußten Autosuggestion; ab 1912 reiste er durch die Städte Europas und hielt Vorträge; im Jahre 1919 erschien in Nancy sein Werk «De la suggestion et de ses applications».

239 *das Stenogramm meines Berner Vortrages vom 8. Juli 1920:* Der Vortrag wurde von Helene Finckh mitstenographiert.

241 *man kennt ... Teleplastie und so weiter:* Bei den in Deutschland vor allem durch den Mediziner Albert Freiherr von Schrenck-Notzing (vgl. den Hinweis zu S. 184/353) durchgeführten Experimenten mit weiblichen Medien erschien in ekstatischen Zuständen der Medien das sogenannte «Ektoplasma» als eine «Substanz von unbekannter Konsistenz», deren Entstehung Schrenck-Notzing in zahllosen Sitzungsprotokollen, Grafiken und Fotografien untersuchte. 1914 erschien in München sein Werk «Materialisationsphänomene. Ein Beitrag zur Erforschung der mediumistischen Teleplastie».

was ich in Ärztekursen wiederholt gesagt habe: Vgl. dazu R. Steiner «Physiologisch-Therapeutisches auf Grundlage der Geisteswissenschaft und Hygiene», GA 314. Auf seiner Vortragsreise nach England im August/September 1923 widmete Rudolf Steiner in London zwei Vorträge dem Thema «Pathologie. Therapie und Heilmittelherstellung auf geisteswissenschaftlicher Erkenntnis» (enthalten in GA 319, «Anthroposophische Menschenerkenntnis und Medizin»).

242 *Sammlung von wissenschaftlichen, medizinischen und sonstigen Abhandlungen:* Der Verlag J.F. Bergmann publizierte zu Rudolf Steiners Zeit maßgeblich wissenschaftliche medizinische und psychologische Literatur. Er wurde später vom renommierten «Springer»-Wissenschaftsverlag übernommen.

243 *Ehe dies nicht geschaffen ist, werden allerlei parteimäßige oder religiöse, theologische oder sonstige Gegner kommen:* Vgl. R. Steiner, «Die Anthroposophie und ihre Gegner 1919–1921, GA 255b.

244 *der außerdem als Einleitungsvortrag:* Siehe «Zu dieser Ausgabe», S. 332, 2. Abs.

245 *Wir haben die von Kant-Laplace begründete Theorie des Erdenanfangs aus dem Urnebel heraus:* vgl. den Hinweis zu S. 125

246 *Aus der Entropielehre heraus:* Die Kant-Laplacesche Weltentstehungstheorie wurde später durch die Physiker William Thomson, gen. Lord Kelvin (1824–1907), Peter Tait (1831–1901) sowie James Maxwell (1831–1879) erweitert. Sie bezeichneten als «Entropie» denjenigen Teil der Gesamtenergie, der sich noch in Arbeit umwandeln läßt, und kamen zum Schluß, daß die Entropie des Weltalls dereinst verschwinden werde, d.h. das Weltall in einen gleichmäßigen und unumkehrbaren Wärme-Endzustand gelangt. Unter der Voraussetzung, daß unser Universum ein abgeschlossenes System

ist, führt die Entropielehre zu der Annahme, daß alles Leben im Universum irgendwann einmal erlöschen wird. Dieser Zustand wird als «Wärmetod des Universums» bezeichnet.

246 *Herman Grimm zum Beispiel sagt:* «Längst hatte, in seinen Jugendzeiten schon, die große Laplace-Kantsche Phantasie von der Entstehung und dem einstigen Untergange der Erdkugel Platz gegriffen. Aus dem in sich rotierenden Weltnebel – die Kinder bringen es bereits aus der Schule mit – formt sich der zentrale Gastropfen, aus dem hernach die Welt wird, und macht, als erstarrende Kugel, in unfaßbaren Zeiträumen alle Phasen, die Episode der Bewohnung durch das Menschengeschlecht mit einbegriffen, durch, um endlich als ausgebrannte Schlacke in die Sonne zurückzustürzen: ein langer, aber dem heutigen Publikum völlig begreiflicher Prozeß, für dessen Zustandkommen es nun weiter keines äußeren Eingreifens mehr bedürfe, als die Bemühung irgendeiner außenstehenden Kraft, die Sonne in gleicher Heiztemperatur zu erhalten. Es kann keine fruchtlosere Perspektive für die Zukunft gedacht werden als die, welche uns in dieser Erwartung als wissenschaftlich notwendig heute aufgedrängt werden soll. Ein Aasknochen, um den ein hungriger Hund einen Umweg machte, wäre ein erfrischendes appetitliches Stück im Vergleiche zu diesem letzten Schöpfungsexkrement, als welches unsere Erde schließlich der Sonne wieder anheimfiele, und es ist die Wißbegier, mit der unsere Generation dergleichen aufnimmt und zu glauben vermeint, ein Zeichen kranker Phantasie, die als ein historisches Zeitphänomen zu erklären die Gelehrten zukünftiger Epochen einmal viel Scharfsinn aufwenden werden. Niemals hat Goethe solchen Trostlosigkeiten Einlaß gewährt.» (Hermann Grimm, «Goethe», 8. Auflage Stuttgart und Berlin 1903, Bd. 2., S. 171.)

250 *Wir kommen her aus dem Kant-Laplaceschen Weltnebel:* Vgl. den Hinweis zu S. 125.

Zum Vortrag Leipzig 11. Mai 1922

253 *dem Bunde für Anthroposophische Hochschularbeit:* Im Zusammenhang mit der Dreigliederungsbewegung hatte sich in Stuttgart ab 1919 der «Bund für anthroposophische Hochschularbeit» mit dem Ziel gebildet, unter den Studenten für Anthroposophie und Dreigliederung zu wirken. Er trat im Herbst 1920 mit einem «Aufruf an die akademische Jugend» an die Öffentlichkeit, bildete in vielen Universitätsstädten Ortsgruppen und veranstaltete zusammen mit dem «Verein Goetheanismus» im Herbst 1920 und im Frühjahr 1921 in Dornach die beiden sogenannten «Hochschulkurse» (GA 322 und GA 76). Weitere Hochschulveranstaltungen folgten

in Deutschland und Holland (Den Haag). Durch die Initiative des Hochschulbundes kam auch der «Pädagogische Jugendkurs» (GA 217) vom 3. bis 15. Oktober 1922 in Stuttgart zustande.

255 *Agnostizismus ist ja ein Wort:* Das Wort leitet sich vom griechischen «agnostos», unbekannt, ab und bezeichnet die philosophische Position, daß die letzten Gründe für unser Dasein unerkennbar sind und bleiben. Der Agnostizismus lehnt daher die Metaphysik als Wissenschaft ab.

von Persönlichkeiten wie Herbert Spencer begründet worden: Der neuzeitliche Agnostizismus ist weniger durch Kant als durch Auguste Comte, dem Begründer des wissenschaftlichen Positivismus, durch John Stuart Mill sowie durch Herbert Spencer geprägt worden. Alle waren vom Geist der modernen Wissenschaft geprägt und sahen es als ihre Aufgabe an, ihn in das Bollwerk der Religion einzuführen bzw. wie Kant religiöse Dogmen wissenschaftlich zu hinterfragen. Da sich Probleme der Letztbegründung mit Mitteln dieser Wissenschaft jedoch nicht lösen lassen, erscheint der Agnostizismus als logische Konsequenz: «Von den verschiedensten Seiten führt unser Denken uns auf ein letztes Unerkennbares (Absolutes, auch «Kraft« genannt), dessen Anerkennung zugleich die einzige Möglichkeit einer Versöhnung zwischen Religion und Wissenschaft bietet. Das innerste Wesen dieser unerforschlichen Kraft wird sich uns freilich niemals enthüllen. Aber dieser «Agnostizismus» Spencers ist nur ein relativer. Zwar nicht das Sein, wohl aber das Werden ist erkennbar, und Wissenschaft bedeutet die teilweise, Philosophie die vollkommen vereinheitlichte Erkenntnis dieses Werdens» (Karl Vorländer).

257 *wie manche glauben, eine Aufwärmung der alten Gnosis:* Gnosis (gr. Erkenntnis) bezeichnet als religionswissenschaftlicher Begriff vor allem spätantike Weltanschauungen und Geheimlehren, die den christlichen Strömungen nahestanden und – oftmals in Verbindung mit der spätantiken Philosophie – von der Möglichkeit einer positiven Erkenntnis spiritueller Verhältnisse und von der Möglichkeit eines Wissens göttlicher Geheimnisse überzeugt waren. Im 17. Jahrhundert prägte Henry More den Begriff Gnostizismus als Sammelbezeichnung für alle Arten von Häresien.

Geister wie Kopernikus, Galilei und vieler anderer: Nikolaus Kopernikus (1473–1543), Astronom, Philosoph, Humanist, ersetzte das ptolemäische Weltbild des Mittelalters durch das heliozentrische der Neuzeit – von Goethe als «die größte, erhabenste, folgenreichste Entdeckung, die je der Mensch gemacht hat» (an Kanzler von Müller 1832) bezeichnet. Galileo Galilei (1564–1642), Mathematiker, Astronom und Physiker, wurde wegen seines Eintretens für die Kopernikanische Lehre von der Inquisition angeklagt und zum Widerruf gezwungen.

260 *daß ich auf vielen Gebieten ein Gegner Kants bin:* Vgl. den Hinweis zu S. 109

Kant hat gesagt: «Ich behaupte aber, daß in jeder besonderen Naturlehre nur so viel eigentliche Wissenschaft angetroffen werden könne, als darin Mathematik anzutreffen ist.» «Metaphysische Anfangsgründe der Naturwissenschaft», Vorrede.

262 *was am reinsten doch Goethe verfolgt hat:* Im Berliner Hochschulkurs von 1922 (GA 81, S. 17) charakterisiert Rudolf Steiner Goethes Vorgehensweise: «Es handelt sich bei Goethe einfach um das, was in seinen Worten liegt: Die Erscheinungswelt selbst ist schon genügend Theorie, man braucht nicht erst zu künstlichen Theorien fortzuschreiten.»

265 *hat man bezüglich der griechischen Tragödie gesprochen von der in ihr vorkommenden Katharsis:* Dies bezieht sich auf die von Aristoteles in seiner «Poetik» formulierte Definition der Tragödie: «Die Tragödie ist Nachahmung einer guten und in sich geschlossenen Handlung von bestimmter Größe, in anziehend geformter Sprache, wobei diese formenden Mittel in den einzelnen Abschnitten je verschieden angewandt werden. Nachahmung von Handelnden und nicht durch Bericht, die Jammer und Schaudern hervorruft und hierdurch eine Reinigung (gr. katharsis) von derartigen Erregungszuständen bewirkt.»

272 *Man hat meine «Philosophie der Freiheit» mit einem gewissen Recht einen ethischen Individualismus genannt:* Der Begriff erscheint bereits mehrfach in Rudolf Steiners «Philosophie der Freiheit», so etwa in Kapitel XII, wo es heißt: «Der ethische Individualismus ist somit die Krönung des Gebäudes, das Darwin und Haeckel für die Naturwissenschaften erstrebt haben. Er ist vergeistigte Entwicklungslehre auf das sittliche Leben übertragen» (S. 200).

Moralwissenschaft muß begründet werden auf moralischer Intuition: Zum Begriff der moralischen Intuition siehe «Die Philosophie der Freiheit», GA 4, Kap. XII: «Der freie Geist handelt nach seinen Impulsen, das sind Intuitionen, die aus dem Ganzen seiner Ideenwelt durch das Denken ausgewählt sind» (S. 191).

ist die Seele dazu hingetrieben, ihre innersten Kräfte aufzuraffen: Die Worte «ihre innersten Kräfte» wurden vom Herausgeber hinzugefügt.

282 *man kommt zu dem, was Goethe die Urpflanze nennt:* Zum Begriff der Urpflanze siehe den Hinweis zu S. 225, sowie Rudolf Steiners Vortrag vom 26. September 1921 in Dornach, GA 304, 69 f.

286 *Wir ergänzen unsere Erkenntnis durch das, was wir nimmermehr erreichen können durch eine gewöhnliche Anschauung, wie wir sie ausgebildet haben:* Die Worte «unsere Erkenntnis durch» wurden vom Herausgeber hinzugefügt.

288 *wenn wir einsehen können das Wesenhafte dieser Prozesse in unserer menschlichen Organisation:* Die Worte «dieser Prozesse» wurden vom Herausgeber hinzugefügt.

296 *im Marxismus aufgetreten, der in alledem, was geistig ist, eine Ideologie sieht:* Gemeint ist das Modell, das in den kulturellen Äußerungen der Gesellschaft eine Widerspiegelung der sozialen Klassen- und der Wirtschaftsverhältnisse sieht. Hatte Hegel in seiner Geschichtsphilosophie und Geschichte der Philosophie den Gang des Geistes und seiner Metamorphosen als geschichtsbildende Mächte verfolgt, so beanspruchte Marx nun seinerseits diese Ideengeschichte Hegels «vom Kopf auf die Füße» zu stellen. Nicht das sich dialektisch fortentwickelnde und schließlich in der Philosophie sich selbst erkennende Denken ist der Motor der Geschichte, wie es Hegel impliziert, sondern Ideengeschichte ist die Widerspiegelung von Klassenverhältnissen, die den geschichtlichen Fortgang bestimmen. Marx und Engels, die die Kulturgeschichte in gewisser Weise als eine Geschichte von Beschwichtigungen begreifen, sehen vor allem in der Religion, dem «Opium für das Volk», eine der hauptsächlichen Beschwichtigungsmechanismen. Die Konsequenz, die Marx und Engels ziehen, ist der religiöse Agnostizismus, von dem Rudolf Steiner hier spricht.

Klassenbewußtsein ist eigentlich nichts anderes: Mit Instinkten spricht Rudolf Steiner hier etwas an, was der Marxismus selbst als Klassenbewußtsein bezeichnen würde. Das ausgebeutete Proletariat wird sich seiner sozialen Not und Misere bewußt und erkennt gleichzeitig, daß es selbst die mächtigste Klasse, weil die größte Produktivkraft der Gesellschaft ist. Die Erkenntnis der eigenen Bedeutung führt schließlich zur proletarischen Revolution, in der es keine ethischen Vorbehalte gibt, da das Ziel, die klassenlose Gesellschaft und damit die Befreiung von Ausbeutung, das insgeheime Telos der Geschichte und damit ein absoluter Wert ist. Hier setzt Rudolf Steiners Kritik an, da mit Hilfe dieser Ideologie auch die größten Grausamkeiten gerechtfertigt werden können, weil sie historisch «objektiv notwendig» und gleichsam einer naturgesetzlichen sozialen Gesetzmäßigkeit folgen.

299 *Wir kommen nicht zur schöpferischen Produktion. Zur schöpferischen Produktion kommen wir:* Das Wort «schöpferischen» wurde vom Herausgeber hinzugefügt.

301 *Walter Birkigt:* Birkigt gehörte im Herbst 1920 zu den Unterzeichnern des «Aufrufes an die akademische Jugend» und wird dort als

«stud. rer. merc., Leipzig» genannt. Er war zusammen mit Emil Leinhas der erste Herausgeber des «Nationalökonomischen Kurses», GA 340.

304 *so komme ich zu der Anschauung der Präexistenz:* Die Worte wurden vom Herausgeber sinngemäß hinzugefügt.

306 *Auf diesem Vorgang fußte das Yoga:* Rudolf Steiner charakterisiert die Atemtechnik des Hatha-Yoga als eine inzwischen kulturell veraltete Erkenntnismethode, da das spirituelle Wissen hier durch eine primär körperliche Praxis und nicht durch Übungen im Seelischen und Geistigen erreicht wird. Die Atemübungen des Yoga dienten ursprünglich dem Zweck, den Körper für die kosmische Geistigkeit durchlässig zu machen: «In der Tat verbinden wir uns durch die Atmung mit der Weltseele. Die Luft, die wir atmen, ist das körperliche Kleid dieser höheren Seele, so wie das Fleisch unseres Körpers das Kleid für unser niederes Wesen ist» (GA 94, S. 88).

310 *daß sie zu dem, was unmittelbar und gewiß ist, ein Ungewisses hinzusetzen muß:* Das Wort «Ungewisses» wurde vom Herausgeber hinzugefügt.

317 *Der Weg ist wichtig, wie man zur Wahrheit und wie man zu Erkenntnissen kommt:* Die Worte «ist wichtig» wurden vom Herausgeber hinzugefügt.

318 *von der Induktion zur Deduktion:* Zwei grundlegende Verfahren zur Gewinnung wissenschaftlicher Erkenntnisse: Die Induktion geht vom Besonderen aus, um zu allgemeinen Aussagen zu kommen, die Deduktion geht vom Allgemeinen aus, um zum Besonderen zu gelangen.

Sehen wir die Fruchtbarkeit des Mathematischen für die Realität an: Die Worte «des Mathematischen für die Realität» wurden vom Herausgeber hinzugefügt.

321 *diese Stellen im «Grünen Gesicht»:* Der 1917 erschienene okkulte Schlüsselroman von Gustav Meyrink (1868–1932) hat die Überwindung des Körpers durch den Geist zum Gegenstand. Aufgezeigt werden die möglichen Wege und Irrwege zu diesem Ziel, wie es in den Schlußworten des Romans angedeutet wird: «Wie ein Januskopf konnte Hauberrisser in die jenseitige Welt und zugleich in die irdische Welt hineinblicken und ihre Einzelheiten und Dinge klar unterscheiden: er war hüben und drüben ein lebendiger Mensch.» Meyrink war bereits früh Mitglied der theosophischen Loge «Germania» und seine ab 1913 explizit phantastischen Romane («Der Golem») kursierten in theosophischen Kreisen.

*Namensregister (*ohne Namensnennung im Text)*

Aristoteles 132
Avenarius, Richard 163, 169
Averroes (Ibn Rusd) 159

Beyer, (Mathematiker) 159
Birkigt, Walter 301 f., 313
Björnson, Björnstörne 164
Brentano, Franz 131 f.

Coué, Emile 237

Descartes, René 138, 163, 169
Deussen, Paul 167 f.
Dobrina, Dr. 301
Du Bois-Reymond, Emil 54

Einstein, Albert 159, 162, 169
Eucken, Rudolf 69

Fechner, Gustav Theodor 338*
Feuerbach, Ludwig 159
Fichte, Johann Gottlieb 117

Galilei, Galileo 38, 39, 162, 257, 305
Gauß, Carl Friedrich 159, 162
Goethe 60, 67, 79, 84, 101, 104, 108, 150, 177 ff., 183, 225 ff., 262, 279, 282
Grimm, Herman 246

Haeckel, Ernst 63
Haller, Albrecht von 79
Ha'nish (Hanisch, Otto) 195
Hartmann, Eduard von 223, 224
Hugentobler, Jakob 121, 159, 202

Kant, Immanuel 78, 110, 112, 125, 245 f., 250 f., 260 f.,
Kepler, Johannes 38 f., 159, 162
Kolisko, Eugen 173, 177, 182, 195
Kopernikus, Nikolaus 39, 162, 188, 257

Laplace, Pierre Simon 54, 125, 245 f., 250 f.
Lessing, Gotthold Ephraim 186 f.
Lotze, Hermann 216
Lyell, Charles 99

Mach, Ernst 163, 169
Mechthild von Magdeburg 153 f.
Meyrink, Gustav («Das grüne Gesicht»)
Molt, Emil 182

Newton, Isaac 159, 162, 169, 219
Nietzsche, Friedrich 95, 165 ff., 184, 195

Platon 310
Pythagoras von Samos 75

Rickert, Heinrich, 114

Schopenhauer, Arthur 165, 223
Schramm, Heinrich 220
Schrenck-Notzing, Albert von 184, 241*
Sichler, Albert 235*, 242
Spencer, Herbert 255
Spengler, Oswald 51, 116 f., 164

Steiner, Rudolf: *Schriften*
Einleitungen zu Goethes naturwissenschaftlichen Schriften 67
Wahrheit und Wissenschaft 109
Philosophie der Freiheit 68, 109, 131, 137, 150, 222, 224, 271 f., 294
Friedrich Nietzsche, Ein Kämpfer gegen seine Zeit 168*
Theosophie 74, 307
Wie erlangt man Erkenntnisse der höheren Welten? 27, 87, 142, 145, 177, 208, 215, 237, 293

Die Geheimwissenschaft im Umriß 99, 107f., 142, 208
Die Rätsel der Philosophie 53, 70
Vom Menschenrätsel 29
Die Kernpunkte der sozialen Frage 49, 175

Steiner, Rudolf: *Vorträge und Kurse*
Allgemeine Menschenkunde 55
Erziehungskunst – Methodisch-Didaktisches 55
Erziehungskunst – Seminarbesprechungen 55
Geisteswissenschaft und Medizin 55

Thales von Milet 69
Therese von Avila 153f.

Vaihinger, Hans* 86
Vischer, Friedrich Theodor 22

Windelband, Wilhelm 114

Bibliographischer Nachweis

Vortrag vom 17. Juni 1920 in Stuttgart:
R. Steiner, «Fachwissenschaften und Anthroposophie«, Dornach 2005, GA 73a, S. 361–419.

Vortrag vom 8. Juli 1920 in Bern:
Hans Erhard Lauer (Hg) «Geisteswissenschaft und die Lebensforderungen der Gegenwart. Vorträge aus dem Jahre 1920», Heft VII, Dornach 1950.

Vortrag vom 2. November 1921 in Basel:
Verkürzte Wiedergabe in: Individualität 2. Jg. Nr. 4 (29. November 1927), S. 2–10.

Literatur zum Thema aus dem Werk Rudolf Steiners

Schriften:

Grundlinien einer Erkenntnistheorie der Goetheschen Weltanschauung (1886) – GA 2

Wahrheit und Wissenschaft (1892) – GA 3

Die Philosophie der Freiheit (1894) – GA 4

Wie erlangt man Erkenntnisse der höheren Welten? (1904/05) – GA 10

Die Rätsel der Philosophie in ihrer Geschichte als Umriß dargestellt (1914) – GA 18

Vom Menschenrätsel (1916) – GA 20

Von Seelenrätseln (1917) – GA 21

Anthroposophische Hochschulkurse und Vorträge für akademische Zuhörer:

Die Ergänzung heutiger Wissenschaften durch Anthroposophie
Acht öffentliche Vorträge, gehalten in Zürich vom 5. bis 14. November 1917 und vom 8. bis 17. Oktober 1918 – GA 73

Fachwissenschaften und Anthroposophie
Acht Vorträge, elf Fragenbeantwortungen, ein Diskussionsbeitrag und ein Schlußwort. Dornach und Stuttgart 24. März 1920 bis 2. September 1921 – GA 73a

Die befruchtende Wirkung der Anthroposophie auf die Fachwissenschaften
Vorträge und Ansprachen beim zweiten anthroposophischen Hochschulkurs in Dornach, 3. bis 10. April 1921 – GA 76

Die Aufgabe der Anthroposophie gegenüber Wissenschaft und Leben
Darmstädter Hochschulkurs. Vorträge, Ansprachen und Fragenbeantwortungen, Darmstadt, 27. bis 30. Juli 1921 – GA 77a

Anthroposophie, ihre Erkenntniswurzeln und Lebensfrüchte, mit einer Einleitung über den Agnostizismus als Verderber echten Menschentums
Acht Vorträge, gehalten in Stuttgart vom 29. August bis 6. September 1921 im Rahmen des öffentlichen Kongresses «Kulturausblicke der anthroposophischen Bewegung» – GA 78

Erneuerungsimpulse für Kultur und Wissenschaft
Sieben Vorträge, gehalten beim anthroposophischen Hochschulkurs in Berlin vom 6. bis 11. März 1922 – GA 81

Damit der Mensch ganz Mensch werde. Die Bedeutung der Anthroposophie im Geistesleben der Gegenwart
Sechs Vorträge, gehalten beim anthroposophischen Hochschulkurs, Den Haag vom 7. bis 12. April 1922 – GA 82

Westliche und östliche Weltgegensätzlichkeiten. Wege zu ihrer Verständigung durch Anthroposophie
Zehn Vorträge, gehalten auf dem zweiten internationalen Kongreß der anthroposophischen Bewegung in Wien vom 1. bis 12. Juni 1922 – GA 83

Geisteswissenschaft und Medizin
Zwanzig Vorträge für Ärzte und Medizinstudierende, Dornach, 21. März bis 9. April 1920 – GA 312

Geisteswissenschaftliche Impulse zur Entwickelung der Physik I Erster naturwissenschaftlicher Kurs:
Licht, Farbe, Ton – Masse, Elektrizität, Magnetismus
Zehn Vorträge, Stuttgart vom 23. Dezember 1919 bis 3. Januar 1920 – GA 320

Geisteswissenschaftliche Impulse zur Entwickelung der Physik II Zweiter naturwissenschaftlicher Kurs: Die Wärme auf der Grenze positiver und negativer Materialität
Vierzehn Vorträge, Stuttgart vom 1. bis 14. März 1920 – GA 321

Grenzen der Naturerkenntnis
Acht Vorträge, gehalten beim ersten anthroposophischen Hochschulkurs in Dornach, 27. September bis 3. Oktober 1920 – GA 322

Naturbeobachtung, Experiment, Mathematik und die Erkenntnisstufen der Geistesforschung
Acht Vorträge und ein Diskussionsvotum im Rahmen des «Freien anthroposophischen Hochschulkurses», Stuttgart, 16. bis 23. März 1921 – GA 324

Die Naturwissenschaft und die weltgeschichtliche Entwickelung der Menschheit seit dem Altertum
Zwei öffentliche Vorträge in Dornach am 15. und 16. Mai 1921 sowie vier Vorträge, gehalten in Stuttgart vom 21. bis 24. Mai 1921 im Rahmen der «Freien anthroposophischen Hochschulkurse» – GA 325.

Der Entstehungsmoment der Naturwissenschaft in der Weltgeschichte und ihre seitherige Entwickelung
Neun Vorträge, gehalten in Dornach vom 24. bis 28. Dezember 1922 und vom 1. bis 6. Januar 1923 – GA 326

Zum Werk Rudolf Steiners

Rudolf Steiner (1861–1925), der zunächst als Philosoph, Publizist und Pädagoge tätig war, entfaltete ab Beginn des 20. Jahrhunderts eine umfassende kulturelle und soziale Aktivität und begründete eine moderne Wissenschaft des Spirituellen, die Anthroposophie. Sein umfangreiches Werk umfaßt Schriften und Abhandlungen, Aufzeichnungen und Briefe, künstlerische Entwürfe und Modelle sowie Textunterlagen von etlichen tausend Vorträgen in Form von Hörermitschriften.

Seit dem Tod von Marie Steiner-von Sivers (1867–1948), der Lebensgefährtin Rudolf Steiners, wird sein literarischer und künstlerischer Nachlaß durch die von ihr begründete Rudolf Steiner Nachlassverwaltung betreut. In dem dafür aufgebauten Rudolf Steiner Archiv wird seither an der Erhaltung, Erschließung und Herausgabe der vorhandenen Unterlagen gearbeitet. Die Buchausgaben erscheinen im Rudolf Steiner Verlag.

Schwerpunkt der Herausgabetätigkeit ist die seit 1955/56 erscheinende Rudolf-Steiner-Gesamtausgabe (GA, siehe nachfolgende Übersicht). Sie umfaßt inzwischen über 350 Bände und zusätzlich Veröffentlichungen aus dem künstlerischen Werk. Dazu kommen zahlreiche Einzel-, Sonder- und Taschenbuchausgaben und andere begleitende Veröffentlichungen. Die Ausgaben werden durch fachlich kompetente Herausgeber anhand der im Archiv vorhandenen Unterlagen ediert und durch Hinweise, Register usw. ergänzt. Vielfach werden bei Neuauflagen die Texte nochmals anhand der Quellen überprüft.

Noch liegt die Gesamtausgabe nicht vollständig vor; viele Archivunterlagen bedürfen zudem der editionsgerechten Aufbereitung. Dies ist mit einem hohen zeitlichen und finanziellen Aufwand verbunden, der durch den Absatz der Bücher nicht finanziert werden kann, sondern durch Unterstützungsbeiträge gedeckt werden muß. Dies gilt ebenso für die vielen anderen Arbeitsbereiche des Archivs, das keinerlei öffentliche Zuschüsse erhält. Damit das Archiv seine Aufgaben als Zentrum für die Erhaltung, Erschließung, Edition und Präsentation des Werkes von Rudolf Steiner auch in Zukunft erfüllen kann, wurde 1996 die Internationale Fördergemeinschaft Rudolf Steiner Archiv begründet.

Für weitere Informationen oder kostenlose Verzeichnisse wenden Sie sich bitte an:

Rudolf Steiner Verlag
Hügelweg 34
CH-4143 Dornach
verlag@steinerverlag.com

www.steinerverlag.com

Mit Fragen und Korrekturvorschlägen wenden Sie sich bitte an:

Rudolf Steiner Archiv
Postfach 135
CH-4143 Dornach 1

Addenda und Corrigenda zu einzelnen Titeln der Rudolf Steiner Gesamtausgabe finden sie auf der website des Rudolf Steiner Archivs Dornach www.rudolf-steiner.com

Rudolf Steiner Gesamtausgabe

Gliederung nach: Rudolf Steiner – Das literarische und künstlerische Werk. Eine bibliographische Übersicht (Bibliographie-Nrn. *kursiv* in Klammern)

A. SCHRIFTEN

I. Werke

Goethes Naturwissenschaftliche Schriften, eingeleitet und kommentiert von Rudolf Steiner, 5 Bände, 1884–97, Nachdruck 1975, *(1a–e)*; sep. Ausgabe der Einleitungen, 1925 *(1)*
Grundlinien einer Erkenntnistheorie der Goetheschen Weltanschauung, 1886 *(2)*
Wahrheit und Wissenschaft. Vorspiel einer ‹Philosophie der Freiheit›, 1892 *(3)*
Die Philosophie der Freiheit. Grundzüge einer modernen Weltanschauung, 1894 *(4)*
Friedrich Nietzsche, ein Kämpfer gegen seine Zeit, 1895 *(5)*
Goethes Weltanschauung, 1897 *(6)*
Die Mystik im Aufgange des neuzeitlichen Geisteslebens und ihr Verhältnis zur modernen Weltanschauung, 1901 *(7)*
Das Christentum als mystische Tatsache und die Mysterien des Altertums, 1902 *(8)*
Theosophie. Einführung in übersinnliche Welterkenntnis und Menschenbestimmung, 1904 *(9)*
Wie erlangt man Erkenntnisse der höheren Welten? 1904/05 *(10)*
Aus der Akasha-Chronik, 1904–08 *(11)*
Die Stufen der höheren Erkenntnis, 1905–08 *(12)*
Die Geheimwissenschaft im Umriß, 1910 *(13)*
Vier Mysteriendramen: Die Pforte der Einweihung – Die Prüfung der Seele – Der Hüter der Schwelle – Der Seelen Erwachen, 1910–13 *(14)*
Die geistige Führung des Menschen und der Menschheit, 1911 *(15)*
Anthroposophischer Seelenkalender, 1912 *(in 40)*
Ein Weg zur Selbsterkenntnis des Menschen, 1912 *(16)*
Die Schwelle der geistigen Welt, 1913 *(17)*
Die Rätsel der Philosophie in ihrer Geschichte als Umriß dargestellt, 1914 *(18)*
Vom Menschenrätsel, 1916 *(20)*
Von Seelenrätseln, 1917 *(21)*
Goethes Geistesart in ihrer Offenbarung durch seinen Faust und durch das Märchen von der Schlange und der Lilie, 1918 *(22)*
Die Kernpunkte der sozialen Frage in den Lebensnotwendigkeiten der Gegenwart und Zukunft, 1919 *(23)*
Aufsätze über d. Dreigliederung des sozialen Organismus u. zur Zeitlage, 1915–21 *(24)*
Drei Schritte der Anthroposophie: Philosophie, Kosmologie, Religion 1922 *(25)*
Anthroposophische Leitsätze, 1924/25 *(26)*
Grundlegendes für eine Erweiterung der Heilkunst nach geisteswissenschaftlichen Erkenntnissen, 1925. Von Dr. R. Steiner und Dr. I. Wegman *(27)*
Mein Lebensgang, 1923–25 *(28)*

II. Gesammelte Aufsätze

Aufsätze zur Dramaturgie, 1889–1901 *(29)* – Methodische Grundlagen der Anthroposophie, 1884–1901 *(30)* – Aufsätze zur Kultur- und Zeitgeschichte, 1887–1901 *(31)* – Aufsätze zur Literatur, 1886–1902 *(32)* – Biographien und biographische Skizzen, 1894–1905 *(33)* – Aufsätze aus «Lucifer-Gnosis», 1903–1908 *(34)* – Philosophie und Anthroposophie, 1904–1918 *(35)* – Aufsätze aus «Das Goetheanum», 1921–1925 *(36)*

III. Veröffentlichungen aus dem Nachlaß

Briefe – Wahrspruchworte – Bühnenbearbeitungen – Entwürfe zu den vier Mysteriendramen, 1910–1913 – Anthroposophie. Ein Fragment – Gesammelte Skizzen und Fragmente – Aus Notizbüchern und -blättern *(38–47)*

B. DAS VORTRAGSWERK

I. Öffentliche Vorträge

Die Berliner öffentlichen Vortragsreihen, 1903/04 bis 1917/18 *(51–67)* – Öffentliche Vorträge, Vortragsreihen und Hochschulkurse an anderen Orten Europas, 1906–1924 *(68–84)*

II. Vorträge vor Mitgliedern der Anthroposophischen Gesellschaft

Vorträge und Vortragszyklen allgemein-anthroposophischen Inhalts – Christologie und Evangelien-Betrachtungen – Geisteswissenschaftliche Menschenkunde – Kosmische und menschliche Geschichte – Die geistigen Hintergründe der sozialen Frage – Der Mensch in seinem Zusammenhang mit dem Kosmos – Karma-Betrachtungen *(88–244)* Vorträge und Schriften zur Geschichte der anthroposophischen Bewegung und der Anthroposophischen Gesellschaft – Veröffentlichungen zur Geschichte und aus den Inhalten der esoterischen Lehrtätigkeit *(250–270)*

III. Vorträge und Kurse zu einzelnen Lebensgebieten

Vorträge über Kunst: Allgemein-Künstlerisches – Eurythmie – Sprachgestaltung und Dramatische Kunst – Musik – Bildende Künste – Kunstgeschichte – *(271–292)* – Vorträge über Erziehung *(293–311)* – Vorträge über Medizin *(312–319)* – Vorträge über Naturwissenschaft *(320–327)* – Vorträge über das soziale Leben und die Dreigliederung des sozialen Organismus *(328–341)* – Vorträge und Kurse über christlich-religiöses Wirken *(342–346)* – Vorträge für die Arbeiter am Goetheanumbau *(347–354)*

C. DAS KÜNSTLERISCHE WERK

Originalgetreue Wiedergaben von malerischen und graphischen Entwürfen und Skizzen Rudolf Steiners in Kunstmappen oder als Einzelblätter. Entwürfe für die Malerei des Ersten Goetheanum – Schulungsskizzen für Maler – Programmbilder für Eurythmie-Aufführungen – Eurythmieformen – Entwürfe zu den Eurythmiefiguren – Wandtafelzeichnungen zum Vortragswerk u.a.

Die Bände der Rudolf Steiner Gesamtausgabe
sind innerhalb einzelner Gruppen einheitlich ausgestattet.
Jeder Band ist einzeln erhältlich.